河南省"十四五"普通高等教育规划教材
国家级一流本科课程主讲教材

机械制造技术基础
第2版

主　编　郝用兴　张太萍
副主编　范素香　侯艳君
参　编　刘亚辉

高等教育出版社·北京

内容简介

本书是根据高等学校机械学科本科专业规范和课程教学大纲的要求，组织富有生产实践经验与教学经验的一线骨干教师编写的，为河南省"十四五"普通高等教育规划教材。本书是以金属切削理论为基础，以制造工艺为主线，以产品质量、加工效率与经济性三者之间的优化为目标，通过整合金属切削原理与刀具、金属切削机床、机床夹具设计和机械制造工艺学等课程的基本理论和基本知识编写而成的，主要包括机械制造技术的基础知识、机床夹具、金属切削基本规律及其应用、制造工艺与装备、机械制造质量分析与控制、机械加工工艺规程设计、机器装配工艺和先进制造技术等内容。

本书注重学生获取知识、分析与解决工程技术问题能力的培养，建立先进制造理念，并且以系统的观点构筑机械制造技术基础的知识体系；体现了加强基础、重视系统、应用导向、理论联系实际、精练实用的原则，理论问题抓住本质、重点突出，实际应用点面结合；内容由浅入深、编排精练完整，各章附有思考题与练习题。本书还提供了与相关知识点配套的二维码教学资源，使用本书的读者可以通过扫描二维码扩展知识，便于随时阅读、学习。

本书可作为高等工科院校机械设计制造及其自动化、机械电子工程等机械类专业或其他近机类各专业的本科生教材，也可作为高职、电大、函大等学校相关专业的教材，还可供从事机械制造工程的技术人员参考。

图书在版编目（CIP）数据

机械制造技术基础／郝用兴，张太萍主编．--2版
．--北京：高等教育出版社，2022.3
ISBN 978-7-04-057360-2

Ⅰ．①机… Ⅱ．①郝… ②张… Ⅲ．①机械制造工艺
Ⅳ．①TH16

中国版本图书馆 CIP 数据核字（2021）第 237262 号

Jixie Zhizao Jishu Jichu

| 策划编辑 | 杜惠萍 | 责任编辑 | 杜惠萍 | 封面设计 | 张 志 | 版式设计 | 马 云 |
| 插图绘制 | 黄云燕 | 责任校对 | 刘娟娟 | 责任印制 | 朱 琦 | | |

出版发行	高等教育出版社	网　　址	http://www.hep.edu.cn
社　　址	北京市西城区德外大街 4 号		http://www.hep.com.cn
邮政编码	100120	网上订购	http://www.hepmall.com.cn
印　　刷	涿州市京南印刷厂		http://www.hepmall.com
开　　本	787mm × 1092mm　1/16		http://www.hepmall.cn
印　　张	18.5		
字　　数	430 千字	版　　次	2016 年 1 月第 1 版
			2022 年 3 月第 2 版
购书热线	010-58581118	印　　次	2022 年 3 月第 1 次印刷
咨询电话	400-810-0598	定　　价	37.00 元

本书如有缺页、倒页、脱页等质量问题，请到所购图书销售部门联系调换
版权所有　侵权必究
物 料 号　57360-00

机械制造技术基础

第2版

主 编 郝用兴 张太萍

1 1 计算机访问http://abook.hep.com.cn/124675，或手机扫描二维码，下载并安装 Abook 应用。

2 注册并登录，进入"我的课程"。

3 输入封底数字课程账号（20位密码，刮开涂层可见），或通过 Abook 应用扫描封底数字课程账号二维码，完成课程绑定。

4 单击"进入课程"按钮，开始本数字课程的学习。

机械制造技术基础（第2版）数字课程与纸质教材一体化设计，紧密配合。本数字课程涵盖相关内容的视频和动画、扩展知识等内容，充分运用多种媒体资源，极大地丰富了知识的呈现形式，拓展了教材内容。在提升课程教学效果的同时，为学生学习提供思维与探索的空间。

课程绑定后一年为数字课程使用有效期。受硬件限制，部分内容无法在手机端显示，请按提示通过计算机访问学习。

如有使用问题，请发邮件至 abook@hep.com.cn。

扫描二维码
下载 Abook 应用

http://abook.hep.com.cn/124675

第 2 版前言

"机械制造技术基础"课程涵盖了金属切削原理与刀具技术、金属切削机床、机械加工工艺与夹具技术，并将这些技术知识有机整合在一起，是机械制造领域的主要技术基础课程。

本书第 1 版自 2016 年 1 月出版以来，在高等教育出版社和广大教师学生的支持下，被全国几十所院校有关专业使用，获得了较好的评价。

华北水利水电大学的"机械制造技术基础"课程是首批国家级线上线下混合式一流本科课程、河南省线上线下混合式一流本科课程、河南省线上一流本科课程、河南省高等学校在线开放课程、河南省精品资源共享课课程等。课程汇聚多位具有丰富工程实践与教学经验的教师倾力打造，旨在拓展教学空间、推动以学生为中心的教学模式改革。

在课程建设和教材使用过程中，许多教师在教学实践的基础上，给我们提出了许多宝贵的意见，使我们收益颇丰。本书也获得了河南省"十四五"普通高等教育规划教材立项、华北水利水电大学新形态教材立项支持，在此表示衷心的感谢。

根据大家提出的宝贵意见与建议和近几年的教学实践，在总结经验的基础上，对第 1 版进行了修改。第 2 章、第 4 章、第 5 章、第 8 章是本次修订的重点。同时，对其他章节的部分内容也做了少量修订。

本次修订开发了配套的多媒体教学课件和动画、视频等教学资源，以二维码的方式展示给读者。一方面可弥补纸质教材的不足，丰富本书的内容呈现形式，拓展教材空间，使之成为一本名副其实的多媒体教材；另一方面增强本书的趣味性和先进性，提高学生学习的积极性，方便教师课堂教学。

参加本书修订工作的有华北水利水电大学郝用兴、张太萍、范素香、侯艳君、刘亚辉。全书由郝用兴、张太萍担任主编，范素香、侯艳君担任副主编。河南农业大学张秀丽教授认真审阅了本书，并且提出了宝贵意见，在此深表谢意。

本书修订后较之第 1 版有较大的改进与提高，但是，由于编者水平有限，时间仓促，本书难免存在不妥之处，与教学改革形势发展的要求还有一定差距，敬请各位读者和专家批评指正。

编　者
2021 年 7 月

第1版前言

··

"机械制造技术基础"课程是机械类专业学生必修的一门主干技术基础课程，通过学习这门课程，要求学生掌握机械制造的基本知识和基本理论，为学生学习后续专业课、做毕业设计或毕业论文以及毕业后从事机械设计制造工作打下基础。

"机械制造技术基础"是一门实践性很强的技术基础课程，必须有相应的实践性教学环节与之配合。学习本课程前，学生须经"金工实习"环节的培训；学习本课程后，学生要到制造企业进行工艺实习和生产实习。为便于学生消化吸收课程的基本内容，本书将加工方法与常用制造装备内容相融合。

本书是按照高等学校机械学科本科专业规范和课程教学大纲的要求，合理定位，由长期在教学第一线从事教学工作、富有生产实践与教学经验的教师以科学性、先进性、系统性和实用性为目标进行编写的，以适应不同类型、不同层次的学校教学的需要。

本书注重学生获取知识、分析问题与解决工程技术问题能力的培养，而且力求体现注重学生工程素质与创新思维能力培养的特点。为此，在本书的编写上既要重点突出传统制造技术，又要体现先进制造技术的发展趋势。在内容的选择和编写上，本书有如下特点：

（1）加强基础。重点突出加工方法中基础共性理论与技术。注重学生对机械制造系统中涉及的有关基本概念、基本理论、基本加工方法的学习及基本技能的培养。

（2）重视系统。机械制造过程是在机械制造系统中实现的，机械加工系统由机床、刀具、夹具、工件和辅助工具构成，是制造系统的重要组成部分。在加工质量约束条件下，以加工效率和经济性为优化目标构建加工工艺规程。在本书的组织和设计中，关注机械制造系统中各部分之间的显性与隐性联系，使学生形成完整的机械制造系统及理论知识体系，训练基本技能。

（3）应用导向。强化理论与实际的结合，在每一部分的课程内容结构上，以应用为目标，前叙内容为后续内容服务，全书内容为学生建立机械系统概念及知识体系构架、形成机械制造工艺与装备设计能力服务，环环相扣，提高教学效果。使学生在掌握理论的基础上，根据实际要求灵活运用工具书与技术资料进行工艺工装设计。

（4）点面结合。本书以课程要求的核心知识内容为重点，适当介绍非传统加工技术与现代先进制造技术等新内容，做到重点讲透、点面结合，激发学生学习现代制造技术的热情。

本书内容包括机械制造技术的基础知识、金属切削机床与夹具、金属切削基本规律及其应用、典型加工工艺与装备、机械制造质量分析与控制、机械加工工艺规程设计、机器装配工艺和先进制造技术等内容。

本书由华北水利水电大学郝用兴、侯艳君、范素香、张太萍、吴金妹，郑州大学王栋，郑州轻工业学院王才东共同编写。本书由郝用兴担任主编，侯艳君、王栋、王才东担任副主编。

本书获得了华北水利水电大学"十二五"规划教材立项支持。哈尔滨理工大学司乃钧教授认真审阅了本书并且提出了宝贵意见和建议,在此表示衷心的感谢。

在全书的编写过程中,吸收了许多教师对编写工作的宝贵意见,在此一并表示由衷的谢意。

本书在编写过程中参考和引用了一些教材中的部分内容和插图,所用参考文献均已列于书后,在此对有关出版社和作者表示衷心感谢。

由于编者水平有限,时间仓促,不妥之处在所难免,衷心希望广大读者批评指正。

编 者

2015 年 4 月

目录

绪论 …………………………………… 1

0.1 制造业与机械制造技术 ………… 1
0.2 机械制造技术的发展 …………… 2
0.3 课程内容体系与学习要求 ……… 3
   0.3.1 课程内容与学习任务 ……… 3
   0.3.2 课程的特点 ………………… 4
   0.3.3 教材编排特点与课程学习 … 4

第1章 机械制造技术的基础知识 …… 6

1.1 概述 ……………………………… 6
   1.1.1 生产过程与机械加工工艺
       过程 ………………………… 6
   1.1.2 工艺过程的组成 ………… 6
   1.1.3 生产纲领与生产类型 …… 8
1.2 机械加工表面的成形 …………… 10
   1.2.1 零件表面的成形方法 …… 10
   1.2.2 表面成形运动与辅助运动 … 13
   1.2.3 工件表面与切削要素 …… 14
1.3 基准与工件的装夹 ……………… 16
   1.3.1 基准的概念及其分类 …… 16
   1.3.2 工件的装夹方式 ………… 17
本章小结 ……………………………… 18
思考题与练习题 ……………………… 19

第2章 机床夹具 …………………… 20

2.1 机床夹具概述 …………………… 20
   2.1.1 机床夹具的种类与功能 … 20
   2.1.2 机床夹具组成 …………… 21
2.2 工件的定位 ……………………… 22
   2.2.1 六点定位原理 …………… 22
   2.2.2 定位方式和定位元件 …… 25

2.2.3 定位、夹紧符号及其标注 …… 27
2.3 定位误差的计算 ………………… 28
   2.3.1 加工误差的组成 ………… 28
   2.3.2 定位误差及计算 ………… 28
   2.3.3 各种定位方法的定位误差
       计算 ……………………… 31
2.4 工件的夹紧 ……………………… 35
   2.4.1 夹紧装置的组成 ………… 36
   2.4.2 对夹紧装置的要求 ……… 37
   2.4.3 夹紧力的确定 …………… 37
   2.4.4 基本夹紧机构 …………… 40
   2.4.5 夹具的动力装置 ………… 46
2.5 机床夹具的其他装置 …………… 46
2.6 典型夹具 ………………………… 51
本章小结 ……………………………… 53
思考题与练习题 ……………………… 54

第3章 金属切削基本规律及其
      应用 ………………………… 58

3.1 金属切削刀具 …………………… 58
   3.1.1 刀具类型 ………………… 58
   3.1.2 刀具切削部分的构造要素 … 58
   3.1.3 刀具的几何参数 ………… 59
   3.1.4 刀具的工作角度 ………… 61
   3.1.5 刀具材料 ………………… 63
3.2 金属切削过程的基本规律 ……… 66
   3.2.1 切削过程 ………………… 67
   3.2.2 刀具前面上的摩擦与积屑瘤 … 68
   3.2.3 影响切削变形的因素及切屑的
       控制 ……………………… 70
   3.2.4 切削力 …………………… 73
   3.2.5 切削热、切削温度与切削液 … 78

3.2.6　刀具磨损与刀具耐用度 ········· 84

3.3　金属切削过程基本规律的应用 ······ 91

3.3.1　工件材料的切削加工性 ····· 91

3.3.2　刀具几何参数的合理选择 ····· 93

3.3.3　切削用量的合理选择 ····· 93

3.4　磨削过程及磨削机理 ········ 96

本章小结 ········ 97

思考题与练习题 ········· 98

第4章　典型制造工艺与装备 ········ 99

4.1　机床的分类、型号及基本组成 ······ 99

4.1.1　机床的分类 ····· 99

4.1.2　机床型号的编制 ········· 100

4.1.3　机床的基本组成 ········· 104

4.2　车削加工 ········ 104

4.3　磨削加工 ········ 107

4.4　光整加工 ········ 111

4.5　铣削加工 ········ 114

4.5.1　概述 ········· 114

4.5.2　铣刀 ········· 115

4.5.3　铣削方式 ········· 118

4.5.4　常用铣床 ········· 119

4.5.5　铣削技术的发展 ········· 121

4.6　刨削和拉削 ········· 121

4.6.1　刨削 ········· 121

4.6.2　拉削 ········· 122

4.7　孔加工 ········· 124

4.7.1　钻孔 ········· 124

4.7.2　扩孔 ········· 126

4.7.3　铰孔 ········· 127

4.7.4　镗孔 ········· 128

4.7.5　孔加工机床 ········· 130

4.8　成形表面加工 ········· 130

4.8.1　螺纹加工 ········· 130

4.8.2　齿形加工 ········· 132

本章小结 ········· 134

思考题与练习题 ········· 134

第5章　机械制造质量分析与
控制 ················ 135

5.1　机械加工精度 ·············· 135

5.1.1　概述 ·············· 135

5.1.2　工艺系统的几何误差对加工
精度的影响 ········· 136

5.1.3　工艺系统的受力变形对加工
精度的影响 ········· 143

5.1.4　工艺系统的热变形对加工
精度的影响 ········· 150

5.1.5　工件残余应力对加工精度的
影响 ········· 156

5.2　加工误差的统计分析 ········· 158

5.2.1　加工误差的分类 ········· 158

5.2.2　加工误差的分布规律 ········· 159

5.2.3　加工误差的统计分析方法 ······ 161

5.3　机械加工表面质量 ········· 172

5.3.1　加工表面质量对产品使用
性能的影响 ········· 173

5.3.2　影响表面粗糙度的因素 ········· 175

5.3.3　影响加工表面金属层物理力学
性能的因素 ········· 176

本章小结 ········· 179

思考题与练习题 ········· 179

第6章　机械加工工艺规程设计 ······· 181

6.1　概述 ················ 181

6.1.1　机械加工工艺规程的作用 ······ 181

6.1.2　机械加工工艺规程的设计
原则 ········· 181

6.1.3　制订机械加工工艺规程所需
原始资料 ········· 182

6.1.4　机械加工工艺规程的制订
步骤与内容 ········· 182

6.1.5　机械加工工艺规程的格式 ······ 183

6.2　机械加工工艺规程设计 ········· 186

6.2.1　零件的结构工艺性分析 ······ 186

6.2.2 毛坯确定 …………… 191
6.2.3 定位基准的选择 ………… 192
6.2.4 工艺路线的拟订 ……… 196
6.2.5 加工余量、工序尺寸及公差的
确定 ………………… 204
6.2.6 工艺尺寸链及其应用 …… 208
6.2.7 直线尺寸链在工艺过程中的
应用 ………………… 212
6.2.8 时间定额和提高生产率的工艺
途径 ………………… 219
6.2.9 工艺方案的技术经济分析 … 221
6.3 典型零件的工艺分析 ………… 224
6.3.1 连杆加工 ……………… 224
6.3.2 齿轮加工 ……………… 226
本章小结 ………………………… 230
思考题与练习题 ………………… 231

第7章 机器装配工艺 ……… 236

7.1 概述 …………………………… 236
7.1.1 装配的概念 …………… 236
7.1.2 装配单元的概念 ……… 236
7.1.3 装配精度 ……………… 237
7.1.4 零件精度与装配精度的
关系 ………………… 237
7.2 装配尺寸链 …………………… 238
7.2.1 装配尺寸链的基本概念 … 238
7.2.2 装配尺寸链的查找方法 … 238
7.3 保证装配精度的装配方法 …… 239
7.3.1 互换法 ………………… 240
7.3.2 选配法 ………………… 244
7.3.3 修配法 ………………… 246
7.3.4 调整法 ………………… 248

7.4 装配工艺规程设计 …………… 249
7.4.1 制订装配工艺规程的基本
原则 ………………… 249
7.4.2 制订装配工艺规程的步骤 … 249
本章小结 ………………………… 252
思考题与练习题 ………………… 253

第8章 先进制造技术 ……… 255

8.1 概述 …………………………… 255
8.2 先进制造工艺技术 …………… 256
8.2.1 高速切削技术 ………… 256
8.2.2 特种加工技术 ………… 257
8.2.3 快速原型技术 ………… 260
8.2.4 超精密加工技术 ……… 262
8.2.5 纳米加工技术 ………… 264
8.3 机械制造自动化技术 ………… 265
8.3.1 概述 …………………… 265
8.3.2 工业机器人 …………… 267
8.3.3 柔性制造系统（FMS） … 268
8.3.4 计算机辅助工程设计技术 … 269
8.4 先进制造生产模式 …………… 270
8.4.1 成组技术 ……………… 270
8.4.2 并行工程 ……………… 272
8.4.3 虚拟制造 ……………… 273
8.4.4 敏捷制造 ……………… 274
8.4.5 精益生产 ……………… 275
8.4.6 智能制造 ……………… 275
8.4.7 绿色制造 ……………… 276
本章小结 ………………………… 277
思考题与练习题 ………………… 277

参考文献 ……………………… 278

绪论

📍 0.1 制造业与机械制造技术

制造业是指对制造资源，包括物料、能源、设备、工具、资金、技术、信息和人力等，按照市场要求，通过制造过程，转化为可供人们利用和使用的工业品与生活消费品的行业。制造过程包括产品设计、原料采购、仓储运输、加工、制造、装配与检验、订单处理、批发经营、零售过程等环节。制造业包括石油加工、炼焦和核燃料加工业，化学原料和化学制品制造业，医药制造业，化学纤维制造业，橡胶和塑料制品业，非金属矿物制品业，黑色金属冶炼和压延加工业，有色金属冶炼和压延加工业，金属制品业，通用设备制造业，专用设备制造业，汽车制造业，铁路、船舶、航空航天和其他交通运输设备制造业，电气机械和器材制造业，计算机、通信和其他电子设备制造业，仪器仪表制造业，其他制造业，废弃资源综合利用业，金属制品、机械和设备修理业等31个生产领域。

制造业是立国之本、强国之基、富国之源，肩负着创造物质财富的历史责任，是科技创新和民生发展的坚实基础。制造业是实体经济的主体，是供给侧结构性改革的重要领域和技术创新的主战场，也是现代化经济体系建设的主要内容。制造业高质量发展是经济高质量发展的重要内容，关系到全面建设社会主义现代化国家等关键战略，从根本上决定着我国未来的综合实力和国际地位。

机械制造业是制造业的重要组成部分，是国民经济各部门的装备部。机械制造业包括从事各种动力机械、起重运输机械、农业机械、冶金矿山机械、化工机械、纺织机械、机床、工具、仪器、仪表及其他机械设备等生产的工业部门。此外，电子通信、家用电器等一般意义上的非机械产品的制造，也有大量的机械制造活动。因此，机械制造业发展水平是国家工业化程度的主要标志之一。

机械制造业在国民经济中具有极为重要的地位，是国家工业体系的重要基础，主要表现在以下几个方面：机械制造业在整个规模生产总值中比重大，是国民经济的支柱、经济增长的发动机；机械制造业中发展和运用的高新技术，对于带动相关行业技术的发展起着重要作用，是高新技术产业化的重要载体；机械制造业就业人口比重大，是就业的主渠道之一、是出口创汇的主产业；机械制造业水平的高低，是国家国际竞争力的集中体现，工业、农业以及其他行业和部门需要机械制造业源源不断地及时提供大量先进的装备。国防部门有赖于机械制造部门提供舰船、航空航天、武器装备、工程设备等现代化装备以保障国家安全。

制造技术是完成制造活动所实施的一切技术手段的总和。这些手段包括运用一定的知识、技能，操纵可以利用的物质、工具，采取各种有效的方法等。制造技术是制造企业的技术支柱，是制造企业持续发展的根本动力。制造技术的水平和实力反映一个国家制造业的生产力水平，同时制造技术也是产品革新、生产发展、经济竞争的重要手段。

机械制造技术是指在机械制造领域中机械设计、机械加工工艺、基础设施及其相关技术的技术水准，是使原材料变成机械产品过程中所采用技术的总称。其中，机械加工工艺是机械制造技术的核心。机械制造技术支撑着机械制造业的发展，机械制造技术水平不仅决定了相关产业的质量、效率和竞争力的高低，而且成为传统产业借以实现产业升级的基础和根本手段。

📍 0.2 机械制造技术的发展

机械制造技术可以追溯到很久以前，我国古代指南车、地动仪、汉代被中香炉等器物的制造，均有独到之处；18 世纪工业革命中，蒸汽机的制造标志着制造技术的机械化；20 世纪 20 年代起到第二次世界大战结束，特别是第二次世界大战中，军工制造业的发展大大地促进了制造技术水平的提高。例如，第二次世界大战中，在坦克战场上真正的王者是苏联的 T-34 中型坦克。它是第二次世界大战中最优秀和生产数量最多的坦克，也是至今世界上服役时间最长的坦克，其主要因素是，T-34 中型坦克具有优良的制造与维护性能，可以快速大量生产。20 世纪 50 年代"少品种、大批量生产"大大地提高了各个行业的生产装备水平，使得人们拥有大量物美价廉的现代工业产品，提高了人们的生活质量。20世纪 70 年代出现了"精益生产"(lean manufacturing，LP)，通过系统结构、人员组织、运行方式和市场供求等方面的变革，使生产系统适应用户需求变化，最终达到包括市场供销在内的生产各方面最好的结果。新的制造模式，使得制造企业能够适应人们对产品的不断变化的需求，生产成本降低、质量不断提高。

20 世纪 80 年代，信息技术、计算机技术等快速发展，并且与制造管理等相关技术结合，发展了 CAD/CAM、CAPP、GT、CNC、CE(并行工程)、FMS、CIMS、TQC 等，促进了机械制造技术的进一步提高。进入 20 世纪 90 年代，为满足人们需求多样化，快速响应市场需求，出现了敏捷制造、精益-敏捷-柔性(LAF)生产系统、快速可重组制造、动态制造联盟、基于网络的制造、全球制造等新的制造模式。出现了以用户需求为中心，以柔性、精益和敏捷为竞争优势，把技术进步、人因改善和组织创新作为三项并重的基础工作，以实现资源快速、有效集成为中心任务的"虚拟公司"等生产组织形式。

进入 21 世纪，采用以计算机和现场总线局域网为核心，依托超级宽带 Internet 网，充分整合、利用全球优势资源与技术，实行全球化虚拟制造和经营管理，实现"全球制造"成为取得竞争优势的必然选择。为了满足新材料、极端工作环境装备制造需求，满足人类可持续发展需求，各种新型制造技术、极端制造技术、生物制造技术、绿色制造技术等将不断引领制造技术向前发展。

　　机械制造技术与机械制造业在新中国成立后得到了长足发展，至改革开放前，一个具有相当规模和一定技术基础的机械工业体系已基本形成。改革开放以来，我国机械制造业充分利用国内、外两方面的资源，有计划地推进企业的技术改造，引导企业走依靠科技进步的道路，使机械制造技术、产品质量和水平及经济效益发生了显著变化，为繁荣国内市场、扩大出口创汇、推动国民经济的发展做出了很大贡献。

　　尽管我国制造业的综合技术水平有了大幅度提高，在某些方面甚至达到了国际先进或国际领先水平，但与工业发达国家相比，仍存在着一定差距，主要表现：工业生产能耗和物耗高，劳动生产率低，技术含量低。研发投入不足，技术创新活动薄弱，是制约我国向制造业强国转变的关键因素。2009 年 5 月国务院通过的《装备制造业调整与振兴规划》提出，依托高速铁路、煤矿与金属矿采掘、基础设施、科技重大专项等十大领域重点工程振兴装备制造业，抓住九大产业重点项目实施装备自主化，提升四大配套产品制造水平。

　　《2020 中国制造强国发展指数报告》显示，世界主要工业国家中，美国制造业遥遥领先，处于第一阵列；德、日处于第二阵列；中国、韩国、法国、英国处于第三阵列。新一轮科技革命和产业变革正在兴起，我国制造业发展面临着发达国家蓄势占优和新兴经济体追赶比拼的两头挤压和双重挑战。

　　"中国制造 2025"提出了中国从制造大国转变为制造强国三个十年的"三步走"战略：第一个十年进入世界强国之列；第二个十年要进入世界强国的中位；第三个十年即 2045 年，进入世界强国的领先地位，最终要在新中国成立一百周年成为制造强国。这个方案相当于未来十年中国制造业转型升级的一个行动指南，也为我国机械制造业的发展指明了方向。

　　目前，我国是全世界唯一拥有联合国产业分类中 39 个大类、191 个中类、525 个小类所有产品的完整工业体系的"全产业链"国家，其中钢铁、汽车、手机等 220 种以上制成品产量世界第一，进、出口额连续多年位居世界第一。与此同时，我国制造业的竞争力不断增强，制造业专利申请量保持了 14 年的高速增长，2019 年我国首次跻身全球制造业创新指数 15 强。"墨子号"量子科学实验卫星、第三代核电"华龙一号"、C919 大飞机、"蛟龙号"深海载人潜水器……多个大国重器彰显了中国制造自主创新实力和强劲竞争力。

📍 0.3　课程内容体系与学习要求

0.3.1　课程内容与学习任务

　　机械产品的生产过程是指从原材料到该机械产品出厂的全部劳动过程。它包括以下四个过程：生产技术准备过程，如产品的设计与绘图、制订工艺规程、设计与制造专用工艺设备与装备等；工艺过程，即直接用于改变毛坯的形状、尺寸、表面质量、力学性能、外观等的劳动过程；辅助生产过程，即为完成工艺过程所必须进行的一些劳动过程，如设备的维修、刀具的刃磨、某些动力的生产等；生产服务过程，即为顺利完成工艺过程而进行的一些劳动过程，如供销、运输、保管、生活服务等。

机械制造工艺过程包括零件的制造工艺过程和产品装配工艺过程；而零件的制造工艺过程又包括毛坯制造工艺过程（如铸造、锻造、冲压、焊接等），机械加工工艺过程和热处理工艺过程。"机械制造技术基础"课程主要研究零件机械加工和装配工艺过程中有关的基本知识和基本理论。

本课程涵盖了"金属切削原理与刀具""金属切削机床概论""机械制造工艺与夹具"等课程中的基本内容，并将这些课程中基本的概念和知识要点有机整合在一起，形成本课程的知识体系。本课程学习的主要任务是学习金属切削过程的基本理论、切削过程中所产生的诸多现象和变化规律；学习机械制造工艺理论、机械制造加工及装配工艺与装备等。

0.3.2　课程的特点

"机械制造技术基础"课程是一门重要的技术基础课，要求学生掌握机械制造技术的基本知识和基本理论，为后续专业课程学习打下良好的基础，同时了解现代机械制造技术的最新发展。其特点如下：

1）综合性。本课程是在"机械制图""机械设计""工程力学""工程材料""金属工艺学""互换性与技术测量""机电传动与控制"等课程的基础上开设的专业基础课程，用到多种学科的理论和方法。而现代制造技术更有赖于计算机技术、信息技术和其他高科技的发展，要求学生综合运用过去学过的知识与理论，并且结合现代技术的发展进行学习。

2）实践性。要求对机械制造生产实践进行深入了解，并且将理论知识与生产实践结合，运用理论分析和解决生产实践中的问题，将生产实践中的经验与体会上升到理论高度，知其然且知其所以然，始终做到理论联系实际。

3）灵活性。机械制造生产活动内容是极其丰富的，同时灵活多变。本课程讲述的是机械制造生产活动中的一般规律和原理。将其应用于生产实际时，要充分考虑企业的具体条件，如生产规模的大小，技术力量的强弱，设备、资金、人员的状况等。需要学生树立实事求是、因地制宜的理念。

0.3.3　教材编排特点与课程学习

本书在内容编排和体系结构上进行了较大的调整和变动，遵循学生对机械制造技术理论知识的认知规律，从对生产过程的了解开始，以零件表面成形导入制造方法，以装备学习为基础，以切削理论为导引，结合典型加工工艺与装备。体现以应用为导向、以理论为基础，点面结合形成连贯有效的学习过程。在此基础上通过机械加工精度内容的学习，加深加强理论，培养应用研究能力，为工艺规程、装配规程设计打基础。通过典型零件的工艺分析，结合具体实例讲述装配工艺规程设计，有效提高设计与理论知识应用能力。通过先进制造技术的学习，激发学生兴趣，拓展思路、提高创新应用能力。

通过本课程的学习，要求学生能对整个机械制造活动有一个总体的、全面的了解与把握，获得机械制造技术最基本的知识与技能，具体要求如下：

1) 认识制造业与机械制造过程。

2) 掌握金属切削加工成形的基本理论和常用方法，具有根据加工条件合理选择刀具参数、切削用量及切削液的能力。

3) 掌握制造工艺装备的基本理论，了解机械制造主要工艺装备（包括机床、刀具与夹具）的用途和工艺范围，具有分析机床和夹具工作原理的能力。

4) 掌握机械加工精度与表面质量的相关理论，具有研究和分析引起加工误差的原因和解决加工精度问题的能力。

5) 掌握机械制造工艺的基本理论，具备根据零件的加工要求与机器的装配要求，设计机械加工工艺规程和装配工艺规程的能力。

6) 对先进制造技术有一定的了解。

第1章 机械制造技术的基础知识

1.1 概　述

1.1.1　生产过程与机械加工工艺过程

生产过程是指由原材料（或半成品）转化为最终产品的一系列相互联系的全部劳动过程的总和。它不仅包括毛坯制造、零件的加工及热处理、装配及检验、油漆、包装等直接生产过程，还包括原材料的运输和保管，设备、工艺装备（刀具、夹具、量具）等的制造和维修等生产技术准备工作。

在生产过程中，直接改变生产对象的形状、尺寸、相对位置与性质等，使其成为成品或半成品的过程称为工艺过程。机械产品的工艺过程又可分为铸造、锻造、冲压、焊接、机械加工、热处理、装配、油漆等工艺过程。

采用机械加工方法（包括切削或磨削等）直接改变毛坯的形状、尺寸、相对位置与性质等，使其成为零件的工艺过程称为机械加工工艺过程。从广义上来说，特种加工（包括各种电加工、超声波加工、电子束加工及离子束加工等）也是机械加工工艺过程的一部分，但其实质上不属于切削加工范畴。机械加工工艺过程直接决定零件的精度，对零件的成本、生产周期都有较大的影响，是整个工艺过程的重要组成部分。

1.1.2　工艺过程的组成

机械加工工艺过程是由若干个按顺序排列的工序组成的，而工序又可依次细分为安装、工位、工步和走刀等几个层次。

一、工序

一个或一组工人，在一台机床或一个工作地点，对一个或同时对几个工件所连续完成的那一部分工艺过程，称为工序。工序是组成工艺过程的基本单元。划分工序的主要依据是工作地点是否变动和工作是否连续以及操作者和加工对象是否改变，共四个要素。在加工过程中，只要有其中一个要素发生变化，即构成不同的工序。如图 1.1 所示的阶梯轴，当生产批量较小时，其工序划分见表 1.1。在工序 2 中，对轴的一端车大外圆及倒角后，要调头车小外圆及倒角。假如把一批工件的大外圆及倒角先全部加工好，再加工全部工件的小外圆及倒角，那么同样是这些加工内容，由于对每个工件而言加工过程是不连续的，因此应算作是两道工序。如表 1.2 所示，这种情况常见于大批量生产时。

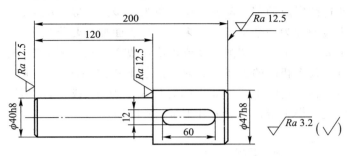

图 1.1　阶梯轴

表 1.1　阶梯轴单件、小批量生产的工艺过程

工序号	工序内容	设备
1	车一端面，打中心孔；调头车另一端面，打中心孔	车床
2	车大外圆及倒角，调头车小外圆及倒角	车床
3	铣键槽，去毛刺	铣床

表 1.2　阶梯轴大批量生产的工艺过程

工序号	工序内容	设备
1	铣两端面，打中心孔	铣端面、打中心孔机床
2	车大外圆及倒角	车床
3	车小外圆及倒角	车床
4	铣键槽	键槽铣床
5	去毛刺	钳工台

二、安装

在加工前，先要将工件在机床上正确放置，并加以固定，此过程称为装夹。工件经一次装夹后所完成的那一部分工序称为安装。在表 1.1 的工艺过程中，工序 1 要调头一次，即有两次安装。

加工过程中应尽量减少安装次数，因为这不仅可以减少辅助时间，而且可以减少因安装误差而导致的加工误差。

三、工位

为了完成一定的工序，工件在一次安装后，工件与夹具或设备的可动部分一起相对于刀具或设备的固定部分所占据的每一个工作位置，称为工位。

一个工序可能只包含一个工位，也可能包含几个工位。生产中为了减少工件的安装次数，在加工中常采用各种回转工作台、回转或移位夹具及多轴机床等，使工件在一次安装中可以先后处于不同的位置进行加工。机床或夹具的工位有两个或两个以上的，称为多工位机床或多工位夹具。

四、工步

工件在一次安装中，在加工表面和加工工具不变以及切削用量中的切削速度和进给量不变的情况下，所连续完成的那一部分工序，称为工步。一般情况下，在一个工序内用一种工具每加工一个表面即为一个工步，如果某一个表面加工要分几次切削，切削速度和进给量不改变的，则算一个工步；切削速度或进给量改变，则算两个工步。

对于连续进行的几个相同的工步，例如在法兰上依次钻四个 φ15 的孔（图 1.2a），习惯上算作一个工步，称为连续工步。如果同时用几把刀具（或复合刀具）加工不同的几个表面，这也可看作是一个工步，称为复合工步（图 1.2b）。

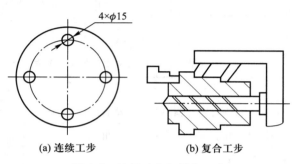

(a) 连续工步   (b) 复合工步

图 1.2   连续工步和复合工步

五、走刀

同一工步中，切削刀具在加工表面上切削一次所完成的加工过程，称为一次走刀。一个工步可包括一次或数次走刀，而每一次切削就是一次走刀，如图 1.3 所示。走刀是构成工艺过程的最小单元。

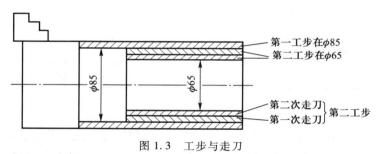

图 1.3   工步与走刀

1.1.3   生产纲领与生产类型

一、生产纲领

产品的年生产纲领是指企业在计划期内应当生产的产品产量和进度计划。

零件的生产纲领要计入备品和废品的数量，因此对一个工厂来说，产品的产量和零件的产量是不一样的。零件生产纲领的计算公式为

$$N = Qn(1+\alpha)(1+\beta) \tag{1.1}$$

式中：N——零件的生产纲领，件/年；

Q——产品的年产量，台/年；

n——每台产品中该零件的数量，件/台；

α——零件的备品率，%；

β——零件的废品率，%。

备品率及
废品率

二、生产类型的划分

生产类型是对生产规模的一种分类。根据零件的生产纲领、尺寸大小和复杂程度，可将生产分为单件生产、成批生产和大量生产三种类型。

1) 单件生产　工厂的产品品种不固定，每一品种的产品数量很少，工厂大多数工作地点的加工对象经常改变。例如重型机械、造船业、新产品试制等。

2) 成批生产　工厂的产品品种基本固定，但数量少，品种多，需要周期地轮换生产，工厂内大多数工作地点的加工对象是周期性地变换。例如，机床和电动机制造一般属于成批生产。

3) 大量生产　工厂的产品品种固定，每种产品数量很大，工厂内大多数工作地点的加工对象固定不变。例如，汽车、拖拉机和轴承制造等一般属于大量生产。

在成批生产中，根据批量大小可分为大批量生产、中批量生产和小批量生产。小批量生产的工艺特点接近于单件生产，大批量生产的工艺特点接近于大量生产，中批量生产的特点介于小批量生产和大批量生产之间。在同一个工厂中，可以同时存在几种不同生产类型的生产。例如，轴承厂虽然按大量生产的工艺特征组织生产，但其机修和工具分厂（或车间）却按单件生产的工艺特征组织生产。

划分生产
类型参考
数据

不同生产类型的制造工艺有不同特点，各种生产类型的工艺特点见表 1.3。

表 1.3　各种生产类型的工艺特点

项目	批量		
	单件、小批量生产	中批量生产	大批量、大量生产
加工对象	经常变换	周期性变换	固定不变
工艺规程	简单的工艺路线卡	有比较详细的工艺规程	有详细的工艺规程
毛坯的制造方法及加工余量	木模手工造型或自由锻，毛坯精度低，加工余量大	金属模造型或模锻，毛坯精度与余量中等	广泛采用模锻或金属模机器造型，毛坯精度高、余量少
机床设备	采用通用机床，部分采用数控机床。按机床种类及大小采用"机群式"排列	通用机床及部分高生产率机床。按加工零件类别分工段排列	专用机床、自动机床及自动线，按流水线形式排列
夹具	多用标准附件，极少采用夹具，靠划线及试切法达到精度要求	广泛采用夹具和组合夹具，部分靠加工中心一次安装	采用高效率专用夹具，靠夹具及调整法达到精度要求
刀具与量具	通用刀具和万能量具	较多采用专用刀具及专用量具	采用高生产率刀具和量具，自动测量

项目	批量		
	单件、小批量生产	中批量生产	大批量、大量生产
对工人的要求	技术熟练的工人	一定熟练程度的工人	对操作工人的技术要求较低，对调整工人技术要求较高
零件的互换性	一般是配对生产，无互换性，主要靠钳工修配	多数互换，少数用钳工修配	全部具有互换性，对装配要求较高的配合件，采用分组选择装配
成本	高	中	低
生产率	低	中	高

1.2　机械加工表面的成形

构成机器的零件种类繁多，形状和大小各异。但零件的表面一般是由为数不多和形状比较简单的表面组合而成的。各种表面的组合构成了不同零件形状，所以零件的切削加工归根到底是表面成形问题。

1.2.1　零件表面的成形方法

一、构成零件表面的基本几何表面与发生线

1. 构成零件表面的基本几何表面

图 1.4 是机器零件上常用的各种表面。可以看出，零件表面是由若干个如图 1.5 所示的基本几何表面组成的。这些基本几何表面有平面(图 1.5a)、成形表面(图 1.5b)、圆柱面(图 1.5c)、圆锥面(图 1.5d)、球面(图 1.5e)、圆环面(图 1.5f)、螺旋面(图 1.5g)等。

2. 基本几何表面的发生线

各种基本几何表面都可以看作是一条线(称为母线)沿着另一条线(称为导线)运动的轨迹。母线和导线统称为形成表面的发生线。为得到平面(图 1.5a)，应使直线 1(母线)沿着直线 2(导线)移动，直线 1 和 2 就是形成平面的两条发生线。为得到直线成形表面(图 1.5b)，须使直线 1(母线)沿着曲线 2(导线)移动，直线 1 和曲线 2 就是形成直线成形表面的两条发生线。为形成圆柱面(图 1.5c)，须使直线 1(母线)沿圆 2(导线)运动，直线 1 和圆 2 就是它的两条发生线。其他表面的形成方法可依此同样分析。

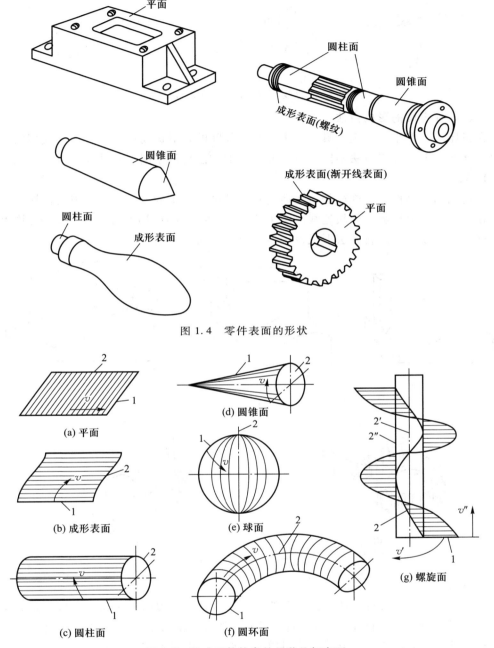

图 1.4　零件表面的形状

图 1.5　组成工件轮廓的几种几何表面

　　需要注意的是，有些表面的两条发生线完全相同，如母线的原始位置不同，也可形成不同的表面。如图 1.6 所示，母线均为直线 1，导线均为圆 2，轴心线均为 OO'，所需要的运动也相同。但由于母线相对于旋转轴线 OO' 的原始位置不同，所产生的表面也就不同，分别为圆柱面、圆锥面或双曲面。

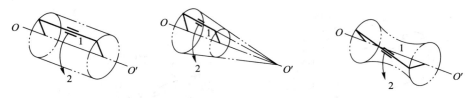

图 1.6 母线原始位置变化时形成的表面

二、零件表面的形成方法

在机床上，发生线是由刀具的切削刃与工件间的相对运动得到的。由于使用的刀具切削刃形状和采取的加工方法不同，形成发生线的方法也就不同，归纳起来有以下四种。

1. 轨迹法

它是利用刀具作一定规律的轨迹运动对工件进行加工的方法。切削刃与被加工表面为点接触，发生线为接触点的轨迹线。图 1.7a 中母线 A_1（直线）和导线 A_2（曲线）均由刨刀的轨迹运动形成。采用轨迹法形成发生线需要一个成形运动。

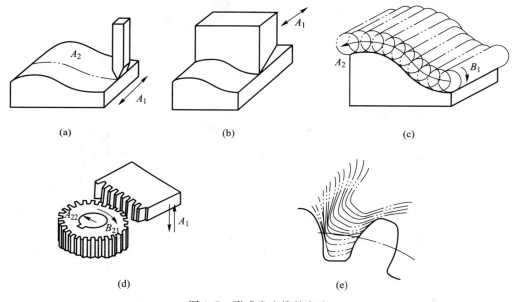

图 1.7 形成发生线的方法

2. 成形法

它是利用成形刀具对工件进行加工的方法。刀具切削刃的形状和长度与所需形成的发生线（母线）完全重合。图 1.7b 中，曲线形的母线是由成形刨刀的切削刃直接形成的，直线形的导线则是由轨迹法形成的。采用成形法形成发生线不需要成形运动。

3. 相切法

它是利用刀具边旋转边作轨迹运动对工件进行加工的方法。图 1.7c 中，采用铣刀、砂轮等旋转刀具加工时，在垂直于刀具旋转轴线的截面内，切削刃可看作是点，当切削点绕着刀具轴线作旋转运动 B_1，同时刀具轴线沿着发生线的等距线作轨迹运动 A_2 时，切削点运动轨迹的包络线便是所需的发生线。为了用相切法得到发生线，需要两个成形运动，即刀具的旋转运动和刀具中心按一定规律的轨迹运动。

4. 展成法

它是利用工件和刀具作展成切削运动进行加工的方法。切削加工时，刀具与工件按确定的运动关系作相对运动（称为展成运动或范成运动），切削刃与被加工表面相切（点接触），切削刃各瞬时位置的包络线便是所需的发生线。如图 1.7d 所示，用齿条形插齿刀加工圆柱齿轮，刀具沿 A_1 方向所作的直线运动形成直线形母线（轨迹法），而工件的旋转运动 B_{21} 和直线运动 A_{22} 使刀具能不断地对工件进行切削，其切削刃的一系列瞬时位置的包络线，便是所需要渐开线形导线（图 1.7e）。用展成法形成发生线，刀具和工件需要有一个独立的复合成形运动（展成运动）。

1.2.2　表面成形运动与辅助运动

一、表面成形运动

机床加工零件时，为获得所需的表面，工件与刀具作相对运动，既要形成母线，又要形成导线，形成这两条发生线所需的运动的总和，就是形成该表面所需要的运动。机床上形成被加工表面所必需的运动，称为机床的工作运动，又称表面成形运动。

例如，在图 1.7a 中，用轨迹法加工时，刀具与工件的相对运动是形成母线所需的运动，刀具沿曲线轨迹的运动用来形成导线。这两种运动之间不必有严格的运动联系，因此它们是相互独立的。所以，要加工出图 1.7a 所示的曲面，一共需要两个独立的工作运动：刀具与工件的相对运动和刀具沿曲线轨迹的运动。

用展成法加工齿轮时（图 1.7d），如前所述，生成母线需要一个复合的成形运动。为了形成齿的全长，即形成导线，如果滚刀加工齿轮采用相切法，需要两个独立的运动：滚刀轴线沿导线方向的移动和滚刀的旋转。前一个运动是用轨迹法实现的，而滚刀的旋转运动必须与工件的转动保持严格的复合运动关系。所以，用滚刀加工圆柱齿轮时，一共需要两个独立的运动：展成运动和滚刀沿工件轴向的移动 A_1。

切削加工时的表面成形运动也称为切削运动，按切削时工件与刀具的相对运动所起的作用，切削运动可分为主运动和进给运动。

使零件与刀具之间产生相对运动以进行切削的最基本运动称为主运动。主运动直接切除工件上的多余材料，使之转变为切屑，从而形成工件新表面。在切削过程中，主运动只有一个，且速度最高，所消耗机床功率最大。例如，车削加工时工件的旋转运动，钻削和铣削加工时刀具的旋转运动，牛头刨床刨削时刀具的直线往复运动等都是主运动，如图 1.8 中的 v_c 所示。

使切削得以继续进行，直至形成整个表面，这些运动都称为进给运动。进给运动速度较低，消耗的功率也较小，一台机床上可能有一个或几个进给运动，也可能不需要专门的进给运动。如图 1.8 中的 v_f 所示。

合成切削运动是由主运动和进给运动合成的运动。刀具切削刃上选定点相对于工件的瞬时合成运动方向称为合成切削运动方向，其速度称为合成切削速度，如图 1.8 中的 v_e 所示，由于一般情况下，v_f 比 v_c 小得多，故认为 $v_e \approx v_c$。

二、辅助运动

机床上除表面成形运动外，还需要辅助运动，以实现机床的各种辅助动作。辅助运动

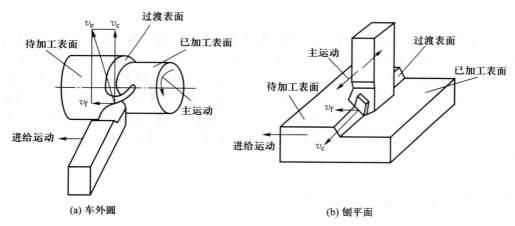

图 1.8   切削运动与切削表面

的种类很多，主要包括以下几方面：

（1）切入运动——使刀具切入工件表面一定深度，以获得所需的工件尺寸。

（2）分度运动——工作台或刀架的转位或移位；以顺次加工均匀分布的若干个相同的表面，或使用不同的刀具顺次加工。

（3）调位运动——根据工件的尺寸大小，在加工之前调整机床上某些部件的位置，以便于加工。

（4）其他各种运动——如刀具快速趋近工件或退回原位的空程运动，控制机床的开、停、变速、换向的操纵运动等。

这几类运动与表面的形成没有直接关系，只是为工作运动创造条件，统称辅助运动。

1.2.3   工件表面与切削要素

一、工件表面

如图 1.8 所示，在表面成形过程中，工件上有三个不断变化的表面。

1）待加工表面，即将被切除金属层的表面，随着切削过程的进行，它将逐渐减小，直至全部被切去。

2）已加工表面，即已经切去一部分金属而形成的新表面，随着切削过程的进行，它将逐渐扩大。

3）过渡表面，即切削刃正在切削的表面，它总是处在待加工表面与已加工表面之间。

二、切削要素

切削要素主要是指切削过程的切削用量要素和在切削过程中由余量变成切屑的切削层参数（图 1.9）。

1. 切削用量要素

切削用量是指切削速度、进给量和背吃刀量三者的总称。这三者又称切削用量三要素。

切削用量是调整机床，计算切削力、切削功率、工时定额及核算工序成本等所必需的

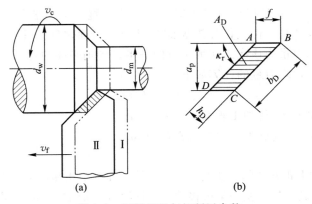

图 1.9　切削用量与切削层参数

参数。

（1）切削速度 v_c　切削刃上选定点相对于工件主运动的瞬时速度称为切削速度，单位为 m/s。计算时常用切削刃上速度最大的点代表刀具的切削速度。当主运动为回转运动时，其切削速度

$$v_c = \frac{\pi d_w n}{1\,000} \tag{1.2}$$

式中：d_w——完成主运动的工件或刀具在切削处的最大直径，mm；

　　　　n——主运动的转速，r/s。

若主运动为往复直线运动（如刨削、插削等），则常以其平均速度为切削速度，即

$$v_c = \frac{2Ln_r}{1\,000} \tag{1.3}$$

式中：L——刀具或工件作往复直线运动的行程长度，mm；

　　　　n_r——主运动每秒的往复次数，次/s。

（2）进给量 f　是指在主运动的一个循环内，刀具在进给运动方向上相对工件的位移量。当主运动是回转运动（如车削）时，进给量是指工件或刀具每回转一周，两者沿进给运动方向的相对位移量，单位 mm/r；当主运动是直线运动（如刨削）时，进给量是指刀具或工件每往复直线运动一次，两者沿进给运动方向的相对位移量，单位为 mm/双行程或 mm/单行程。对于多齿的旋转刀具（如铣刀、切齿刀），常用每齿进给量 f_z，其含义为多齿刀具每转或每行程中每个刀齿相对于工件在进给运动方向上的位移量，单位为 mm/z 或 mm/齿，它与进给量 f 的关系为

$$f = zf_z \tag{1.4}$$

式中：z——铣刀刀齿齿数。

在切削加工中，也有用进给速度 v_f 来表示进给运动的。进给速度 v_f 是指切削刃上选定点相对于工件的进给运动速度，其单位为 mm/min。若进给运动为直线运动，则进给速度在切削刃上各点是相同的。在外圆车削中，

$$v_f = fn \tag{1.5}$$

铣削时进给速度

$$v_f = fn = zf_z n \tag{1.6}$$

（3）背吃刀量 a_p　它是指在通过切削刃基点并垂直于工作平面的方向上测量的吃刀量。车外圆面时，也就是工件上待加工表面与已加工表面之间的垂直距离，单位为 mm。车削圆柱面时的背吃刀量为该次的切削余量的一半，刨削平面的背吃刀量等于该次的切削余量。外圆车削时，背吃刀量的计算如下：

$$a_p = (d_w - d_m)/2 \tag{1.7}$$

式中：d_w——工件加工前（待加工表面）直径，mm；

　　　d_m——工件加工后（已加工表面）直径，mm。

2. 切削层参数

切削层是指零件上正被切削刃切削的一层金属，即两个相邻加工表面间的那层金属。对于外圆车削，即零件转一转，主切削刃移动一个进给量 f 所切除的金属层，如图 1.9 所示。

切削层参数包括切削层公称厚度、切削层公称宽度和切削层公称横截面面积，它们与切削用量 f、a_p 有关。

（1）切削层公称厚度 h_D　在过渡表面法线方向测量的切削层尺寸，即相邻两过渡表面之间的距离。它反映了切削刃单位长度上的切削载荷。外圆车削时，

$$h_D = f \sin \kappa_r \quad (\kappa_r \text{ 表示主偏角}) \tag{1.8}$$

（2）切削层公称宽度 b_D　沿过渡表面测量的切削层尺寸，它反映了参加切削的切削刃长度。

$$b_D = \frac{a_p}{\sin \kappa_r} \tag{1.9}$$

（3）切削层公称横截面面积 A_D　在切削层参数平面内度量的横截面面积，即切削层公称厚度与切削层公称宽度的乘积。

切削用量要素与切削层参数的关系如下：

$$A_D = h_D b_D = a_p f \tag{1.10}$$

从上述公式中可看出 h_D、b_D 均与主偏角 κ_r 有关，但切削层公称横截面面积 A_D 只与 h_D、b_D 或 f、a_p 有关。

📍 1.3　基准与工件的装夹

1.3.1　基准的概念及其分类

零件的几何要素（点、线、面）之间有着一定的尺寸要求和位置关系，在零件的设计和制造过程中，经常要用到某些点、线、面来确定其他几何要素间的几何关系，这些作为依据的点、线、面称为基准。

根据基准的用途，基准可分为设计基准和工艺基准两大类。

一、设计基准

设计基准是零件设计图样上采用的基准，是标注设计尺寸或位置公差的起点。如图

1.10a 所示,中心线是表面Ⅰ、Ⅱ、Ⅲ的设计基准。

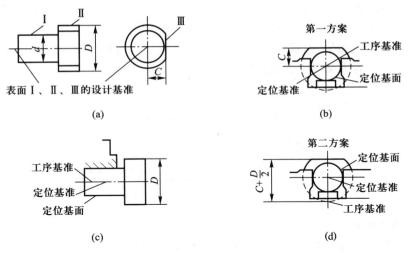

图 1.10 基准

二、工艺基准

工艺基准是零件在工艺过程中所采用的基准。工艺基准按用途可分为工序基准、测量基准、装配基准和定位基准。

1. 工序基准

在工序图上标注被加工表面尺寸(称为工序尺寸)和相互位置关系时所依据的点、线、面称为工序基准。

2. 测量基准

在工件上用以测量已加工表面位置、尺寸时所依据的点、线、面称为测量基准。

3. 装配基准

装配时用来确定零件或部件在产品中的相对位置所依据的点、线、面称为装配基准。如齿轮装在轴上,内孔是它的装配基准;轴装在箱体孔上,则轴颈是装配基准;主轴箱体装在床身上,则箱体的底面是装配基准。

4. 定位基准

工件在机床上加工时,确定工件位置的过程称为定位。用以确定工件相对机床、夹具、刀具位置的点、线、面称为定位基准。

有时作为基准的点、线、面,在工件上不一定具体存在(如孔的中心、轴的轴心线、槽的对称面等),此时则由某些具体的表面(如内孔圆柱面)来体现。这些体现基准作用的表面就称为基面(图 1.10b、c、d)。基面是实际要素,存在着误差。

1.3.2 工件的装夹方式

1. 直接找正定位装夹

将工件直接放在机床工作台或通用夹具上,工人用百分表、划线盘、直角尺等对被加工表面进行找正,确定工件在机床上相对于刀具的正确位置之后再夹紧。

　　如图 1.11 所示，在大型滚齿机上滚切齿形时，若被加工齿轮的分度圆与已加工的外圆表面有较高的同轴度要求，工件放在支座上之后，可用百分表找正，使齿坯外圆的中心与工作台的回转中心重合，然后进行夹紧。这种装夹方法找正困难且费时，找正的精度要依靠生产工人的经验和量具的精度，因此多用于单件、小批量生产或某些相互位置精度要求很高、应用夹具装夹又难以达到精度的零件加工。

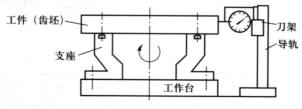

图 1.11   找正安装

　　2. 按划线找正装夹

　　工件在切削加工前，需预先在毛坯表面上划出要加工表面的轮廓线，然后按所划的线将工件在机床上找正、夹紧。划线时要注意照顾各表面间的相互位置关系并保证被加工表面有足够的加工余量。

　　这种装夹方法被广泛用于单件、小批量生产，尤其是用于形状较复杂的大型铸件或锻件的机械加工。这种方法的缺点是增加了划线工序，另外由于划的线条本身有一定的宽度，划线时又有划线误差，因此它的装夹精度低，一般为 0.2~0.5 mm。

　　3. 在夹具中装夹

　　夹具固定在机床上，工件装夹在夹具中，这种装夹方法方便、迅速、精度高且稳定，广泛用于成批生产和大量生产中。如阶梯轴的铣键槽工序，可将工件直接装夹在夹具体的 V 形块上（图 1.12），不用找正。

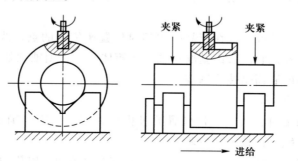

图 1.12   铣键槽工序的安装

📍 本 章 小 结

　　本章介绍了机械制造技术的基础知识，包括机械制造过程、机械加工表面的成形、基准与工件的装夹等，重点是工件表面的成形方法、成形运动与切削要素。理解基准的概念，可以为学习定位基准的选择打下基础。

📍 思考题与练习题

1.1　什么是机械制造的生产过程和工艺过程？

1.2　什么是工序、工位、工步、走刀和安装？试举例说明。

1.3　什么是生产纲领？如何确定企业的生产纲领？

1.4　什么是生产类型？如何划分生产类型？各生产类型各有什么工艺特点？

1.5　某机床厂年产 CA6140 型车床 2000 台，已知机床主轴的备品率为 14%，机械加工废品率为 4%，试计算机床主轴的年生产纲领并说明属于何种生产类型。其工艺过程有何特点？若一年工作日为 242 天，试计算每月（按 22 天计算）的生产批量。

1.6　表面发生线的形成方法有哪几种？试简述其成形原理。

1.7　什么是主运动？什么是进给运动？它们各有何特点？分别指出车削圆柱面、铣削平面、磨外圆、钻孔时的主运动和进给运动。

1.8　什么是切削用量三要素？从外圆车削来分析，v_c、f、a_p 各起什么作用？它们与切削层厚度 h_D 和切削层宽度 b_D 各有什么关系？

1.9　车外圆时，已知工件转速 $n = 320$ r/min，车刀移动速度 $v_f = 61$ mm/min，其他条件如题 1.9 图所示，试求切削速度 v_c、进给量 f、背吃刀量 a_p、切削层公称厚度 h_D、切削层公称宽度 b_D 及切削层公称横截面面积 A_D。

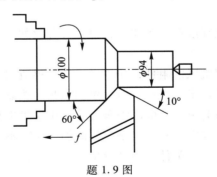

题 1.9 图

1.10　何谓基准？如何区分各种基准？举例说明。

1.11　试比较机械加工中工件的三种装夹方法各自的优、缺点及应用范围。

第2章 机床夹具

夹具是保证产品质量、提高劳动生产率及减轻工人劳动强度的重要工艺装备。深入了解并掌握机床夹具的基础理论与知识，对一个合格的制造工程师来说，是非常必要的。

📍 2.1 机床夹具概述

用夹具装夹法装夹工件的过程，实质上包含两个内容：定位与夹紧。其中，使工件相对于刀具占据正确的加工位置，这一过程称为工件的定位；将工件固定在既定的位置上，在加工过程中，不致因切削力、惯性力、重力等的作用而破坏其正确位置，这一过程称为工件的夹紧。用于装夹工件的工艺装备称为机床夹具。

2.1.1 机床夹具的种类与功能

按照机床夹具的通用化程度和使用范围，可将其分为如下几类。

1. 通用夹具

通用夹具一般作为通用机床的附件，使用时无须调整或稍加调整就能适应多种工件的装夹。例如，车床上的三爪自定心卡盘、四爪单动卡盘、拨盘等，铣床上的平口虎钳、分度头、回转工作台等，平面磨床上的电磁吸盘等。采用这类夹具可缩短生产准备周期，减少夹具品种，从而降低生产成本。其缺点是夹具的加工精度不高，生产率也较低，且较难装夹形状复杂的工件，故适用于单件、小批量生产。

2. 专用夹具

专用夹具是为某一特定工件的特定工序而专门设计制造的，因而针对性极强。专用夹具可以按照工件的加工要求设计得结构紧凑、操作迅速、方便、省力，可获得较高的生产率和加工精度，但设计制造周期较长、成本较高，产品变更后无法使用。因而，这类夹具适用于产品固定的成批及大量生产中。

在普通机床上配备专用夹具，可以扩大机床的工艺范围、实现一机多能。例如，在普通车床床鞍上或摇臂钻床工作台上配以镗削夹具就可以代替镗床对工件进行镗削加工。

3. 通用可调夹具与成组夹具

通用可调夹具与成组夹具的结构比较相似，都是按照经过适当调整可多次使用的原理设计的。在多品种、小批量的生产组织条件下，使用专用夹具不经济，而使用通用夹具不能满足加工质量或生产率的要求时才采用此类夹具。

通用可调夹具的适用范围大，加工对象不太固定。成组夹具是专门为成组工艺中某组零件设计的，调整范围仅限于本组内的工件。

4. 组合夹具

这类夹具是由标准化元件组装而成的。标准元件有不同的形状、尺寸及功能，它们组装用的配合部分具有良好的互换性和耐磨性。使用时，可按加工工件的需要，选用适当的元件组装成不同类型的专用夹具，用完后可将元件拆卸、清洗，入库备用。由于使用组合夹具可缩短生产准备周期，元件能重复多次使用，并具有可减少专用夹具数量等优点，因此组合夹具在单件，中、小批量生产和数控加工中是一种较经济的夹具。我国一些大、中城市已建立了不同规模的组合夹具租用站，为各中、小工厂服务。

5. 随行夹具

随行夹具是自动线夹具的一种。自动线夹具基本上可以分为两类：一类为固定式夹具，它与一般专用夹具相似；另一类为随行夹具，它除了具有一般夹具所担负的装夹工件的任务外，还担负沿自动线输送工件的任务。所以，它是跟随被加工工件沿着自动线从一个工位移动到下一个工位的，故称为随行夹具。

除上述分类外，夹具还可按动力源不同分为手动夹具、气动夹具、液动夹具、磁力夹具、电动夹具、真空夹具及自夹紧夹具等；按工种还可分为车床夹具、铣床夹具、磨床夹具、钻床夹具、镗床夹具等。

2.1.2 机床夹具组成

机床夹具的组成可通过一个专用夹具的实例来说明。图 2.1a 所示为某轴套工件，要求加工 $\phi6H7$ 孔并保证轴向尺寸 37.5 ± 0.02。图 2.1b 所示为其钻床夹具，工件以内孔及端面定位，通过夹具上的定位心轴 6 及其端面确定了工件在夹具中的正确位置。拧紧螺母 5，通过开口垫圈 4 可将工件夹紧。

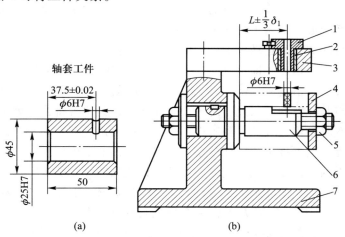

1—快换钻套；2—衬套；3—钻模板；4—开口垫圈；5—螺母；6—定位心轴；7—夹具体

图 2.1 在套筒上钻孔用的钻模

通过上述例子可以看出，夹具一般由以下几部分组成：

1. 定位元件和装置

与工件的定位基准表面（简称定位基面）相接触，用来确定工件在夹具中正确位置的元件或装置，如图 2.1 中的定位心轴 6。

2. 夹紧装置

用来夹紧工件，使其位置固定下来的元件或装置，如图 2.1 中的螺母 5 和开口垫圈 4。

3. 对刀、引导元件和装置

用于确定刀具在加工前正确位置的元件称为对刀元件，如对刀块。用于确定刀具位置并引导刀具进行加工的元件称为引导元件，如图 2.1 中的钻套。

4. 夹具体

夹具体是夹具的基础元件，用于连接并固定夹具上的各元件及装置，使其成为一个整体。它与机床有关部件进行连接、对定，如图 2.1 所示。

5. 其他元件及装置

有些夹具根据工件的加工要求，为使工件在一次安装中多次转位而加工不同位置上的表面而设置分度机构，铣床夹具还要有定位键等。

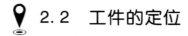

2.2　工件的定位

2.2.1　六点定位原理

一、工件定位原理

工件的位置怎样才算正确？定位的基本条件是什么？为了解决这些问题，首先来讨论在空间直角坐标系中如何限制工件自由度的问题。

工件在空间可能具有的运动称为工件的自由度。任何一个未被约束的刚体，在空间直角坐标系中都有六个自由度，即沿 X、Y、Z 三个坐标轴的移动自由度 $\vec{X}$、$\vec{Y}$、$\vec{Z}$，以及绕此三个坐标轴的转动自由度 $\hat{X}$、$\hat{Y}$、$\hat{Z}$，如图 2.2 所示。没有采取定位措施时，每个工件在夹具中的位置将是任意的。因此，对一个工件来说，其位置将是不确定的；而对于一批工件来说，其位置将是不一致的，当工件六个方向的自由度都不确定时，是工件空间位置不确定的最高程度。而工件定位的任务就在于限制工件的自由度。

如何限制工件的自由度？最典型的方法就是设置如图 2.3 所示的六个支承。其中工件的底面放置在三个不共线的支承 1、2、3 上，这样就限制了工件沿 Z 轴移动的自由度和绕 X 轴、Y 轴转动的自由度；侧面 B 靠在两个连线与底面平行的支承 4、5 上，限制了工件沿 Y 轴移动的自由度和绕 Z 轴转动的自由度；端面 C 与支承 6 接触，限制了工件沿 X 轴移动的自由度。工件每次都放置在与六个支承相接触的位置，从而使每个工件得到确定的位置，一批工件也就获得了同一位置。上述每个支承与工件接触的面积很小，可以抽象为

六点定位原理

一个点。

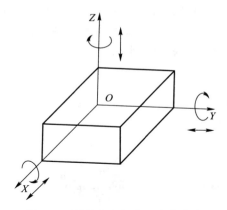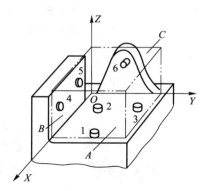

图 2.2　刚体在空间的六个自由度　　　　　　图 2.3　工件的六点定位

用合理分布的六个支承点限制工件的六个自由度，使工件在空间得到唯一确定的位置的方法称为工件的六点定位原理。

应用工件的六点定位原理进行定位分析时，应注意以下几点：

1）定位就是限制自由度，通常用合理设置定位支承点的方法来限制工件的自由度。这样能够简化问题，便于分析。

2）定位支承点与工件定位基准面始终保持紧密接触。若二者脱离，则意味着失去定位作用。

3）分析定位支承点的定位作用时不考虑力的影响。工件的某一自由度被限制了，并非指工件在受到使其脱离定位支承点的外力时不能运动。欲使其在外力作用下不能运动，是夹紧的任务。所以，定位和夹紧是两个概念，绝不能混淆。

4）在夹具中，定位支承点是通过具体的定位元件体现的。常用的定位元件有支承钉、支承板、心轴、V形块、圆柱销、圆锥销等（见 2.2.2 节中的表 2.1）。不同的定位元件应转化为几个定位支承点，需结合其具体结构进行分析。例如，一个较小的支承平面与尺寸较大的工件相接触时只相当于一个支承点，只能限制一个自由度；一个平面支承在某一方向上与工件有较大范围的接触，就相当于两个支承点或一条线，能限制两个自由度；一个支承平面在二维方向与工件有大范围接触，就相当于三个支承点，能限制三个自由度等。

二、六点定位原理的应用原则

在夹具设计和定位分析时经常会遇到以下几种不同的定位方式。

1. 完全定位和不完全定位

对于图 2.3 中的长方体工件，XOY 平面上的三个定位支承点限制了工件的三个自由度 $\vec{Z}$、$\hat{X}$、$\hat{Y}$；XOZ 平面上的两个定位支承点限制了工件的两个自由度 $\vec{Z}$、$\hat{Y}$；YOZ 平面上的一个定位支承点限制了工件的一个自由度 $\vec{X}$。由此可见，这样分布的六个定位支承点，限制了工件全部六个不重复自由度，称为工件完全定位。

然而，工件在加工中并非均需完全定位，具体需限制哪些自由度，应根据具体加工要求确定。如图 2.4a 所示，在工件上铣键槽，沿三个轴的移动和转动方向都有尺寸要求，所以加工时必须限制六个自由度，即实现完全定位。图 2.4b 中，在工件上铣台阶面，在 X 方向上无尺寸要求，沿 X 轴的移动自由度 $\vec{X}$ 无需限制，故只需限制五个自由度，这种允许少于六点的定位称为不完全定位或部分定位。图 2.4c 中，铣工件上的平面，只需保证工件 Z 方向上的高度尺寸，因此只需在工件底平面上限制三个自由度 $\vec{Z}$、$\hat{X}$、$\hat{Y}$，也属于不完全定位。

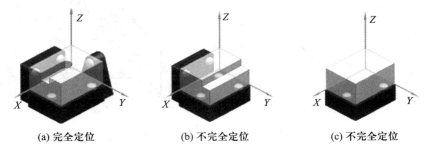

(a) 完全定位　　　　(b) 不完全定位　　　　(c) 不完全定位

图 2.4　工件应限制自由度的确定

完全定位和不完全定位，这两种定位类型都是正确可行的，生产中用得很广泛。有时，就定位原理而言可以采用不完全定位的场合却改用了完全定位方案，这往往是从容易平衡切削力、增加安装稳定性、方便操作等方面考虑的，不会影响加工精度要求。

2. 欠定位和过定位

在加工中，如果工件的定位支承点数少于应限制的自由度数，不能保证工件的加工精度要求，这种工件定位不足的情况，称为欠定位。例如图 2.4a 中，若将 YOZ 平面上的一个定位支承点去掉，则加工中 X 方向上槽的长度尺寸就无法保证。显然，在实际生产中，欠定位是绝对不允许使用的。

反之，工件的同一个自由度被一个以上的定位支承点重复限制，称为过定位或重复定位。例如图 2.4a 中，若在工件前端面上再设置一个定位支承点，则沿 X 轴的移动自由度 $\vec{X}$ 被两个定位支承点重复限制，产生过定位。由于工件和定位元件都存在制造误差，故无法使工件的两个定位面同时与两个定位元件接触，甚至工件与定位元件产生干涉，无法装夹。又如，图 2.5 所示的瓦盖定位简图，V 形块可限制 $\vec{X}$、$\vec{Z}$、$\hat{X}$、$\hat{Z}$，支承钉 A、B 可限制 $\vec{Z}$、$\hat{Y}$，显然对于 $\vec{Z}$ 是过定位；由于工件的尺寸 D 和 H 误差的存在，$\vec{Z}$ 有时可以由 V 形块限制，有时则由支承钉限制，从而使工件定位不稳定，降低加工精度。

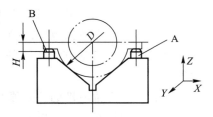

图 2.5　瓦盖定位分析

因此，一般情况下过定位是不允许的。但如果工件的加工精度比较高而不会产生干涉，则过定位也是允许的。

以上分析说明，在考虑工件定位方案时，应首先分析根据加工要求必须限制哪些自由度，然后设置必要的定位支承点去限制这些自由度，再选择和设计适当的定位元件对工件进行定位，以保证能限制这些自由度。对于因自身特点不能也没必要限制的自由度则不用考虑。

2.2.2　定位方式和定位元件

工件在夹具中的定位是通过工件上的定位基面与夹具中定位元件的工作表面接触或配合来实现的。工件上被选作定位基面的常有平面、圆柱面、圆锥面、成形表面(如齿形面、导轨面)等及它们的组合。所采用的定位方法和定位元件的具体结构应与工件定位基面的形式相适应。表 2.1 列出了工件典型定位方式、定位元件及所限制的自由度。

表 2.1　工件的典型定位方式

工件定位基面	定位元件	定位方式及所限制的自由度	特点及适用范围
平面	支承钉		圆头支承钉易磨损,多用于粗基准的定位;平头支承钉的支承面积较大,常用于精基准面的定位;花头支承钉用于要求有较大摩擦力的侧面定位
	支承板		主要用于定位平面为精基准的定位
	固定支承与自位支承		可使工件支承稳固,避免过定位;尽管每一个自位支承与工件定位基准面可能有两点或三点接触,但是一个自位支承只能限制一个自由度,只起一个定位支承点的作用。用于粗基准定位及工件刚性不足的场合
	固定支承与辅助支承		辅助支承只在基本支承对工件定位后才参与支承,只起提高工件刚度和稳定性的作用,不限制工件自由度
圆孔	定位销		结构简单,装卸工件方便;定位精度取决于孔与销的配合精度

续表

工件定位基面	定位元件	定位方式及所限制的自由度	特点及适用范围
圆孔	心轴		间隙配合时心轴装卸方便，但定位精度不高；过盈配合时心轴的定位精度高，但装卸不便
	圆锥销		对中性好，安装方便；基准孔的尺寸误差将使轴向定位尺寸产生误差；定位时工件容易倾斜，故应与其他元件组合起来应用
外圆柱面	支承钉或支承板		结构简单，定位方便
	V 形块		对中性好，不受工件基准直径误差的影响；常用于加工表面与外圆轴线有对称度要求的工件定位
	定位套		结构简单，定位方便；定位有间隙，定心精度不高
	半圆套		对中性好，夹紧力在基准表面上分布均匀；工件基准面精度不应低于 IT8～IT9 级

续表

工件定位基面	定位元件	定位方式及所限制的自由度	特点及适用范围
外圆柱面	锥套		对中性好，装卸方便；定位时容易倾斜，故应与其他元件组合起来应用
	顶尖		结构简单，对中性好，易于保证工件各加工外圆表面的同轴度及与端面的垂直度
锥孔	锥心轴		定心精度高；工件孔尺寸误差会引起其轴向位置的较大变化

在实际生产中为满足加工要求，有时采用由几个定位面组合的定位方式进行定位，称为组合表面定位。常见的组合形式有两顶尖孔、一端面一孔、一端面一外圆、一面两孔等，与之相对应的定位元件也是组合式的。例如，长轴类零件采用双顶尖组合定位，箱体类零件采用一面双销组合定位。

几个表面同时参与定位时，各定位基准（基面）在定位中所起的作用有主次之分。例如轴以两顶尖孔在车床前、后顶尖上定位的情况，前顶尖孔为主要定位基面，前顶尖限制三个自由度，后顶尖只限制两个自由度。

值得注意的是，以上内容主要介绍了常用的定位面和定位元件的基本情况，但在零件和夹具上具体该用哪个面定位，还应根据零件的精度要求等具体情况结合设计基准、工艺基准和装配基准要求，综合分析，并按粗、精加工的基准选择原则来选择具体的定位面和定位元件。

2.2.3 定位、夹紧符号及其标注

在选定定位基准及确定了夹紧力的方向和作用后，应在工序图上标注定位符号和夹紧符号。定位、夹紧符号参看国家发展和改革委员会发布的标准 JB/T 5061—2006《机械加工定位、夹紧符号》。

定位、夹紧符号的尺寸应根据工艺图的大小与位置确定。

如在工件的一个定位面上布置两个以上的定位点，且对每个点的位置无特殊要求，则允许用定位符号右边加数字的方法进行表示，不必将每个定位点的符号都画出，符号右边

定位夹紧符号

数字的高度应与符号的高度一致。

定位符号和夹紧符号可单独使用，也可联合使用。当仅用符号表示不明确时，可用文字补充说明。

📍 2.3 定位误差的计算

六点定位原理解决了工件位置"定与不定"的问题，现在需要进一步解决定位精度问题，即解决工件位置定得"准与不准"的问题。在六点定位原理中，工件是作为一个整体来考察的，而分析定位精度时，需要针对工件的具体表面进行分析。这是因为在一批工件中，每个工件彼此在尺寸、形状、表面状况及相互位置上均存在差异（在公差范围内的差异）。因此，对于一批工件来说，工件定位后每个具体表面都有自己不同的位置变动量，即工件每个表面都有不同的位置精度。

2.3.1 加工误差的组成

使用夹具加工工件时，影响被加工零件位置精度的误差因素很多，其中来自夹具方面的有定位误差、夹紧误差、对刀或导向误差以及夹具的制造与安装误差等，来自加工过程方面的误差有工艺系统（除夹具外）的几何误差、受力变形、受热变形、磨损以及各种随机因素所造成的加工误差。上述各项因素所造成的误差总和应当不超过工件允许的工序公差，才能使工件加工合格。可以用下列加工误差不等式表示它们之间的关系：

$$\Delta_D + \Delta_{az} + \Delta_{gc} \leqslant \delta_k \tag{2.1}$$

式中：Δ_D——与定位有关的误差，简称定位误差；

Δ_{az}——与夹具有关的其他误差，简称夹具安装误差；

Δ_{gc}——加工过程误差；

δ_k——工件的工序公差。

在设计夹具时，应尽量减小与夹具有关的误差，以满足加工精度的要求。在做初步估算时，可粗略地先按三项误差平均分配，各不超过相应工序公差的三分之一。下面仅对其中的定位误差 Δ_D 进行分析和计算。

2.3.2 定位误差及计算

一、产生定位误差的原因及组成

定位误差是指由于工件定位所造成的加工表面相对其工序基准的位置误差，用 Δ_D 表示。在调整法加工中，加工表面的位置可认为是固定不动的。因此，定位误差也可认为是工件定位所造成的工序基准沿工序尺寸方向的变动量。由于工件在夹具中的位置是由定位基准确定的，所以工序基准的位置变动可以分解为定位基准本身的变动量及工序基准相于定位基准的变动量。前者称为基准位移误差，用 Δ_Y 表示；后者称为基准不重合误差，用 Δ_B 表示。

1. 基准不重合误差 Δ_B

由于定位基准与工序基准的不一致所引起的定位误差称为基准不重合误差。如图 2.6 所示，其中图 2.6a 是在工件上铣缺口的工序简图，加工尺寸为 A 和 B。图 2.6b 是加工示意图。工件以底面和 E 面定位，C 是确定夹具与刀具相互位置的对刀尺寸，在一批工件的加工过程中，C 的大小是不变的。加工尺寸 A 的工序基准是 F 面，定位基准是 E 面，两者不重合。当一批工件逐个在夹具上定位时，受尺寸 $S \pm T_S/2$ 的影响，工序基准 F 面的位置是变动的，而 F 面的变动影响了 A 的大小，给尺寸 A 造成误差，这个误差就是基准不重合误差。

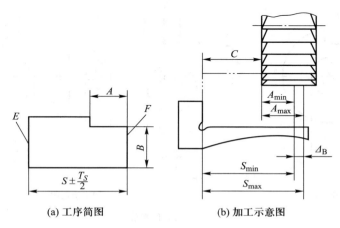

(a) 工序简图　　　　　(b) 加工示意图

图 2.6　基准不重合误差

显然，这是因定位基准与工序基准不重合而产生的误差，其大小等于定位基准与工序基准之间的尺寸公差。由图 2.6b 可知，S 是定位基准 E 与工序基准 F 间的距离尺寸（称为定位尺寸），基准不重合误差

$$\Delta_B = A_{max} - A_{min} = S_{max} - S_{min} = T_S$$

需要注意的是，当定位基准与工序基准不重合，并且工序基准的变动方向与加工尺寸的方向不一致，存在一夹角 α 时，基准不重合误差等于定位尺寸的公差在加工方向上的投影，即 $\Delta_B = T_S \cos \alpha$。

在图 2.6 中，加工尺寸 B 的工序基准与定位基准均为底面，基准重合，所以 $\Delta_B = 0$。

2. 基准位移误差 Δ_Y

工件在夹具中定位时，由于定位副（工件的定位表面与定位元件的工作表面）的制造不准确及其配合间隙所引起的定位误差，称为基准位移误差，即定位基准的相对位置在加工尺寸方向上的最大变动量。

如图 2.7 所示，图 2.7a 是在工件的圆柱面上铣槽的工序简图，加工尺寸为 A 和 B。图 2.7b 是加工示意图，工件以内孔 D 在圆柱心轴（直径为 d）上定位，O 是心轴中心，即调刀基准，C 是对刀尺寸。在加工尺寸中，尺寸 A 是由工件相对于刀具的位置决定的。尺寸 A 的工序基准是内孔中心线，定位基准也是内孔中心线，两者重合，所以 $\Delta_B = 0$。但是，由于工件的定位孔与心轴圆柱面有制造误差和配合间隙，工件孔在心轴上定位时因自重的影响，使工件的定位基准(孔的轴线)下移，这种定位基准的位置变动影响加工尺寸 A 的大小，给尺寸 A 造成误差，这个误差就是基准位移误差。基准位移误差的大小应等于因定位基准的变动造成的加工尺寸变化的最大变动量 δ_i。

由图 2.7b 可知，当工件孔的直径为 D_{max}，定位销直径为 d_{0min} 时，定位基准的位移量最大，即为 i_{max}，加工尺寸 A 为 A_{max}；当工件孔的直径为 D_{min}，定位销直径为 d_{0max} 时，定位基准的位移量最小，即为 i_{min}，加工尺寸为 A_{min}。因此，

$$\Delta_Y = A_{max} - A_{min} = i_{max} - i_{min} = \delta_i$$

式中：i——定位基准的位移量；

δ_i——一批工件定位基准的最大变动量。

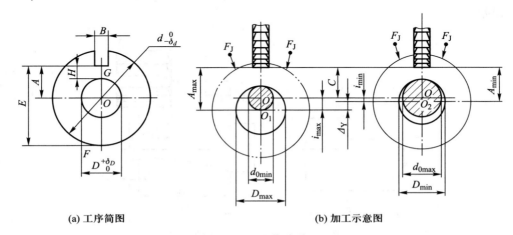

(a) 工序简图   (b) 加工示意图

图 2.7 基准位移误差

需要注意的是：

1) 当定位基准的变动方向与加工尺寸的方向相同时，基准位移误差等于定位基准的最大变动范围，即 $\Delta_Y = \delta_i$。

2) 当定位基准的变动方向与加工尺寸的方向不同，两者之间成夹角 α 时，基准位移误差等于定位基准的最大变动范围在加工尺寸方向上的投影，即

$$\Delta_Y = \delta_i \cos \alpha$$

二、定位误差的计算方法

常用的定位误差计算方法有以下几种。

1. 合成法

定位误差是由基准不重合误差与基准位移误差两部分组成的，因此计算时可以先根据定位方法分别计算出基准不重合误差 Δ_B 和基准位移误差 Δ_Y。然后，将两者合成定位误差，即

$$\Delta_D = \Delta_B \cos \beta \pm \Delta_Y \cos \gamma \tag{2.2}$$

式中：β——Δ_B 与工序尺寸(或位置要求)方向的夹角；

γ——Δ_Y 与工序尺寸(或位置要求)方向的夹角。

若工序基准不在定位基准面上，取"+"号。若工序基准在定位基准面上，在定位基面尺寸变动方向一定的条件下，当 Δ_B 与 Δ_Y 的变动方向相同，即对工序尺寸影响相同时，取

"+"号；当二者变动方向相反，即对工序尺寸影响相反时，取"-"号。

2. 极限位置法

根据定位误差的定义，直接计算出一批工件的工序基准在工序尺寸方向上的相对位置最大位移量，即工序尺寸的最大变动范围。在具体计算时，通常要画出工件的定位简图，并在图中画出工序基准变动的两个极限位置，然后直接按照几何关系求出工序尺寸的最大变动范围，即为定位误差。

3. 微分法（尺寸链分析计算法）

此法对包含多误差因素的复杂定位方案的定位误差分析计算比较方便，应用时可查有关资料。

从上面的分析可知，分析计算定位误差的关键在于找出同一批工件的工序基准在工序尺寸方向上可能的最大位移变动量。定位误差只发生在采用调整法加工一批工件的条件下，如果一批工件逐个按试切法加工，则不存在定位误差。

下面讨论常见定位方法的定位误差分析与计算。

2.3.3 各种定位方法的定位误差计算

一、工件以平面定位时的定位误差

1）工件以粗基准定位时，只能用 3 个球头支承钉实现三点定位，消除工件的 3 个自由度。若一批工件的定位状况相差较大，如平面度误差为 Δ_H，则定位误差为 $\Delta_D = \Delta_Y = \Delta_H$。

2）工件以精基准定位时，由于定位基准面本身的形状精度较高，故可采用平头支承钉、支承板等定位元件消除工件的三个自由度。此时，平面度误差很小，通常可以忽略不计，即定位误差为 $\Delta_D = \Delta_Y = 0$。

例 2.1　如图 2.6 所示，当工件以已加工过的底面和 E 面定位时，求工序尺寸 A 的定位误差。

解：用合成法求工序尺寸 A 的定位误差。由于用已加工过的平面定位，所以 $\Delta_Y = 0$。

定位基准 E 与工序基准 F 不重合，基准尺寸为 $S \pm \dfrac{T_s}{2}$，所以基准不重合误差为 $\Delta_B = T_s$。

工序尺寸 A 的定位误差为

$$\Delta_D = \Delta_B + \Delta_Y = T_s$$

二、工件以圆柱孔定位时的定位误差

工件以圆柱孔定位时，定位基准是内孔中心线。其可能产生的定位误差将随定位方式和定位时圆孔与定位元件配合性质的不同而不同，现分别进行分析和计算。

1. 工件孔与定位心轴（或定位销）过盈配合定位

用定心机构（如弹性心轴）定位或用过盈配合心轴（圆柱定位销）定位时可以实现无间隙配合，此时一批工件的定位基准在定位时没有任何位置变动，故基准位移误差 $\Delta_Y = 0$。如图 2.8 所示，在一套类工件上铣一平面，图 a 中要求保证与内孔中心线的距离尺寸为 H_1，图 b 中要求保证与定位孔母线的距离尺寸为 H_2，图 c 中要求保证与外圆母线的距离尺寸为 H_3，现分析计算采用过盈配合心轴定位时的定位误差。

若工序基准与定位基准重合，如图 2.8a 中的工序尺寸 H_1，则定位误差

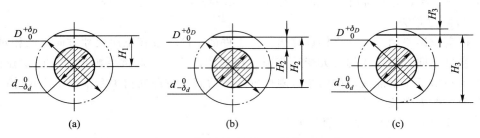

图 2.8 工件以圆柱孔在过盈配合心轴上定位时定位误差分析

$$\Delta_D = \Delta_B + \Delta_Y = 0 \tag{2.3}$$

若工序基准在工件定位孔的母线上，如图 2.8b 中的工序尺寸 H_2，则定位误差

$$\Delta_D = \Delta_B + \Delta_Y = \Delta_B = \frac{\delta_d}{2} \tag{2.4}$$

若工序基准在工件外圆母线上，如图 2.8c 中的工序尺寸 H_3，则定位误差

$$\Delta_D = \Delta_B + \Delta_Y = \Delta_B = \frac{\delta_D}{2} \tag{2.5}$$

2. 工件孔与定位心轴（或定位销）间隙配合定位

用间隙配合心轴（或圆柱定位销）定位时，由于定位基面和定位元件的制造公差及配合间隙的存在，将产生基准位移误差 Δ_Y。此时孔与轴的接触有以下两种情况。

（1）孔与定位心轴任意边接触

设孔与轴配合基本尺寸为 D，孔的极限尺寸为 D_{max}、D_{min}，公差为 δ_D；轴的极限尺寸为 d_{max}、d_{min}，公差为 δ_d。

如图 2.9 所示，当孔的尺寸为 D_{max}，心轴尺寸为 d_{min} 时，定位基准的变动量最大，等于孔、轴的最大配合间隙 X_{max}，基准位移误差

$$\Delta_Y = X_{max} = \delta_D + \delta_d + X_{min} \tag{2.6}$$

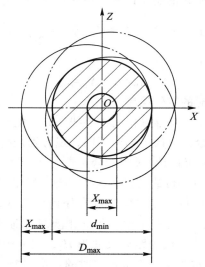

图 2.9 孔与定位心轴任意边接触时基准位移误差

例 2.2 如图 2.10 所示，工件以孔 $\phi 60^{+0.15}_{0}$ mm 定位，加工孔 $\phi 10^{+0.1}_{0}$ mm，定位销直径为 $\phi 60^{-0.03}_{-0.06}$ mm，要求保证尺寸 (40 ± 0.10) mm，计算定位误差。

解：定位基准与工序基准重合，$\Delta_B = 0$，则

$$\Delta_Y = \delta_D + \delta_d + X_{min} = (0.15 + 0.03 + 0.03)\ \text{mm} = 0.21\ \text{mm}$$

所以
$$\Delta_D = \Delta_B + \Delta_Y = 0.21\ \text{mm}$$

经过分析和计算，定位误差已经超过工序尺寸公差的 1/3，故需要改变定位方案。

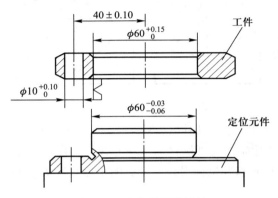

图 2.10　定位误差的计算

（2）孔与定位心轴固定边接触

如图 2.7 所示的情况，当定位销直径为 d_{0min}，工件孔径为 D_{max} 时，定位基准位于 O_1。此时定位基准的位移量最大：$i_{max} = \dfrac{D_{max} - d_{0min}}{2}$；当定位销直径为 d_{0max}，工件孔径为 D_{min} 时，定位基准位于 O_2。此时定位基准的位移量最小：$i_{min} = \dfrac{D_{min} - d_{0max}}{2}$。基准位移误差为定位基准的最大变动量 $\delta_i = i_{max} - i_{min} = \dfrac{\delta_D - \delta_d}{2}$，即

$$\Delta_Y = \frac{\delta_D - \delta_d}{2} \tag{2.7}$$

三、工件以外圆柱面定位时的定位误差

下面主要分析外圆柱面在 V 形块上定位的情形。如图 2.11a 所示，工件以外圆柱面在 V 形块上定位铣槽。定位基准是外圆柱面的中心线，外圆柱面是定位基面。若不考虑 V 形块的制造误差，则工件定位基准在 V 形块的对称面上，因此中心线在水平方向上的位移为零。但在竖直方向上，因工件外圆柱面有制造误差 δ_d，而产生基准位移误差 Δ_Y。

设 O 是定位基准的理想状态，由于工件外圆柱面 d 的制造误差 δ_d 的存在，O 在 O_1、O_2 之间变动。定位基准的最大变动量 O_1O_2 为基准位移误差。由图示几何关系可得：

$$\Delta_Y = \overline{O_1 O_2} = \frac{\overline{O_1 M} - \overline{O_2 N}}{\sin\dfrac{\alpha}{2}} = \frac{\dfrac{1}{2}d - \dfrac{1}{2}(d - \delta_d)}{\sin\dfrac{\alpha}{2}} = \frac{\delta_d}{2\sin\dfrac{\alpha}{2}} \tag{2.8}$$

式中：δ_d——工件定位外圆柱面的直径公差；

α——V 形块的夹角。

图 2.11b、c、d 所示为工件槽深的 3 种不同工序尺寸标注定位情况，现分别分析计算其定位误差。

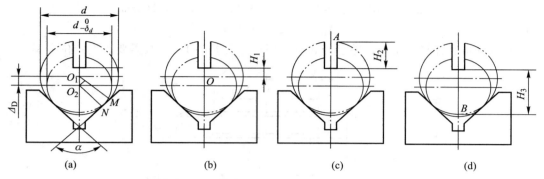

图 2.11　工件在 V 形块上定位时的误差分析

1）图 2.11b 中，工序基准为外圆柱面的中心线，工序尺寸为 H_1，工序基准与定位基准重合，因此 $\Delta_B = 0$。只有基准位移误差，故影响工序尺寸 H_1 的定位误差为

$$\Delta_D = \Delta_Y = \frac{\delta_d}{2\sin\dfrac{\alpha}{2}} \tag{2.9}$$

2）图 2.11c 中，工序基准为圆柱面的上母线 A，工序尺寸为 H_2。此时，工序基准与定位基准不重合，其误差为 $\Delta_B = \dfrac{\delta_d}{2}$，基准位移误差 Δ_Y 同上。当工件直径尺寸减小时，工件定位基准将下移；当工件定位基准位置不变时，若工件直径尺寸减小，则工序基准 A 下移，两者变化方向相同，故定位误差

$$\Delta_D = \Delta_Y + \Delta_B = \frac{\delta_d}{2\sin\dfrac{\alpha}{2}} + \frac{\delta_d}{2} \tag{2.10}$$

3）图 2.11d 中，工序基准为圆柱面的下母线 B，工序尺寸为 H_3。当工件直径尺寸减小时，定位基准将下移。但是，当工件定位基准位置不变时，若工件直径尺寸减小，工序基准将上移，两者变化方向相反，故定位误差

$$\Delta_D = \Delta_Y - \Delta_B = \frac{\delta_d}{2\sin\dfrac{\alpha}{2}} - \frac{\delta_d}{2} \tag{2.11}$$

可以看出，当以工件下母线为工序基准时，定位误差最小，而以工件上母线为工序基准时定位误差最大，所以图 2.11d 所示的尺寸标注方法最好。另外，随 V 形块夹角 α 的增大，定位误差 Δ_D 减小，但夹角过大时，将引起工件定位不稳定，故一般多采用 90° 的 V 形块。

四、工件以组合表面定位时的定位误差

工件以多个表面组合定位时，工序基准的位置与多个定位基准有关。下面以一面两孔定位为例，介绍组合定位时定位误差的分析计算方法。

工件以一面两孔在一面两销上定位时,其中一个为圆柱销,另一个为菱形销。其定位误差包括位移误差和转角误差两部分。如图 2.12 所示,由于孔 O_1 与圆柱销存在最大配合间隙 Δ_{1max},孔 O_2 与菱形销存在最大配合间隙 Δ_{2max},因此产生基准位置(位移和转角)误差。

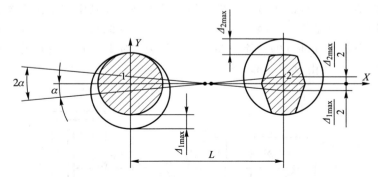

图 2.12 一面两孔定位的基准位移误差和基准转角误差

1)孔 1 中心 O_1 的基准位移误差。在任何方向上均有

$$\Delta_Y(O_1) = \Delta_{1max} = \delta_{D1} + \delta_{d1} + \Delta_{1min} \qquad (2.12)$$

式中:δ_{D1}、δ_{d1} 分别为孔 1、圆柱销 1 直径上的公差;Δ_{1min} 为孔 1 与圆柱销 1 之间的最小间隙。

2)孔 2 中心 O_2 的基准位移误差。孔 2 在两孔连线 X 方向上不起定位作用,所以在该方向上不计基准位移误差。在垂直于两孔连线 Y 方向上存在最大配合间隙 Δ_{2max},产生的基准位移误差

$$\Delta_Y(O_{2Y}) = \Delta_{2max} = \delta_{D2} + \delta_{d2} + \Delta_{2min} \qquad (2.13)$$

式中:δ_{D2}、δ_{d2} 分别为孔 2、菱形销 2 直径上的公差;Δ_{2min} 为孔 2 与菱形销之间在 Y 方向上的最小间隙。

3)转角误差。由于 Δ_{1max} 和 Δ_{2max} 的存在,在水平面内两孔连线 O_1O_2 产生基准转角误差。从图中可知,转角误差

$$\alpha = \arctan \frac{\delta_{D1} + \delta_{d1} + \Delta_{1min} + \delta_{D2} + \delta_{d2} + \Delta_{2min}}{2L} = \arctan \frac{\Delta_{1max} + \Delta_{2max}}{2L} \qquad (2.14)$$

考虑工件可能向另一方向偏转,故全部转角定位误差为 2α。

将所求得的有关基准位移和基准转角误差,按照最不利的情况,反映到工序尺寸方向上,就是基准位置误差引起工序尺寸的定位误差。

📍 2.4 工件的夹紧

工件在定位后还需要牢固地夹紧,以保证工件在加工过程中不因外力(切削力、工件重力、离心力或惯性力等)作用而发生位移或振动。夹具上用来把工件压紧夹牢的机构称为夹紧装置。工件的加工精度、表面粗糙度及夹紧时间的长短都与夹紧装置有关,所以夹

紧装置在夹具设计中占有重要的地位。

2.4.1   夹紧装置的组成

夹紧装置的结构设计取决于被夹工件的结构、工件在夹具中的定位方案、夹具的总体布局以及工件的生产类型等诸多因素。因此，必然会出现结构上各式各样的夹紧装置。但通过对夹紧装置中各组成部分的功能及要求、夹紧装置应起的作用进行的分析发现，各种夹紧装置(图 2.13)一般由以下三部分组成。

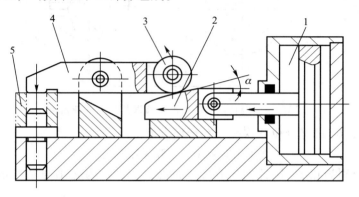

1—气缸；2—斜楔；3—滚子；4—压板；5—工件

图 2.13   夹紧装置的组成

1) 力源装置   夹紧装置中产生源动力的部分称为力源装置。常用的力源装置有气动、液压、电动等。如图 2.13 中所示的气缸便是一种力源装置。在采用手动夹紧的夹具装置(如三爪自定心卡盘)中，源动力由人力产生，故没有力源装置。

2) 夹紧元件   夹紧装置中直接与工件的被夹压面接触并完成夹压作用的元件称为夹紧元件。如图 2.13 中的压板，属夹紧元件。

3) 中间传力机构   力源装置所产生的源动力通常不直接作用在夹紧元件上，而是为达到一定目的通过中间环节进行力的传递。这种介于力源装置和夹紧元件间的中间环节称为中间传力机构。图 2.13 中的斜楔和滚子即组成了该夹紧装置的中间传力机构。其目的是将气缸所产生的水平源动力进行放大，传给夹紧元件，得到一个所需的竖直向下的夹紧力。

中间传力机构是夹紧装置设计中的重点，其原因是在设计中间传力机构时，不仅要顾及夹具的总体布局和工件夹紧的实际需要，而且还必须部分地或全部地满足下列要求：

① 改变力的作用方向。气缸中活塞杆所产生的夹紧力的方向是水平的。通过中间传力机构后改变为垂直方向的夹紧力。

② 改变作用力的大小。为了把工件牢固地夹住，有时往往需要有较大的夹紧力，这时可利用中间传动机构(如斜楔、杠杆等)将原始力增大，以满足夹紧工件的需要。

③ 自锁作用。在力源消失以后，工件仍能得到可靠的夹紧。这一点对于手动夹紧特别重要。

2.4.2　对夹紧装置的要求

夹紧装置的设计和选用是否合理，对保证工件的加工质量，提高劳动效率，降低加工成本和确保工人的生产安全都有很大的影响。对夹紧装置的基本要求如下：

1）在夹紧过程中不能破坏工件在夹具中占有的正确位置。

2）夹紧力要适当，既要保证在加工过程中工件不移动、不转动、不振动，同时又要在夹紧时不损伤工件表面或产生明显的夹紧变形。

3）夹紧机构要操作方便，夹压迅速、省力。在大批量生产中应尽可能采用气动、液动夹紧装置，以减轻工人的劳动强度和提高效率。在小批量生产中，采用结构简单的螺钉压板时，也要尽量设法缩短辅助时间。

4）夹紧机构的复杂程度和自动化程度应与工件的生产批量和生产方式相适应。工件的生产批量越大，设计的夹紧装置的功能应越完善，工作效率应越高。

5）结构设计应具有良好的工艺性和经济性，结构力求简单、紧凑和刚度好。

2.4.3　夹紧力的确定

确定夹紧力就要确定夹紧力的作用点、大小和方向。只有夹紧力的作用点分布合理，大小适当，方向正确，才能获得良好的效益。

一、夹紧力作用方向的选择

1. 夹紧力的作用方向应不破坏工件定位的准确性和可靠性

夹紧力应垂直于主要的定位基准面，如图 2.14 所示，工件孔与左端面有一定的垂直度要求，镗孔时，工件以左端面与定位元件的 B 面接触，限制 3 个自由度，以底面与 A 面接触，限制两个自由度，夹紧力垂直于 B 面，这样不管工件左端面与底面有多大的垂直度误差，都能保证镗出的孔轴向与左端面垂直。若夹紧力方向垂直于 A 面，如图 2.14b、c 所示，则会由于工件左端面的垂直度误差而影响被加工孔轴线与左端面的垂直度。

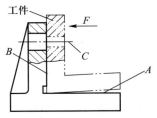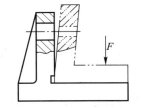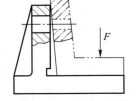

(a) 夹紧力垂直于主要定位面　　(b) 夹紧力垂直于非主要定位面　　(c) 夹紧力垂直于非主要定位面

图 2.14　夹紧力方向对加工的影响

2. 夹紧力的方向应与工件刚度最大的方向一致，以减小工件变形

由于工件在不同方向上刚度是不等的，不同的受力表面也因其接触面积大小不同而变形各异。尤其在夹压薄壁零件时，更需注意。

如图 2.15 所示的薄壁套筒工件，它的轴向刚度比径向刚度大，应沿轴向均匀施加夹紧力。若用图 2.15a 所示的三爪自定心卡盘将薄壁套筒径向夹紧，则会引起较大的变形；若采用如图 2.15b 所示的特制螺母轴向夹紧，则不容易产生变形。

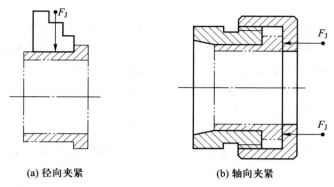

(a) 径向夹紧　　　　　　　　　　　(b) 轴向夹紧

图 2.15　薄壁套筒工件的夹紧

3. 夹紧力方向应使所需夹紧力尽可能小

在保证夹紧可靠的情况下，减小夹紧力可以减轻工人的劳动强度，提高生产效率，同时可以使机构轻便、紧凑以及减小工件变形。为此，应使夹紧力的方向最好与切削力、工件重力方向一致，这时所需要的夹紧力为最小。

如图 2.16 所示，在钻床上钻孔，图 2.16a 即为夹紧力 F_Q、切削力 F_p、工件的重力 G 三力方向重合的理想情况，夹紧力 F_Q 最小；在图 2.16b 中，F_p、G 均与 F_Q 反向，$F_Q >F_p+G$，此方案的夹紧力 F_Q 比图 2.16a 中所需的夹紧力大得多；在图 2.16c 中，F_p、G 都与 F_Q 垂直，为避免工件加工过程中移位，应使夹紧后产生的摩擦力 $fF_Q>F_p+G$（f 为工件与夹具定位面间的静摩擦因数），这时所需的夹紧力 F_Q 最大。

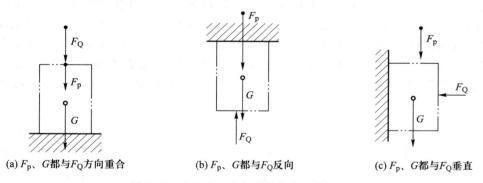

(a) F_p、G 都与 F_Q 方向重合　　　(b) F_p、G 都与 F_Q 反向　　　(c) F_p、G 都与 F_Q 垂直

图 2.16　夹紧力方向与夹紧力大小的关系

二、夹紧力作用点的选择

夹紧力作用点是指夹紧元件与工件接触的位置。夹紧力作用点的选择，应包括正确确定作用点的数目和位置。选择夹紧力作用点时要注意下列问题：

1）在确定夹紧力作用点的数目时，应遵从以下原则：对刚度差的工件，夹紧力作用点应增加，力求避免单点集中夹紧，以求减小工件的夹紧变形。但夹紧点愈多，夹紧机构将愈复杂，夹紧的可靠性也愈差。故能采用单点夹紧时，应尽量避免采用多点夹紧；必须采用多点夹紧时，在许可范围内，应力求夹紧点最少。

2）夹紧力作用点应正对支承元件或位于支承元件所形成的支承面内。图 2.17 所示的夹具的夹紧力作用点就违背了这项原则，夹紧力作用点未正对支承元件 1，夹紧过程中使工件 2 发生翻转，破坏了工件的定位。当将作用点改换到图中箭头线所示的位置时，就不会因夹紧而破坏工件的定位了。

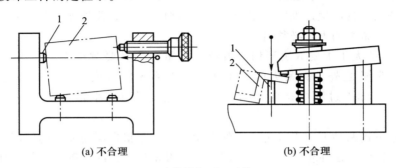

(a) 不合理　　(b) 不合理

1—定位元件；2—工件

图 2.17　夹紧力作用点示例

3）夹紧力的作用点应处于工件刚度较大的部位和方向上。由于工件的结构和形状大多较为复杂，故工件的刚度在不同的部位和不同的方向上是不同的。如图 2.18 所示的发动机连杆的结构简图，连杆两端大、两端处刚度最好，杆身处刚度较差。因此，夹紧力作用点最好应布置在连杆的头部垂直于端面的方向上，如图 2.18b 所示，而不应布置在杆身上，如图 2.18a 所示。

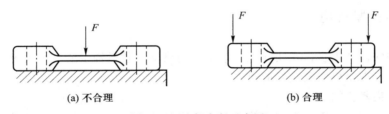

(a) 不合理　　(b) 合理

图 2.18　连杆夹紧示意图

4）夹紧力作用点应尽量靠近被加工表面，使夹紧稳固可靠。在图 2.19 所示的两种滚齿加工工件装夹方案中，图 2.19a 所示的夹紧力的作用点离工件加工面远，造成加工面同夹紧点间形成一悬臂很长的悬臂梁，使工件的夹紧刚度很差，在加工时会产生较大的振动，影响加工质量；图 2.19b 所示的夹紧力作用点与加工部位间的悬臂梁长度大大缩短，从而使夹紧刚度得到很大的提高。

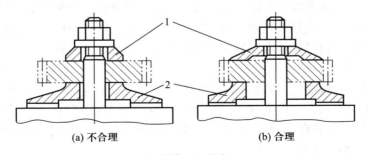

(a) 不合理　　(b) 合理

1—压盖；2—基座

图 2.19　夹紧力作用点靠近加工表面

三、夹紧力大小的估算

夹紧力的大小对于保证定位稳定、可靠，确定夹紧装置的结构尺寸都有很大关系。夹紧力过小，则夹紧不稳固，在加工过程中工件仍会发生位移或振动而破坏定位；夹紧力过大，会使工件及夹具产生过大的夹紧变形，影响加工质量，此外夹紧装置的结构尺寸也增大了。所以，夹紧力的大小必须恰当。

夹紧力 F_J 的大小主要取决于切削力和工件重力，必要时还需要考虑离心力、惯性力等的影响。除此之外，夹紧力的大小还与工艺系统的刚度、夹紧机构的传递效率等有关。切削力在加工过程中是变化的，因此确定夹紧力大小相当复杂，只能进行粗略估算。

通常采用下述两种方法来确定所需的夹紧力：一是根据同类夹具的使用情况，用类比法进行估算，这种方法在生产中应用较广；二是根据加工情况，确定工件在加工过程中对夹紧最不利的瞬时状态，再将此时工件所受的各种外力看作静力，并用静力平衡原理，计算出所需的理论夹紧力 F_0。由于所加工工件的状态各异，切削工具不断磨损等因素的影响，所计算出的理论夹紧力与实际所需的夹紧力之间存在着较大的差异。为确保夹紧安全可靠，还要考虑一个安全系数 k，因此实际需要的夹紧力

$$F_J = kF_0 \qquad\qquad (2.15)$$

k 的取值范围一般为 1.5~3。粗加工时取 2.5~3；精加工时取 1.5~2。

2.4.4　基本夹紧机构

夹紧机构的种类很多，在实际生产中常用的典型夹紧机构主要有斜楔夹紧机构、螺旋夹紧机构、偏心夹紧机构及它们的组合。

一、斜楔夹紧机构

斜楔夹紧机构是采用斜楔作为传力元件或夹紧元件的夹紧机构。它是最基本的夹紧机构，螺旋夹紧机构、偏心夹紧机构等均是斜楔夹紧机构的变形。

图 2.20 所示为几种典型的斜楔夹紧机构，图 2.20a 是在工件上钻相互垂直的 $\phi 8$ mm 和 $\phi 5$ mm 两组孔。当工件 3 装入后，锤击斜楔 2 大头，夹紧工件。当工件被加工完毕后，锤击斜楔 2 小头，松开工件。可见，斜楔是利用其移动时斜面的楔紧作用所产生的压力夹紧工件。这种机构夹紧力较小，且操作费时，所以实际生产中常将斜楔与其他机构联合起来使用。图 2.20b 是将斜楔与滑柱组合而成的一种夹紧机构。当斜楔 2 在气压或液压驱动下向左或向右移动时，通过滑柱和压板夹紧或松开工件。图 2.20c 是由端面斜楔与压板组合而成的夹紧机构，通过转动端面斜楔 2 带动压板夹紧或松开工件。

1. 斜楔的夹紧力

图 2.20a 所示的斜楔 2，其受力情况如图 2.21 所示。图 2.21a 是外作用力 F_Q 存在时斜楔的受力情况，作用在斜楔上的力有：工件的反作用力（即夹紧力的反作用力）F_J，由 F_J 引起的摩擦力 F_1，其合力为 F_{R1}；夹具体的反作用力 F_N，由 F_N 引起的摩擦力 F_2，其合力为 F_{R2}。建立静力平衡方程式：

$$F_1 + F_{RX} = F_Q \qquad\qquad (2.16)$$

式中：$F_1 = F_J \tan \varphi_1$，$F_{RX} = F_J \tan(\alpha + \varphi_2)$。

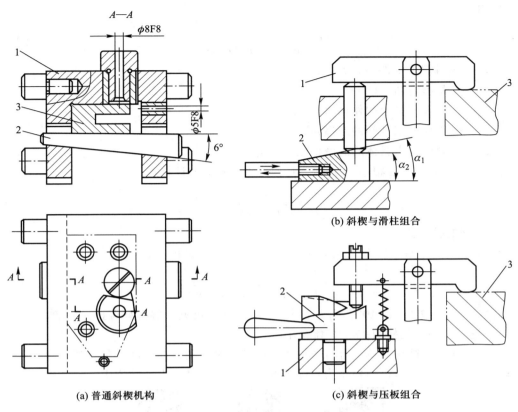

(a) 普通斜楔机构

(b) 斜楔与滑柱组合

(c) 斜楔与压板组合

1—夹具体；2—斜楔；3—工件

图 2.20　斜楔夹紧机构

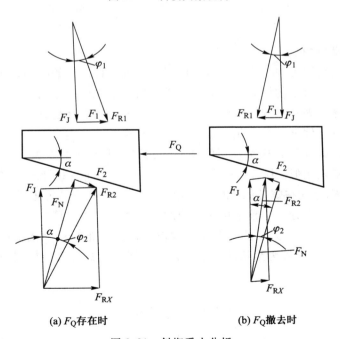

(a) F_Q 存在时　　　　(b) F_Q 撤去时

图 2.21　斜楔受力分析

所以

$$F_J = \frac{F_Q}{\tan \varphi_1 + \tan(\alpha + \varphi_2)} \tag{2.17}$$

式中：F_J——斜楔对工件的夹紧力，N；

　　　α——斜楔升角，(°)；

　　　F_Q——加在斜楔上的作用力，N；

　　　φ_1——斜楔与工件间的摩擦角，(°)；

　　　φ_2——斜楔与夹具体间的摩擦角，(°)。

设 $\varphi_1 = \varphi_2 = \varphi$，当 α 很小($\alpha \leqslant 10°$)时，可用下式近似计算：

$$F_J = \frac{F_Q}{\tan(\alpha + 2\varphi)} \tag{2.18}$$

2. 斜楔的扩力比

夹紧力 F_J 与原始作用力 F_Q 之比称为扩力比或增力系数。用 i 表示，即

$$i = \frac{F_J}{F_Q} = \frac{1}{\tan \varphi_1 + \tan(\alpha + \varphi_2)} \tag{2.19}$$

若取 $\varphi_1 = \varphi_2 = 6°$，$\alpha = 10°$，代入上式，得 $i = 2.6$。可见，斜楔具有扩力或增力作用，α 越小，i 越大，夹紧机构的扩力作用越明显。

斜楔夹紧机构结构简单，有自锁性，能改变夹紧力的方向。缺点是夹紧行程短，手动操作不方便。斜楔夹紧机构常作为自锁机构用在气动、液压夹紧装置中。

斜楔自锁
条件

斜楔夹紧
行程

斜楔夹紧
机构

二、螺旋夹紧机构

利用螺旋直接夹紧工件，或与其他元件组合实现工件夹紧的机构，统称为螺旋夹紧机构。螺旋夹紧机构中所用的螺旋实际上相当于把斜楔绕在圆柱体上，因此它的夹紧原理与斜楔是相似的。螺旋夹紧机构结构简单、夹紧行程大，特别是它具有增力大、自锁性能好两大特点，其许多元件都已标准化，很适用于手动夹紧。

螺旋夹紧机构可以看成升角为 α 的斜面绕在圆柱上形成的斜楔，因此螺钉(或螺母)夹紧力的计算与斜楔相似。图 2.22 所示为夹紧状态下螺杆与螺母间的受力状况，螺母固定不动，主动力 F_Q 施加在螺杆的手柄上，形成扭转螺杆的主动力矩 $F_Q L$；F_1 为螺孔对螺杆转动的摩擦阻力，它分布在整个接触部分的螺旋面上，为计算方便，可把它视为集中在螺纹中径 d_0 处圆周上。F_2 为工件对螺杆的摩擦力，也分布在整个接触面上，计算时可视为集中在 r' 的圆周上。r' 称为当量摩擦半径，它与接触形式有关。根据力矩平衡分析计算夹紧力 F_J：

$$F_Q L = F_2 r' + F_{RX} \frac{d_0}{2}$$

$$F_2 = F_J \tan \varphi_2$$

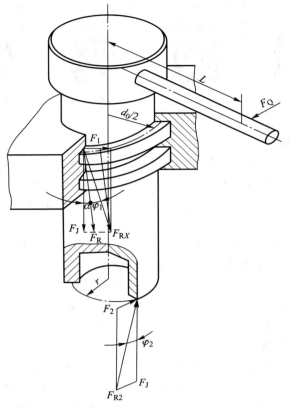

图 2.22　螺旋夹紧受力分析

$$F_{RX} = F_J \tan(\alpha + \varphi_1)$$

$$F_J = \frac{F_Q L}{\dfrac{d_0}{2}\tan(\alpha + \varphi_1) + r'\tan\varphi_2} \tag{2.20}$$

式中：F_J——夹紧力，N；

F_Q——主动作用力，N；

L——螺杆扳手作用长度；

d_0——螺纹中径；

α——螺纹升角；

φ_1——螺纹处摩擦角；

φ_2——螺纹端部与工件间的摩擦角；

r'——螺纹端部与工件间的当量摩擦半径。

对于普通夹紧螺纹取 $L = 14d_0$，$\varphi_1 = \varphi_2 = 5°$，则扩力比 $F_J/F_Q = 75$。可见，螺旋夹紧的增力效果是非常显著的。

由于普通螺纹的螺旋升角 α 远小于材料间的摩擦角 φ，所以螺纹夹紧具有非常好的自锁性。这也是各种普通螺纹能广泛应用于各种紧固连接的主要原因。

常用的螺旋夹紧机构有普通螺旋夹紧机构、快速螺旋夹紧机构及螺旋压板组合机构。

螺旋夹紧机构具有结构简单、紧凑，扩力比大，自锁性好，夹紧行程长等优点，故在手动夹紧装置中应用广泛。其缺点是夹紧、松开动作缓慢，因此在高效夹具中应用较少。

普通螺旋
夹紧机构

快速螺旋
夹紧机构

螺旋压板
组合机构

螺旋夹紧
机构

三、偏心夹紧机构

偏心夹紧
机构

用偏心件直接或间接夹紧工件的机构称为偏心夹紧机构。偏心夹紧机构的主要元件是偏心轮（或偏心轴），它利用轮缘表面上各工作点至轮的回转中心的回转半径变大而产生夹紧作用，其原理与斜楔夹紧机构相似，只是斜楔夹紧的楔角不变，而偏心夹紧的楔角是变化的。

生产中应用的偏心轮一般有两种类型：圆偏心和曲线偏心。曲线偏心经常采用阿基米德螺旋线、对数螺旋线或其他曲线作为偏心轮的轮廓曲线，因其制造工艺较复杂，故应用较少，只在特殊需要时才使用。一般情况下，多采用圆偏心结构。圆偏心轮实际上是把圆形轮盘的回转中心相对其几何中心偏置一定的距离，形成圆盘回转时的偏心，由此得名为偏心轮。其结构简单，制造方便，因此在生产中应用广泛。

常见的圆
偏心夹紧
机构

1. 圆偏心轮工作原理

由图 2.23 可知：圆偏心轮的直径为 D，安装偏心距为 e，O_1、O_2 分别为圆偏心轮的几何中心和回转中心，延长 O_1O_2 交圆于 m、n 两点，O_2m 为其最小回转半径，O_2n 为其最大回转半径。把回转中心 O_2 固定在夹具体上，在轮缘处压上工件（图 2.23a），随着圆偏心轮绕 O_2 点的偏心回转，工件会被越挤越紧，达到夹紧工件目的。实际上，图中阴影部分相当于一个弯曲的月牙形曲楔，它盘绕在以 O_2 为回转中心、半径为 O_2m 的基圆盘上。当基圆盘转动时，曲楔就随着盘的转动而逐渐楔入盘与工件之间而将工件楔紧。所以，圆偏心夹紧机构也是斜楔夹紧的变形，这就是圆偏心轮的夹紧原理。

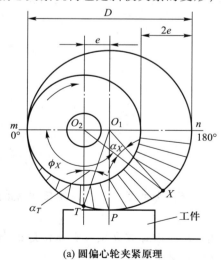

(a) 圆偏心轮夹紧原理

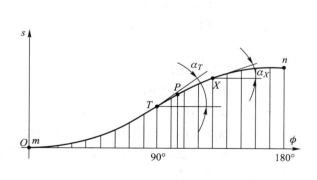

(b) 圆偏心轮特性曲线

图 2.23　圆偏心夹紧原理及其夹紧特性

为研究圆偏心轮上曲楔的楔升角，首先把盘绕在基圆盘上的曲楔展开：以基圆盘的转角 ϕ 为横坐标，以偏心轮轮缘上各个工作点相对于基圆盘的半径增量 s 为纵坐标将曲楔全部展开，可得到图 2.23b 所示的圆偏心轮特性曲线，又称圆偏心轮 ϕ-s 曲线。由图 2.23b 可知，它是一条呈 S 状的曲线。

2. 常见偏心夹紧机构

常见的圆偏心夹紧机构有圆偏心轮、偏心轴、偏心叉等。

偏心夹紧机构操作方便、夹紧迅速，但是夹紧力和夹紧行程都较小。一般用于切削力不大、振动小的场合。铣削加工属断续切削，振动较大，铣床夹具一般都不采用偏心夹紧机构。

三种夹紧机构对比

四、铰链夹紧机构

采用以铰链相连接的连杆作为中间传力元件的夹紧机构称为铰链夹紧机构。

铰链夹紧机构是一种增力机构，其结构简单，扩力比大，易于改变力的作用方向，但自锁性能差，常与具有自锁性能的机构组成复合夹紧机构；适用于多点、多件夹紧，在气动、液压夹具中获得广泛应用。

铰链夹紧机构

五、定心、对中夹紧机构

定心、对中夹紧机构是一种特殊夹紧机构，能同时实现对工件定心、定位和夹紧。这种机构在夹紧过程中能使工件的某一轴线或对称面位于夹具中的指定位置，即所谓实现了定心夹紧作用。定心夹紧机构中与工件定位基面相接触的元件，既是定位元件，又是夹紧元件。根据各自实现定心和对中的工作原理不同，可分为以下两种类型：

螺旋定心夹紧机构

1）定位-夹紧元件按等速移动原理实现定心、对中夹紧，如斜楔定心夹紧机构、杠杆定心夹紧机构、螺旋定心夹紧机构等。

2）定位-夹紧元件按均匀弹性变形原理实现定心夹紧，主要有弹簧夹头、弹簧薄膜卡盘、液塑定心夹紧机构、蝶形弹簧定心夹紧机构等。

弹性定心夹紧机构

六、联动夹紧机构

凡由一个原始作用力同时对一个工件的不同部位进行夹紧，或对多个工件进行同时夹紧的机构称为联动夹紧机构。有些机构还能够完成夹紧与其他动作的联动。

多件联动夹紧机构多用于中、小型工件的加工。

采用联动夹紧机构时必须注意以下几点：

多件联动夹紧机构

1）必须设置必要的浮动环节和足够的浮动量，以保证夹紧可靠、各点夹紧力均匀一致。

2）被夹紧的工件不宜过多，以求夹紧可靠而又不致总夹紧力过大。在平行式多件联动夹紧中，如果工件数量过多，在一定原始力作用的条件下，作用在各工件上的力就小，或者为了保证工件有足够的夹紧力，需无限增大原始作用力，从而给夹具的强度、刚度及结构等带来一系列问题。对连续式多件联动夹紧，由于摩擦等因素的影响，各工件上所受的夹紧力不等，距原始作用力越远，夹紧力越小，故要合理确定同时被夹紧的工件数量。

3）中间传力机构力求增力，以减小总夹紧力，并要避免采用过多的杠杆，力求结构简单紧凑，提高工作效率，保证机构可靠地工作。

4）机构应有足够的刚度，以防产生不允许的变形。

5) 夹紧力方向应与表面加工方向适应, 避免定位、夹紧的累积误差而影响加工要求。在连续式多件夹紧中, 工件在夹紧力方向必须设有限制自由度的要求。

平行式
多件联动
夹紧机构　　　对向式
多件联动
夹紧机构　　　复合式
多件联动
夹紧机构

2.4.5　夹具的动力装置

夹具的动力源有手动、气动、液压、电动、电磁、弹力、离心力、真空吸力等。随着机械制造工业的迅速发展, 现在大多采用气动、液压等夹紧来代替人力夹紧。这类夹紧机构还能进行远距离控制, 其夹紧力可保持稳定, 机构也不必考虑自锁, 夹紧质量比较高。

手动
动力源　　　气动
动力源　　　液压
动力源　　　气-液组合
动力源　　　电动电磁
动力源

📍 2.5　机床夹具的其他装置

常见机床夹具的其他装置有以下几种。

一、分度装置

机械加工中, 往往会遇到一些工件要求在夹具的一次安装中加工一组表面(孔系、槽系或多面体等), 而此组表面是按一定角度或一定距离分布, 这样便要求该夹具在工件加工过程中能进行分度。即当工件加工好一个表面后, 应使夹具的某些部分连同工件转过一定角度或移动一定距离。使工件在一次装夹中, 每加工完一个表面之后, 通过夹具上的可动部分连同工件一起转动一定的角度或移动一定的距离, 以改变工件加工位置的装置, 称为分度装置。

分度装置可分为回转分度装置和直线分度装置两类。两者的基本结构形式和工作原理都是相似的, 生产中以回转分度装置应用较多。

回转分度装置

根据分度盘和分度定位元件相互位置的配置情况, 分度装置又可以分为轴向分度与径向分度两种。常见的转角分度装置的基本形式如图 2.24 所示。

分度定位元件中对定销的运动方向与分度盘的回转轴线平行的称为轴向分度, 图 2.24 中的 a、b、c、d 即属此类。对定销的运动方向与分度盘的回转轴线垂直的称为径向分度, 图 2.24 中的 e、f、g、h 即是。

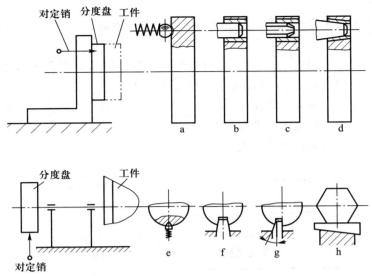

a—钢球对定；b、e—圆柱销对定；c—棱形销对定；d—圆锥销对定；

f—双斜面楔对定；g—单斜面楔对定；h—正多面体-斜楔对定

图 2.24 常见的分度装置

显然，当分度盘的直径相同时，如果分度盘上的分度孔（槽）距分度盘的回转轴线愈远，则由于分度对定机构中定位副存在某种间隙时所引起的分度转角误差必将愈小。因此，就这一点而言，径向分度的精度要比轴向分度的高。这也是目前常见的利用分度对定机构组成高精度分度装置时往往会采用径向分度方式的一个原因。但是，就分度装置的外形尺寸、结构紧凑程度以及是否保护分度对定机构来说，则轴向分度又优于径向分度，所以轴向分度方式应用也很广。

分度装置能使工件加工工序集中，减少安装次数，从而减轻劳动强度和提高生产率，因此广泛用于钻、铣、车、镗等加工中。分度装置在夹具中的应用及具体结构可参阅《机床夹具图册》中有关图例及有关资料和设计手册。

二、对刀装置

对刀装置是用来确定刀具和夹具的相对位置的装置，它由对刀块和塞尺组成。图2.25 表示了水平面、直角、V形和圆弧形加工的几种形式的对刀块。采用对刀装置对刀时，为防止损坏刀刃和对刀块过早磨损，刀具与对刀面一般都不直接接触，在对刀面移近刀具时，工人在对刀面和刀具之间塞入具有规定厚度的塞尺，凭抽动的松紧感觉来判断刀具的正确位置。

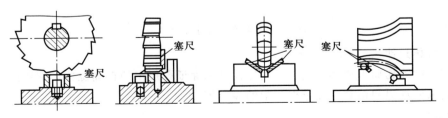

图 2.25 对刀装置

三、连接元件

夹具在机床上必须定位夹紧。在机床上进行定位夹紧的元件称为连接元件，它一般有以下几种形式：

1）在铣床、刨床、镗床上工作的夹具通常通过定位键与工作台 T 形槽的配合来确定夹具在机床上的位置。图 2.26 所示为定位键结构及其应用情况。定位键与夹具体的配合多采用 H7/h6，安装时应将其靠在 T 形槽的一侧面，以提高定位精度。一副夹具一般要配置两个定位键。对于定位精度要求高的夹具和重型夹具，不宜采用定位键，而采用夹具体上精加工过的狭长平面来找正安装夹具。

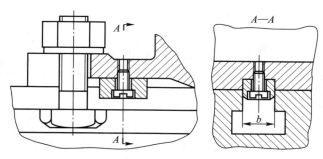

图 2.26   定位键连接图

2）车床和内、外圆磨床的夹具一般安装在机床的主轴上，连接方式如图 2.27 所示。图 2.27a 采用长锥柄（莫氏锥度）安装在主轴锥孔内，这种方式定位精度高，但刚度较差，多用于小型机床。图 2.27b 所示的夹具以端面 A 和圆孔 D 在主轴上定位，孔与主轴轴颈的配合一般取 H7/h6。这种连接方法制造容易，但定位精度不是很高。图 2.27c 所示的夹具以端面 T 和短锥面 K 定位。这种方法不但定心精度高，而且刚度也好。值得注意的是，这种定位方法是过定位，因此要求制造精度很高，夹具上的端面和锥孔需进行配磨加工。

除此之外，还经常使用过渡盘与机床主轴连接。

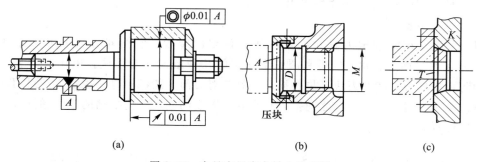

(a)   (b)   (c)

图 2.27   夹具在机床主轴上的安装

四、引导元件

在钻、镗等孔加工夹具中，常用引导元件来保证孔加工的正确位置。常用的引导元件主要有钻床夹具中的钻套、镗床夹具中的镗套等。

1. 钻套

钻套是钻模特有的元件，其作用是确定钻头、铰刀等刀具的轴线位置，防止刀具在加工中发生偏斜和产生振动。当加工平行孔系时，孔间的相互位置精度也依靠钻套在钻模板上的分布位置来保证。根据使用特点，钻套可分为固定钻套、可换钻套、快换钻套及专用钻套等多种结构形式。

1）固定钻套　固定钻套直接被压装在钻模板上，其位置精度较高，但磨损后不易更换，图 2.28 所示为固定钻套的两种结构，图 2.28a 是无肩的，图 2.28b 是有肩的。钻模板较薄时，为使钻套具有足够的引导长度，应采用有肩钻套。

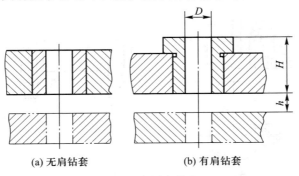

(a) 无肩钻套　　　　(b) 有肩钻套

图 2.28　固定钻套

钻套中引导孔的尺寸及其极限偏差应根据所引导的刀具尺寸来确定。通常取刀具的上极限尺寸为引导孔的公称尺寸，孔径公差依加工精度要求来确定。钻孔和扩孔时可取 F7，粗铰时取 G7，精铰时取 G6。若钻套引导的不是刀具的切削部分，而是刀具的导向部分，常取配合为 H7/f7、H7/g6、H6/g5。

钻套导向部分高度尺寸 H 增大，则刀具的导向性能好，刀具刚度提高，易于保证加工孔的精度，但刀具与钻套的磨损加剧。H 值应根据孔距精度、工件材料、孔深、刀具耐用度、工件表面形状等因素决定。通常取 $H = (1~2.5)D$，当加工的孔径较小或精度要求较高时，H 取较大值。

为便于排屑，钻套下端与被加工工件间应留有适当距离 h，称为排屑间隙。h 值不能取得太大，否则会降低钻套对钻头的导向作用，影响加工精度。h 值也不能过小，否则会造成排屑困难，特别是加工塑性材料时，切屑易阻塞在工件与钻套之间，有可能顶出钻套，还会损坏加工表面和将钻头折断。根据经验，加工钢件等塑性材料时，常取 $h = (0.7~1.5)D$；加工铸铁件等形成碎粒状切屑的材料时，常取 $h = (0.3~0.4)D$；大孔取较小的系数，小孔取较大的系数。

2）可换钻套　在成批生产、大量生产中，为便于更换钻套，采用可换钻套，其结构如图 2.29a 所示。钻套 1 装在衬套 2 中，衬套 2 压装在钻模板 3 中；为防止钻套在钻模板孔中上下滑动或转动，钻套用螺钉 4 紧固。当钻套磨损后，拧出螺钉，便可更换新的可换钻套。

3）快换钻套　在工件的一次装夹中，若顺序进行钻孔、扩孔、铰孔或攻螺纹等多个工步加工，需使用不同孔径的钻套来引导刀具，此时应使用快换钻套。其结构如图 2.29b 所示，更换钻套时，不必拧出螺钉，只需逆时针转动钻套使削边平面转至螺钉位置，即可向上快速取出钻套。快换钻套与衬套的配合为 F7/m6 或 F7/k6，衬套与钻模板的配合为 H7/n6 或 H7/r6。在设计快换钻套时，应注意其台肩部位与刀具加工时的旋转方向相适应，以防钻套在加工过程中自动脱出。

上述三种钻套的结构和尺寸均已标准化，设计使用时可参阅有关夹具设计手册。

4）专用钻套　专用钻套又称为特殊钻套，它是在一些特殊场合，根据具体要求自行设计的钻套。图 2.30 是几种专用钻套的结构形式，图 2.30a 用于在斜面上钻孔，图 2.30b 用于钻孔表面离钻模板较远的场合，图 2.30c 用于两孔孔距过小而无法分别采用钻套的场合。

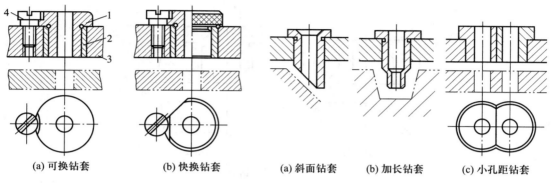

| (a) 可换钻套 | (b) 快换钻套 | (a) 斜面钻套 | (b) 加长钻套 | (c) 小孔距钻套 |

1—钻套；2—衬套；3—钻模板；4—螺钉

图 2.29　可换钻套与快换钻套的结构

图 2.30　专用钻套

2. 镗套

镗套用于引导镗杆，根据其在加工中是否运动可分为固定式镗套和回转式镗套两类。固定式镗套的结构与钻套相似，且位置精度较高。但由于镗套与镗杆之间的相对运动使之易于磨损，一般用于速度较低的场合。当镗杆的线速度大于 20 m/min 时应采用回转式镗套，图 2.31 所示为回转式镗套，图中左端 a 所示结构为内滚式镗套，镗套 2 固定不动，镗杆 4 装在导向滑套 3 内的滚动轴承上。镗杆相对于导向滑套回转，并连同导向滑套一起相对于镗套移动。这种镗套的精度较好，但尺寸较大，因此多用于后导向。图中右端结构 b 为外滚式镗套，镗杆与镗套 5 一起回转，两者之间只有相对移动而无相对转动。镗套的整体尺寸小，应用广泛。

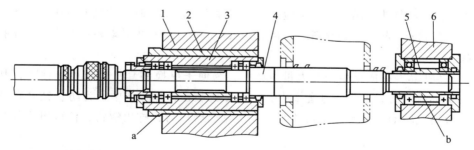

1、6—导向支架；2、5—镗套；3—导向滑套；4—镗杆；a—内滚式镗套；b—外滚式镗套

图 2.31　回转式镗套

五、夹具体

夹具体是夹具的基础件。在夹具体上要安装组成该夹具所需要的各种元件、机构、装置，并且还必须便于装卸工件，因此夹具体应该具有一定的形状和尺寸。在加工工件的过

程中，夹具体还必须承受切削力、夹紧力以及由此产生的冲击和振动，为了使夹具体不致受力变形或破坏，夹具体应该具有足够的强度和刚度。此外，加工过程中所产生的切屑有一部分是落在夹具体上，若夹具体上切屑积聚过多，则将严重影响工件可靠的定位和夹紧，为此在夹具体的结构设计中应该考虑便于清除切屑的要求。如果夹具体须与机床工作台或机床主轴保持正确的相对位置，则夹具体上还要设置与机床正确连接的结构。对加工中要翻转或移动的夹具体，应设置手柄或便于操作的结构。大型夹具的夹具体应设置吊装结构。

在选择夹具体的毛坯制造方法时，应考虑其工艺性、结构合理性、制造周期、经济性及工厂的具体条件等。生产中用到的夹具体毛坯制造方法有铸造、焊接、锻造和装配夹具体四种。

2.6 典型夹具

一、钻床夹具

在钻床上用来钻、扩、铰孔的机床夹具称为钻床夹具，其特点是装有钻套和安装钻套用的钻模板，因此习惯上也称为钻模。

钻模的种类很多，这里只介绍常用的两种。

（1）固定式钻模

固定式钻模

这类钻模在加工过程中是固定不动的，夹具体上一般设有专门用来固定夹具的凸缘或耳座。这类钻模加工精度较高，常用于在立式钻床上加工单孔或在摇臂钻床上加工平行孔系，也可在多轴组合机床上加工孔系。如图 2.1a 所示为某轴套工件，要求加工 $\phi6H7$ 孔并保证轴向尺寸 37.5±0.02。图 2.1b 为其钻床夹具，工件以内孔及端面为定位基准，通过夹具上的定位心轴 6 及其端面即可确定工件在夹具中的正确位置，拧紧螺母 5，通过开口垫圈 4 可将工件夹紧。钻头由快换钻套 1 引导，保证要求的孔位置尺寸，使用衬套 2 是为了避免频繁地更换钻套引起钻模板（夹具体）的磨损。

（2）回转式钻模

回转式钻模用于加工工件同一圆周上的平行孔系，或加工分布在同一圆周上的径向孔系。它包括立轴、卧轴和斜轴回转三种基本形式。这种钻模的特点是具有一套回转分度装置，工件一次装夹中，通过钻模依次回转加工所有孔。夹具的回转分度装置多采用标准回转工作台，也可以单独设计。回转式钻模使用方便、结构紧凑，在成批生产中广泛使用。图 2.32 所示为回转式钻模。工件的定位方式和夹紧方式与图 2.1 所示的钻模基本相同，但定位时用分度定位器 4 约束工件绕其自身轴线转动的自由度，这在图 2.1 的钻模中是没有的。在支承板 6 圆周相应的位置上有槽，分度以后，分度定位器 4 即依次落入这些槽中，以保证钻得的各孔之间正确的相对圆周位置。

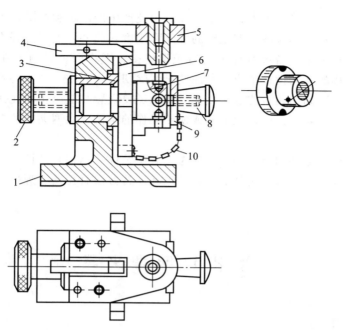

1—夹具体；2—锁紧螺母；3—套筒；4—分度定位器；5—钻模板；
6—支承板；7—心轴；8—螺母；9—开口垫圈；10—链条

图 2.32 回转式钻模

二、铣床夹具

铣床夹具是最常见的夹具之一，在铣床上除了使用台虎钳、万能分度头之外，还广泛使用各种形式的专用夹具。铣床夹具主要用于加工平面、键槽、沟槽、缺口、花键、齿轮以及各种成形表面等，一般由定位元件、夹紧机构、分度机构、对刀装置、定位键和夹具体等组成。

图 2.33 所示为铣槽用的铣床夹具。工件用 V 形块 1 定位，端面则支承在支承套 7 上。转动手柄时，通过偏心轮 3 和 V 形块 2 夹紧工件。夹具体 5 底面的定位键保证夹具在铣床工作台上的正确安装。刀具的位置借助于对刀块 4 进行调整。

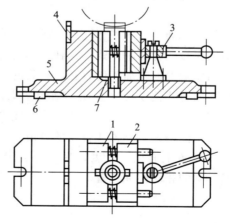

1、2—V 形块；3—偏心轮；4—对刀块；5—夹具体；6—定位键；7—支承套

图 2.33 铣槽用的铣床夹具

　　图 2.34 为加工壳体零件两侧面用的铣床夹具。工件如图中双点画线所示，以一面两孔（一大孔、一小孔）作定位基准在夹具定位元件 6 和削边销 10 上定位。拧紧螺母 4，吊紧左螺栓 9，通过回转板 8 将右螺栓下拉，使左、右压板 3 夹紧工件。对刀块 5 用以确定夹具相对于刀具的正确位置。两只定向键 11 的下半部与铣床工作台的 T 形槽相配，用以确定夹具在铣床工作台上的安装位置，保证夹具的纵向与工作台的纵向进给方向一致。夹具两端开口 U 形槽（耳座）用以放置 T 形槽螺钉，拧紧其上的螺母，即可将夹具紧固在工作台上。

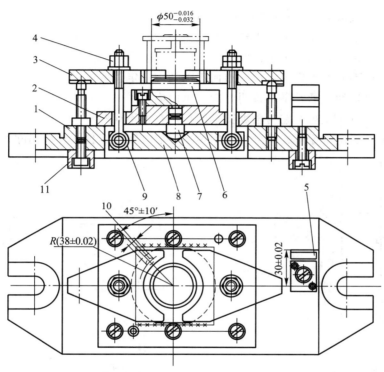

1—夹具体；2—底座；3—压板；4—螺母；5—对刀块；6—定位元件；
7—支点销；8—回转板；9—螺栓；10—削边销；11—定向键
图 2.34　加工壳体零件两侧面用的铣床夹具

　　铣削加工常是多刀多刃的断续切削，粗铣时更是切削用量大、切削力大，而且切削力的大小和方向也是变化的，因而加工时极易产生振动。所以，设计铣床夹具时应特别注意工件定位的稳定性和夹紧的可靠性，要求夹紧力足够和自锁性良好，切忌夹紧机构因振动而松夹。此外，为了增加刚度、减小变形，一些承受切削力的元件，特别是夹具体往往做得比较粗笨。

本 章 小 结

　　本章介绍了机床夹具的定位、夹紧原理，定位元件与夹紧机构的设计原则，以及几种典型夹具的结构、设计方法等。正确设计夹具对保证产品质量、提高劳动生产率及减轻工人劳动强度具有重要作用。

🔍 思考题与练习题

2.1　什么是机床夹具？它由哪几部分组成？各部分起什么作用？

2.2　什么是定位？什么是六点定位原理？何谓完全定位、不完全定位？

2.3　为什么说夹紧不等于定位？

2.4　为什么不允许出现欠定位？如何正确处理过定位？

2.5　什么是辅助支承？举例说明辅助支承的应用。

2.6　什么是自位支承？它与辅助支承的作用有何不同？

2.7　根据六点定位原理，试分析图中所示定位方案中定位元件所消除的自由度。

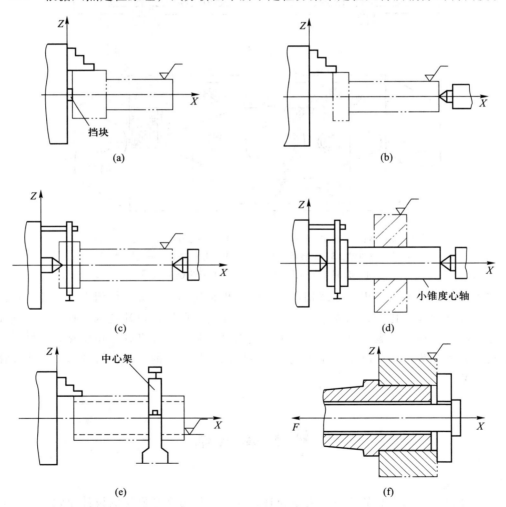

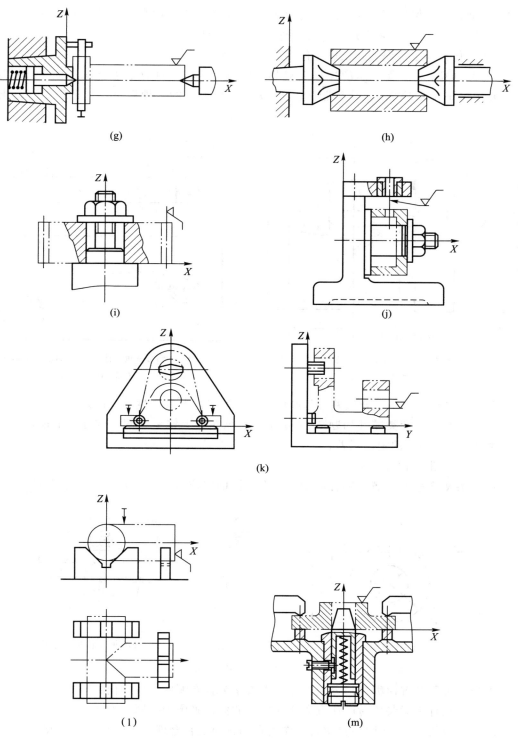

题 2.7 图

2.8   有一批如题 2.8 图所示的零件，锥孔和平面已加工合格，今在铣床上铣宽度为 $b-\Delta b$ 的槽，要求保证槽底与底面距离为 $h-\Delta h$；槽侧面与 A 面平行；槽对称轴线通过锥孔轴线。图示定位方案是否合理？有无改进之处？试分析。

2.9   什么是定位误差？试述定位误差产生的原因。

2.10   如题 2.10 图所示的连杆在夹具中定位，定位元件分别为支承平面 1、短圆柱销 2 和固定短 V 形块 3。试分析题 2.10 图所示定位方案的合理性，若不合理，试提出改进办法。

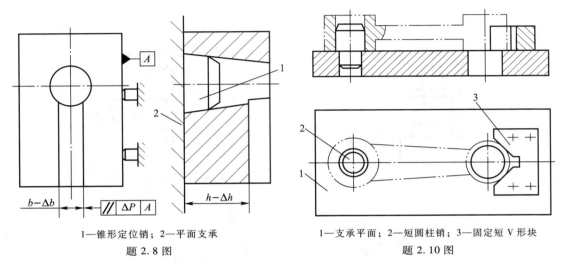

1—锥形定位销；2—平面支承
题 2.8 图

1—支承平面；2—短圆柱销；3—固定短 V 形块
题 2.10 图

2.11   试述基准不重合误差、基准位移误差的概念及其产生的原因。

2.12   有一批套类零件如题 2.12 图所示，欲在其上铣一键槽，试分析下述定位方案中尺寸 H_1、H_2、H_3 的定位误差。

（1）在可胀心轴上定位。（图 b）

（2）在处于垂直位置的刚性心轴上具有间隙的定位（图 c），定位心轴直径 $d_{\Delta \mathrm{xd}}^{\Delta \mathrm{sd}}$。

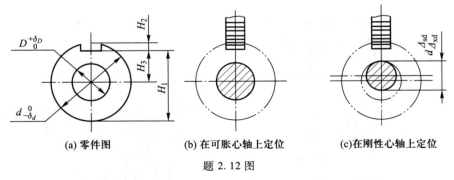

(a) 零件图   (b) 在可胀心轴上定位   (c)在刚性心轴上定位

题 2.12 图

2.13   夹紧装置由哪几部分组成？基本夹紧装置有哪些？各有何特点？

2.14   设计夹紧装置时应注意哪些问题？如何正确施加夹紧力？

2.15   分析题 2.15 图中夹紧力的作用点和方向是否合理？为什么？如何改进？

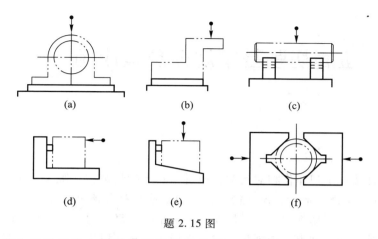

题 2.15 图

2.16　机床夹具除定位夹紧装置以外的其他装置有哪些？各有何作用？

2.17　钻模的主要类型有哪些？各有什么特点？

2.18　根据铣床加工的特点，设计铣床夹具时应注意哪些问题？

第 3 章　金属切削基本规律及其应用

刀具和工件按一定规律作相对运动，通过刀具上的切削刃切除工件上多余的（或预留的）金属，从而使工件的形状、尺寸精度及表面质量都符合预定的要求，称为金属切削加工，所用刀具称为金属切削刀具。金属切削过程是一个复杂的过程，在切削过程中伴随着很多的物理现象，如切削力、切削热、切削变形、刀具磨损等。研究与掌握金属切削基本规律，对于正确制订零件加工工艺规程、改进生产工艺具有重要作用。

3.1　金属切削刀具

3.1.1　刀具类型

由于被加工工件的材质、形状、技术要求和加工工艺的多样性，客观上要求刀具应具有不同的结构和切削性能。因此，生产中所使用的刀具种类很多。通常按加工方式和用途进行分类，刀具分为车刀、孔加工刀具、铣刀、拉刀、螺纹刀具、齿轮刀具、自动线及数控机床刀具和磨具等几大类型。刀具还可以按其他方式进行分类，如按切削部分的材料可分为高速钢刀具、硬质合金刀具和陶瓷刀具等，按结构可分为整体刀具、镶片刀具、机夹刀具和复合刀具等，按是否标准化可分为标准刀具和非标准刀具等。刀具的种类及其划分方式将随着科学技术的发展而不断变化。

3.1.2　刀具切削部分的构造要素

刀具上承担切削工作的部分称为刀具的切削部分，金属切削刀具的种类虽然很多，但它们在切削部分的几何形状与参数方面却有着共性，不论刀具构造如何复杂，它们的切削部分总是近似地以外圆车刀切削部分为基本形态。如图 3.1 所示，各种复杂刀具或多齿刀具的各刀齿的几何形状都相当于一把车刀的刀头。现代切削刀具引入"不重磨"概念之后，刀具切削部分的统一性获得了新的发展；许多结构迥异的切削刀具，其切削部分都不过是一个或若干个"不重磨式刀片"。

外圆车刀的切削部分如图 3.2 所示，由六个基本结构要素构造而成，它们各自的定义如下：

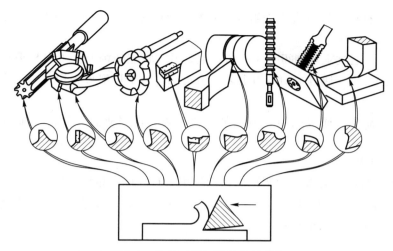

图 3.1 各种刀具切削部分的形状

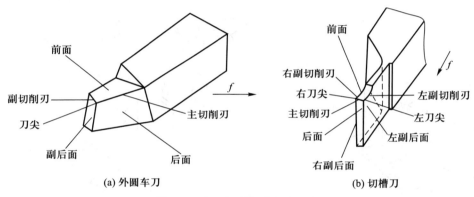

(a) 外圆车刀 (b) 切槽刀

图 3.2 车刀切削部分组成要素

1）前面 切屑沿其流出的刀具表面。

2）主后面 与工件上过渡表面相对的刀具表面。

3）副后面 与工件上已加工表面相对的刀具表面。

4）主切削刃 前面与主后面的交线，它承担主要切削工作，也称为主刀刃。

5）副切削刃 前面与副后面的交线，它协同主切削刃完成切削工作，并最终形成已加工表面，也称为副刀刃。

6）刀尖 连接主切削刃和副切削刃的一段刀刃，它可以是一段小的圆弧，也可以是一段直线。

3.1.3 刀具的几何参数

1. 刀具标注角度的参考系

刀具要从工件上切除材料，就必须具有一定的切削角度。切削角度决定了刀具切削部分各表面之间的相对位置，而要确定它们的空间位置，就应当建立参考平面坐标系，称为刀具标注角度的参考系，如图 3.3 所示。它是在不考虑进给量大小，并假定车刀刀尖与工件中心等高，刀杆中心线垂直于进给方向并参照 ISO 标准建立的。该参考系是由三个互相垂直的平面组成，即：

1）基面 P_r 通过主切削刃上某一指定点，并与该点切削速度方向相垂直的平面。

2）切削平面 P_s 通过主切削刃上某一指定点，与主切削刃相切并垂直于该点基面的平面。

3）正交平面 P_o 通过主切削刃上某一指定点，同时垂直于该点基面和切削平面的平面。

2. 刀具的标注角度

⊙··········
刀具标注
角度

在刀具标注角度的参考系中测得的角度称为刀具的标注角度。标注角度应标注在刀具的设计图中，用于刀具的制造、刃磨和测量。在正交平面的参考系中，刀具的主要标注角度有 7 个，其定义如下（图 3.4）：

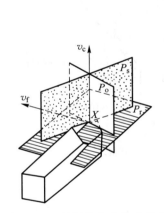

图 3.3   刀具标注角度的参考系

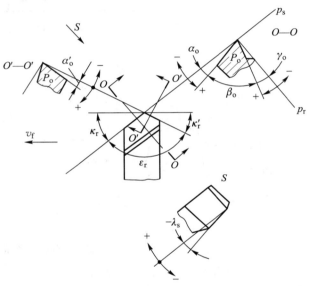

图 3.4   车刀的标注角度

1）前角 γ_o 在正交平面内测量的前面和基面间的夹角，有正、负和零值之分。前面在基面之下时前角为正值，前面在基面之上时前角为负值。

2）后角 α_o 在正交平面内测量的主后面与切削平面的夹角，一般为正值。

3）楔角 β_o 在正交平面内测量的前面与后面之间的夹角。

4）主偏角 κ_r 在基面内测量的主切削刃在基面上的投影与进给运动方向的夹角。

5）副偏角 κ_r' 在基面内测量的副切削刃在基面上的投影与进给运动反方向的夹角。

6）刀尖角 ε_r 在基平面内测量的主切削刃投影与副切削刃投影之间的夹角。

7）刃倾角 λ_s 在切削平面内测量的主切削刃与基面之间的夹角。在主切削刃上，刀尖为最高点时刃倾角为正值，刀尖为最低点时刃倾角为负值。主切削刃与基面平行时，刃倾角为零。

要完全确定车刀切削部分所有表面的空间位置，还需标注副后角 α_o'，副后角 α_o' 确定副后面的空间位置。

3.1.4 刀具的工作角度

以上讨论的刀具标注角度，是在假定运动条件和假定安装条件情况下给出的。如果考虑合成运动和实际安装情况，则刀具的参考平面坐标的位置发生变化，从而导致了刀具角度大小的变化。以切削过程中实际的基面、切削平面和正交平面为参考平面所确定的刀具角度称为刀具的工作角度，又称实际角度。通常，刀具的进给速度很小，在一般安装条件下，刀具的工作角度与标注角度基本相等。但在切断、车螺纹以及加工非圆柱表面等情况下，刀具角度值变化较大时需要计算工作角度。

1. 横向进给运动对工作角度的影响

当切断或车端面时，进给运动是沿横向进行的。如图 3.5 所示，工件每转一圈，车刀横向移动距离 f，切削刃选定点相对于工件的运动轨迹为一阿基米德螺旋线。因此，切削速度由 v_c 变成合成切削速度 v_e，基面 P_r 由水平位置变至工作基面 P_{re}，切削平面 P_s 由铅垂位置变至工作切削平面 P_{se}，从而引起刀具的前角和后角发生变化：

$$\gamma_{oe} = \gamma_o + \mu$$

$$\alpha_{oe} = \alpha_o - \mu$$

$$\mu = \arctan \frac{f}{\pi d} \qquad (3.1)$$

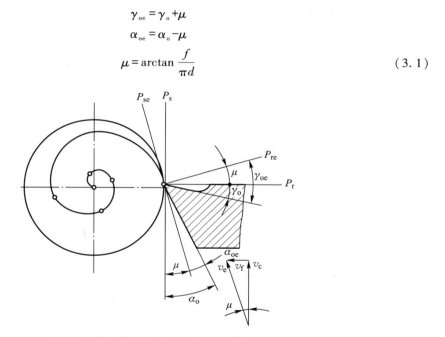

图 3.5 横向进给运动对工作角度的影响

式中：γ_{oe}——工作前角；

α_{oe}——工作后角。

由式（3.1）可知，进给量 f 增大，则 μ 值增大；瞬时直径 d 减小，μ 值也增大。因此，车削至接近工件中心时，d 值很小，μ 值急剧增大，工作后角 α_{oe} 将变为负值，致使工件最后被挤断。对于横向切削，不宜选用过大的进给量，并应适当加大刀具的标注后角。

2. 纵向进给运动对工作角度的影响

图 3.6 所示为车削右螺纹的情况，假定车刀 $\lambda_s = 0$，如不考虑进给运动，则基面 P_r 平

行于刀杆底面，切削平面 P_s 垂直于刀杆底面，正交平面中的前角和后角分别为 γ_o 和 α_o，在进给平面（平行于进给方向并垂直于基面的平面）中的前角和后角分别为 γ_f 和 α_f。若考虑进给运动，则加工表面为一螺旋面，这时切削平面变为切于该螺旋面的平面 P_{se}，基面变为垂直于合成切削速度矢量的平面 P_{re}，它们分别相对于 P_s 和 P_r 在空间偏转同样的角度，这个角度在进给平面中为 μ_f，在正交平面中为 μ，从而引起刀具前角和后角的变化。在上述进给平面内刀具的工作角度为

$$\gamma_{fe} = \gamma_f + \mu_f$$
$$\alpha_{fe} = \alpha_f + \mu_f$$
$$\tan \mu_f = \frac{f}{\pi d_w} \quad\quad (3.2)$$

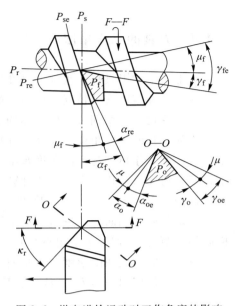

图 3.6　纵向进给运动对工作角度的影响

式中：f——被切螺纹的导程或进给量，mm/r；

d_w——工件直径，mm。

在正交平面内刀具的工作前角、后角分别为

$$\gamma_{oe} = \gamma_o + \mu$$
$$\alpha_{oe} = \alpha_o - \mu$$
$$\tan \mu = \tan \mu_f \sin \kappa_r = \frac{f}{\pi d_w} \sin \kappa_r$$

由以上各式可知，进给量 f 越大，工件直径 d_w 越小，则工作角度值变化就越大。上述分析适合于车右螺纹时车刀的左侧刃，此时右侧刃工作角度的变化情况正好相反。所以，车削右螺纹时，车刀左侧刃应适当加大刃磨后角，而右侧刃应适当增大刃磨前角，减小刃磨后角。一般外圆车削时，由进给运动所引起的 μ 值不超过 $30' \sim 1°$，故其影响可忽略不计。但在车削大螺距或多头螺纹时，纵向进给的影响不可忽视，必须考虑它对刀具工作角度的影响。

3. 刀尖安装高度对工作角度的影响

现以切槽刀为例进行分析，如图 3.7 所示，当刀尖与工件中心等高时，工作角度与刃磨角度相同，即工作前角 $\gamma_{oe} = \gamma_o$，工作后角 $\alpha_{oe} = \alpha_o$（图 3.7b）；当刀尖高于工件中心时，切削平面将变为 P_{se}，基面变到 P_{re} 位置，工作前角 γ_{oe} 增大，工作后角 α_{oe} 减小，即 $\gamma_{oe} = \gamma_o + \theta$，$\alpha_{oe} = \alpha_o - \theta$（图 3.7c）。反之，当刀尖低于工件中心时，工作前角 γ_{oe} 减小，工作后角 α_{oe} 增大。对于外圆车刀，工作角度也有同样的变化关系。生产中常利用这种方法来适当改变刀具角度，h 常取为 $\left(\frac{1}{100} \sim \frac{1}{50}\right) d_w$，这时 θ 值为 $2° \sim 4°$，这样就可不必改磨刀具，而迅速获得更为合理的 γ_{oe} 和 α_{oe}。粗车外圆时，使刀尖略高于工件中心，以增大前角，减小切削力；精车外圆时，使刀尖略低于工件中心，以增大后角，减少刀具后面的磨损；车成形表面时，刀刃应与工件中心等高，以免产生误差。

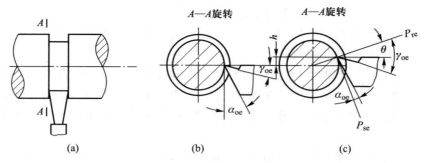

图 3.7 刀尖安装高度对工作角度的影响

4. 刀杆中心线安装偏斜对工作角度的影响

当刀杆中心线与进给方向不垂直时,工作主偏角 κ_{re} 和工作副偏角 κ'_{re} 将发生变化,如图 3.8 所示。在自动车床上,为了在一个刀架上装几把刀,常使刀杆偏斜一定角度;在普通车床上为了避免振动,有时也将刀杆偏斜安装以增大主偏角。

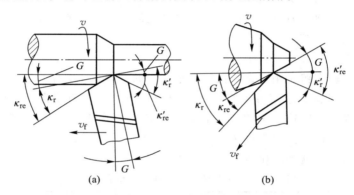

图 3.8 刀杆中心线安装偏斜对工作角度的影响

3.1.5 刀具材料

刀具材料性能的优劣是影响加工表面质量、切削效率、刀具寿命(刀具耐用度)的基本因素。刀具新材料的出现,往往能成倍地提高生产率,并能解决某些难加工材料的加工。正确选择刀具材料是设计和选用刀具的重要内容之一。

一、刀具材料应具备的性能

刀具切削部分在工作时要承受高温、高压、强烈的摩擦、冲击和振动,因此刀具材料必须具备以下基本性能:

1)高的硬度 刀具材料的硬度必须高于工件材料的硬度。刀具材料的常温硬度一般要求在 64 HRC 以上。

2)高的耐磨性 耐磨性是指刀具抵抗磨损的能力,它是刀具材料力学性能、组织结构和化学性能的综合反映。一般刀具材料的硬度越高,耐磨性越好。材料中硬质点的硬度越高,数量越多,颗粒越小,分布越均匀,则耐磨性越强。

3)足够的强度和韧性 以便承受切削力、冲击和振动,而不致产生崩刃和折断。

4)高的耐热性 耐热性是指刀具材料在高温下仍保持硬度、耐磨性、强度和韧性,并有良好的抗黏结、抗扩散、抗氧化的能力。

5) 良好的导热性和耐热冲击性 即刀具材料的导热性能要好，不会因受到大的热冲击产生刀具内部裂纹而导致刀具断裂。

6) 良好的工艺性能和经济性 即刀具材料应具有良好的锻造性能、热处理性能、焊接性能、切削加工性能、磨削加工性能等，而且要追求高的性价比。另外，随着切削加工自动化和柔性制造系统的发展，还要求刀具磨损和刀具寿命等性能指标具有良好的可预测性。

应该指出，上述要求中有些是相互矛盾的，例如硬度越高、耐磨性越好的材料的韧性和抗破损能力往往较差，耐热性好的材料的韧性也往往较差。实际工作中，应根据具体的切削条件选择最合适的材料。

二、常用刀具材料

目前，常用刀具材料有碳素工具钢、合金工具钢、高速钢、硬质合金、陶瓷、立方碳化硼以及金刚石等。碳素工具钢及合金工具钢因耐热性较差，通常只用于手工工具及切削速度较低的刀具。目前，刀具材料中用得最多的是高速钢和硬质合金，立方氮化硼等其他刀具材料的应用在逐步扩大。

1. 高速钢

高速钢是含有较多钨、钼、铬、钒等合金元素的高合金工具钢。高速钢具有较高的硬度和耐热性，在切削温度达 550~600 ℃ 时，仍能进行切削。与碳素工具钢和合金工具钢相比，高速钢能提高切削速度 1~3 倍，提高刀具使用寿命 10~40 倍，甚至更多。高速钢具有较高的强度和韧性，抗弯强度为一般硬质合金的 2~3 倍，抗冲击振动能力强。常用的几种高速钢的力学性能和应用范围见表 3.1。

表 3.1 常用高速钢的力学性能和应用范围

种类	牌号	常温硬度/HRC	抗弯强度/GPa	冲击韧度/($MJ \cdot m^{-2}$)	高温硬度/HRC(600 ℃)	主要性能和应用范围
普通型高速钢	W18Cr4V（W18）	63~66	3.0~3.4	0.18~0.32	48.5	综合性能和可磨性好，适于制造精加工刀具和复杂刀具，如钻头、成形车刀、拉刀、齿轮刀具等
	W6Mo5Cr4V2（M2）	63~66	3.5~4.0	0.30~0.40	47~48	强度和韧性高于 W18，可磨性稍差，热塑性好，适于制造热成形刀具及承受冲击的刀具
高性能高速钢	W2Mo9Cr4VCo8（M42）	67~69	2.7~3.8	0.23~0.30	55	硬度高，可磨性好，用于切削高强度钢、高温合金等难加工材料，适于制造复杂刀具等，但价格较高
	W6Mo5Cr4V2Al（501）	67~69	2.9~3.9	0.23~0.30	55	切削性能与 M42 相当，可磨性稍差，用于切削难加工材料，适于制造复杂刀具等

高速钢的工艺性能较好，能锻造，容易磨出锋利的刀刃，适宜制造各类切削刀具，尤其在复杂刀具(钻头、丝锥、成形刀具、拉刀、齿轮刀具等)的制造中，高速钢占有重要的地位。

高速钢按切削性能不同，可分为普通高速钢(代号 HSS)和低合金高速钢(代号 HSS-L)；按制造工艺方法不同，可分为常规高速钢和粉末冶金高速钢。常规高速钢又分为高性能高速钢(代号 HSS-E)和通用高速钢(代号 HSS-M)，粉末冶金高速钢又分为高性能粉末冶金高速钢(代号 HSS-E-PM)和普通粉末冶金高速钢(代号 HSS-PM)。

普通高速钢是切削硬度在 250~280 HBW 以下的大部分结构钢和铸铁的基本刀具材料，应用最广泛。切削普通钢料时的切削速度一般不高于 40~60 m/min。高性能高速钢较通用型高速钢有着更好的切削性能，适合于加工奥氏体不锈钢、高温合金、钛合金和高强度钢等难加工材料。

粉末冶金高速钢具有很多优点：有良好的力学性能和可磨削性；淬火变形只有熔炼钢的 1/3~1/2；耐磨性可提高 20%~30%；质量稳定可靠。它可以切削各种难加工材料，特别适于制造精密刀具和复杂刀具等。

2. 硬质合金

硬质合金是用高硬度、难熔的金属碳化物(WC、TiC 等)和金属黏结剂(Co、Ni 等)在高温条件下烧结而成的粉末冶金制品。硬质合金的常温硬度达 89~93 HRA，760 ℃ 时其硬度为 77~85 HRA，在 800~1 000 ℃ 时硬质合金还能进行切削，刀具寿命比高速钢刀具高几倍到几十倍，可加工包括淬硬钢在内的多种材料。但硬质合金的强度和韧性比高速钢差，常温下的冲击韧性仅为高速钢的 1/8~1/30，因此硬质合金承受切削振动和冲击的能力较差。硬质合金是最常用的刀具材料之一，常用于制造车刀和面铣刀，也可用硬质合金制造深孔钻、铰刀、拉刀和滚刀。尺寸较小和形状复杂的刀具，可采用整体硬质合金制造，但整体硬质合金刀具成本高，其价格是高速钢刀具的 8~10 倍。

常用的硬质合金

根据 GB/T 2075—2007 和 GB/T 18376.1—2008 规定，切削加工用硬质合金材料按被加工材料不同，分为六大类别，每个类别用一个大写字母和一个颜色表示，即 P 类蓝色、M 类黄色、K 类红色、N 类绿色、S 类褐色、H 类灰色。表 3.2 列出了几种常用的硬质合金的牌号、性能及其使用范围。

表 3.2 几种常用的硬质合金的牌号、性能及其使用范围

类型	旧牌号	力学性能		使用性能			使用范围		相当的 ISO 牌号
		硬度/HRA	抗弯强度/GPa	耐磨	耐冲击	耐热	材料	加工性质	
K 类	YG3	91	1.08	↑	↓	↑	铸铁，有色金属	连续切削时精、半精加工	K05
	YG6X	91	1.37				铸铁，耐热合金	精加工、半精加工	K10
	YG6	89.5	1.42				铸铁，有色金属	连续切削粗加工，间断切削半精加工	K20
	YG8	89	1.47				铸铁，有色金属	间断切削粗加工	K30

续表

类型	旧牌号	力学性能		使用性能			使用范围		相当的 ISO 牌号
		硬度 HRA	抗弯强度/ GPa	耐磨	耐冲击	耐热	材料	加工性质	
P 类	YT5	89.5	1.37	↓	↑	↓	钢	粗加工	P30
	YT14	90.5	1.25				钢	间断切削半精加工	P20
	YT15	91	1.13				钢	连续切削粗加工，间断切削半精加工	P10
M 类	YW1	92	1.28	较好	较好		难加工钢材	精加工、半精加工	M10
	YW2	91	1.47	好			难加工钢材	半精加工、粗加工	M20

为提高高速钢刀具、硬质合金刀具的耐磨性和使用寿命，近年来研究开发一种称之为涂层刀具的技术。涂层刀具是在高速钢或硬质合金基体上涂覆一层难熔金属化合物，如 TiC、TiN、Al_2O_3 等。涂层一般采用 CVD 法(化学气相沉积法)或 PVD 法(物理气相沉积法)。涂层刀具表面硬度高、耐磨性好，其基体又有良好的抗弯强度和韧性。涂层硬质合金刀片的寿命可提高 1~3 倍以上，涂层高速钢刀具的寿命可提高 1.5~10 倍以上。随着涂层技术的发展，涂层刀具的应用会越来越广泛。

3. 其他刀具材料

1) 陶瓷   陶瓷有 Al_2O_3 基陶瓷和 Si_3N_4 基陶瓷两大类。刀具陶瓷的硬度可达到 91~95 HRA，耐磨性好，耐热温度可达 1 200 ℃(此时硬度为 80 HRA)，它的化学稳定性好，抗黏结能力强，但它的抗弯强度很低，仅有 0.7~0.9 GPa，故陶瓷刀具一般用于高硬度材料的精加工。

2) 人造金刚石   它是碳的同素异形体，是通过合金触媒的作用在高温高压下由石墨转化而成。人造金刚石的硬度很高，其显微硬度可达 10 000 HV，是除天然金刚石之外最硬的物质，它的耐磨性极好，与金属之间的摩擦因数很小；但它的耐热温度较低，在 700~800 ℃ 时易脱碳，失去其硬度；它与铁族金属亲和作用大，故人造金刚石多用于对有色金属及非金属材料的超精加工以及作磨具磨料用。

3) 立方氮化硼   它是由立方氮化硼经高温高压转变而成。其硬度仅次于人造金刚石，达到 8 000~9 000 HV，它的耐热温度可达 1 400 ℃，化学稳定性很好，可磨削性能也较好，但它的焊接性能差些，抗弯强度略低于硬质合金，它一般用于高硬度、难加工材料的精加工。

📍 3.2 金属切削过程的基本规律

在金属切削过程中始终存在着刀具切削工件和工件材料抵抗切削的矛盾。从而产生一系列现象，如切削变形、切削力、切削热与切削温度以及有关刀具的磨损与刀具寿命、卷屑与断屑等。对这些现象进行研究，揭示其内在的机理，探索和掌握金属切削过程的基本规律，从而主动地加以有效控制，对保证加工精度和表面质量，提高切削效率，降低生产成本和劳动强度具有十分重大的意义。

3.2.1 切削过程

大量的试验和理论分析证明，塑性金属切削过程中切屑的形成过程就是切削层金属的变形过程。图 3.9 是用显微镜直接观察低速直角自由切削工件侧面得到的切削层的金属变形情况。根据该图可绘制出图 3.10 所示的金属切削过程中的滑移线和流线示意图。流线表示被切削金属的某一点在切削过程中流动的轨迹。由图可见，可大致划分为三个变形区。

金属切削过程的力学本质

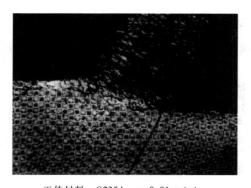

工件材料：Q235A　$v = 0.01$ m/min，
$h_D = 0.15$ mm，　$\gamma_o = 30°$

图 3.9　金属切削层变形图像

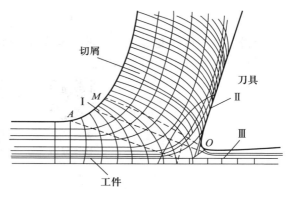

图 3.10　金属切削过程中的滑移线和流线示意图

1）第一变形区　从 OA 线开始发生塑性变形，到 OM 线晶粒的剪切滑移基本完成。这一区域称为第一变形区（如图 3.10 中 I 区所示）。

2）第二变形区　切屑沿刀具前面排出时进一步受到前面的挤压和摩擦，使靠近刀具前面处的金属纤维化，基本上和刀具前面相平行。这部分称为第二变形区（如图 3.10 中 II 区所示）。

3）第三变形区　已加工表面受到切削刃钝圆部分与刀具后面的挤压和摩擦，产生变形与回弹，造成纤维化和加工硬化。这一部分的变形也是比较密集的，称为第三变形区（如图 3.10 中 III 区所示）。

这三个变形区汇集在切削刃附近，此处的应力比较集中且复杂，金属的切削层就在此处与工件本体分离，大部分变成切屑，很小一部分留在已加工表面上。

图 3.10 中的虚线 OA、OM 实际上就是等切应力曲线。如图 3.11 所示，当切削层中金属某点 P 向切削刃逼近，到达点 1 的位置时，此时其切应力达到材料的屈服强度 R_{eL}，点 1 在向前移动的同时，也沿 OA 滑移，其合成运动将使点 1 流动到点 2。2′-2 就是它的滑移量。随着滑移的产生，切应力将逐渐增加，也就是当点 P 向点 1、2、3、4 流动时，它的切应力不断增加，直到点 4 位置，其流动方向与刀具前面平行，不再沿 OM 线滑移。所

第一变
形区金属的
滑移

以，*OM* 叫终滑移线，*OA* 叫始滑移线。在 *OA* 到 *OM* 之间的整个第一变形区，其变形的主要特征就是沿滑移线的剪切变形，以及随之产生的加工硬化。在切削速度较高时，这一变形区较窄。

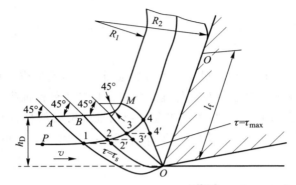

图 3.11 第一变形区金属的滑移

沿滑移线的剪切变形，从金属晶体结构的角度来看，就是沿晶格中晶面的滑移，且切削变形程度有三种不同的表示方法。

金属沿滑
移线剪切
变形的
解释

切削变形
程度的
表示方法

3.2.2 刀具前面上的摩擦与积屑瘤

一、刀具前面上的摩擦

切削层金属经第一变形区的剪切滑移后，沿刀具前面流出，还要受到刀具前面的挤压和摩擦，切屑与刀具前面间的摩擦与一般金属面间的摩擦不同，切屑与刀具前面接触部分划分为两个摩擦区域：黏结区和滑动区（图 3.12）。

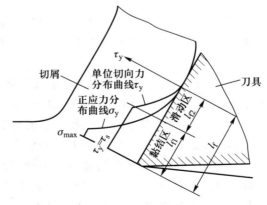

图 3.12 切屑和刀具前面摩擦情况示意图

1）黏结区　在接触区中近切削刃的 L_{f1} 长度内，由于高温、高压作用，使切屑底层材料软化与刀具前面呈黏结现象，在黏结情况下，切屑和刀具前面之间不是一般的外摩擦，而是刀具黏结层与其上层切屑金属间的内摩擦。内摩擦实际就是金属内部的滑移剪切，它与材料的流动应力特性和黏结面积大小有关。

2）滑动区　切屑即将脱离刀具前面时在 L_{f2} 长度内的接触区，刀具前面和切屑间只是凸出的点接触。此区的摩擦是外摩擦，与一般的摩擦一样，它与摩擦因数和压力有关。

由此可见，切屑与刀具前面间的摩擦是由内摩擦和外摩擦组成，通常以内摩擦为主，其占总摩擦力的85%，刀具前面上的平均摩擦因数

$$\mu = \frac{F_f}{F_n} = \frac{\tau_s A_f}{\sigma_{av} A_f} = \frac{\tau_s}{\sigma_{av}}$$

式中：F_f、F_n——分别表示黏结区的摩擦力和正应力；

$\quad\quad\quad A_f$——表示黏结面积；

$\quad\quad\quad \tau_s$——表示工件材料的剪切屈服强度；

$\quad\quad\quad \sigma_{av}$——表示刀具前面的平均正应力。

刀具前面上的平均摩擦因数 μ 在不同的切削条件下是不同的，影响它的因素有工件材料、切削层公称厚度、切削速度和刀具材料等。

工件材料的强度和硬度增大，σ_{av} 增大，μ 略有减小。切削层公称厚度增大，σ_{av} 增大，μ 减小。切削速度对 μ 的影响如图 3.13 所示。当 v_c 小于某一数值时，切削速度增大，μ 增大。这是因 v_c 较低时，切屑与刀具前面接触不紧密，滑动摩擦占的比例大，μ 较小；当 v_c 增加时，切屑底层金属的塑性变形增加，黏结摩擦的比例增大，故 μ 增大。当 v_c 超过某一数值后，因 v_c 的增加使刀-屑接触长度减小，σ_{av} 增大，所以 μ 下降，γ_o 越大，μ 越大，因 γ_o 使刀具前面上的正应力 σ_{av} 减小。

二、积屑瘤的形成及其影响

在切削速度不高而又能形成带状切屑的情况下，加工一般钢料或铝合金等塑性材料时，常在刀具前面处粘着一块剖面呈三角状（图 3.14）的硬块，它的硬度很高，通常是工件材料硬度的 2~3 倍。这块粘在刀具前面上的金属硬块称为积屑瘤。

积屑瘤

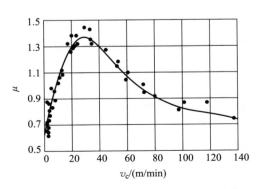

图 3.13　切削速度对平均摩擦因数的影响

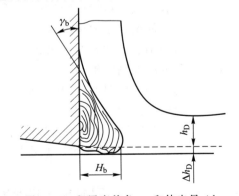

图 3.14　积屑瘤前角 γ_b 和伸出量 Δh_D

切削时，切屑与刀具前面接触处发生强烈摩擦，当接触面达到一定温度，同时又存在较高压力时，被切材料会黏结（冷焊）在刀具前面上。连续流动的切屑从粘在刀具前面的

底层金属上流过时，如果温度与压力适当，切屑底部材料也会被阻滞在已经"冷焊"在刀具前面的金属层上，黏结成一体，使黏结层逐步长大，形成积屑瘤。积屑瘤的产生及其成长与工件材料的性质、切削区的温度分布和压力分布有关。塑性材料的加工硬化倾向越强，越易产生积屑瘤；切削区的温度和压力很低时，不会产生积屑瘤；温度太高时，由于材料变软，也不易产生积屑瘤。对碳钢来说，切削区温度处于 $300 \sim 350\ ℃$ 时积屑瘤的高度最大，切削区温度超过 $500\ ℃$，积屑瘤便自行消失。在背吃刀量 a_p 和进给量 f 保持一定时，积屑瘤高度 H_b 与切削速度 v_c 有密切关系，因为切削过程中产生的热是随切削速度的提高而增加的。图 3.15 中，Ⅰ 区为低速区，不产生积屑瘤；Ⅱ 区中，积屑瘤高度随 v_c 的增大而增高；Ⅲ 区中，积屑瘤高度随 v_c 的增大而减小；Ⅳ 区不产生积屑瘤。

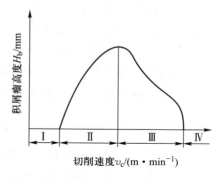

图 3.15   积屑瘤高度与切削速度的关系

三、积屑瘤对切削过程的影响

积屑瘤对切削过程的影响主要表现在以下几方面：

1）使刀具前角变大。阻滞在刀具前面上的积屑瘤有使刀具实际前角增大的作用，使切削力减小。

2）使切削层公称厚度变化。积屑瘤前端超过了切削刃，使切削层公称厚度增大，其增量为 Δh_D。Δh_D 将随着积屑瘤的成长逐渐增大，一旦积屑瘤从刀具前面上脱落或断裂，Δh_D 值就将迅速减小。切削层公称厚度变化必然导致切削力产生波动。

3）使加工表面粗糙度值增大。积屑瘤伸出切削刃之外的部分高低不平，形状也不规则，会使加工表面粗糙度值增大；破裂脱落的积屑瘤也有可能嵌入加工表面，使加工表面质量下降。

4）对刀具寿命的影响。粘在刀具前面上的积屑瘤，可以替代刀刃切削，有减小刀具磨损、提高刀具寿命的作用；但如果积屑瘤从刀具前面上频繁脱落，可能会把刀具前面上的刀具材料颗粒拽去（这种现象易发生在硬质合金刀具上），反而使刀具寿命下降。

四、防止积屑瘤产生的措施

积屑瘤对切削过程的影响有积极的一面，也有消极的一面。精加工时必须防止积屑瘤的产生，可采取的控制措施如下：

1）正确选择切削速度，使切削速度避开产生积屑瘤的区域。

2）使用润滑性能好的切削液，目的在于减小切屑底层材料与刀具前面间的摩擦。

3）增大刀具前角 γ_o，减小刀具前面与切屑之间的压力。

4）适当提高工件材料硬度，减小加工硬化倾向。

3.2.3   影响切削变形的因素及切屑的控制

1. 影响切削变形的因素

1）工件材料   一般工件材料强度、硬度越高，切削变形越小。塑性越大，切削变形越大。

2）刀具前角　刀具前角越大，切削刃越锋利，刀具前面对切削层的挤压作用越小，切削变形就越小。

3）切削速度对切削变形的影响　如图 3.16 所示，切削速度对切削变形的影响是通过积屑瘤和切削温度而体现的。速度较低时，随着速度的提高，积屑瘤不断长大，刀具实际前角增大，切削变形减小。当切削速度继续提高时，积屑瘤高度逐渐减小，刀具实际前角也逐渐减小，变形系数相应增大。当切削速度 v_c 较高时，因摩擦因数减小，切削变形也逐渐减小。

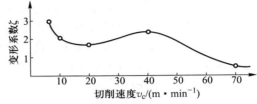

图 3.16　切削速度对变形系数的影响

4）切削层公称厚度对切削变形的影响　h_D 增大，使刀具前面上正应力增大，平均正应力 σ_{av} 增大，切削变形减小。

2. 切屑的类型及其分类

由于工件材料不同，切削过程中的变形程度也就不同，因而产生的切屑种类也就多种多样，如图 3.17 所示。图 3.17a~c 所示为切削塑性材料的切屑，图 3.17d 所示为切削脆性材料的切屑。

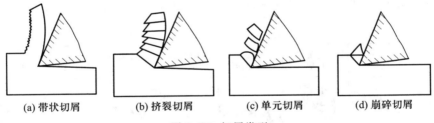

(a) 带状切屑　　(b) 挤裂切屑　　(c) 单元切屑　　(d) 崩碎切屑

图 3.17　切屑类型

1）带状切屑　这是最常见的一种切屑（图 3.17a）。它的内表面是光滑的，外表面呈毛茸状。如用显微镜观察，在外表面上也可看到剪切面的条纹，但每个单元很薄，肉眼看来大体上是平整的。加工塑性金属材料，当切削厚度较小、切削速度较高、刀具前角较大时，一般常得到这类切屑。此时切削过程平稳，切削力波动较小，已加工表面粗糙度值较小。

2）挤裂切屑　如图 3.17b 所示，这类切屑与带状切屑不同之处在外表面呈锯齿状，内表面有时有裂纹。这类切屑之所以呈锯齿状，是由于它的第一变形区较宽，在剪切滑移过程中滑移量较大。由滑移变形所产生的加工硬化使剪切力增加，在局部地方达到材料的破裂强度。这种切屑大多在切削速度较低、切削层公称厚度较大、刀具前角较小时产生。

3）单元切屑　如果在挤裂切屑的剪切面上，裂纹扩展到整个面上，则整个单元被切离，变为梯形的单元切屑，如图 3.17c 所示。

以上三种切屑只有在加工塑性材料时才可能产生。其中，带状切屑的切削过程最平稳，单元切屑的切削力波动最大。在生产中最常见的是带状切屑，有时得到挤裂切屑，单元切屑则很少见。假如改变挤裂切屑的条件，如进一步减小刀具前角，降低切削速度，或增大切削层公称厚度，就可以得到单元切屑。反之，则可以得到带状切屑。这说明切屑的形态是可以随切削条件而转化的。掌握了它的变化规律，就可以控制切屑的变形、形态和尺寸，以达到卷屑和断屑的目的。

4）崩碎切屑 这属于脆性材料的切屑。这种切屑的形状是不规则的，加工表面是凹凸不平的，如图3.17d所示。从切削过程来看，切屑在破裂前变形很小，和塑性材料的切屑形成机理也不同。它的脆断主要是由于材料所受的应力超过了它的抗拉极限。加工脆性材料，如高硅铸铁、白口铁等，特别是当切削层公称厚度较大时常得到这种切屑。由于它的切削过程很不平稳，容易破坏刀具，也损伤机床，已加工表面又粗糙，因此在加工中应力求避免。其方法是减小切削层公称厚度，使切屑成针状或片状；同时提高切削速度，以增加工件材料的塑性。

上述的切屑是四种典型的切屑，但加工现场获得的切屑，其形状是多种多样的。在现代切削加工中切削速度与金属切削率达到了很高的水平，切削条件很恶劣，常常产生大量"不可接受"的切屑。这类切屑或拉伤已加工的表面，使表面粗糙度恶化；或划伤机床，卡在机床运动副之间；或造成刀具的早期破损；有时甚至影响操作者的安全。特别对于数控机床、自动生产线以及柔性制造系统，如不能进行有效的切屑控制，轻则限制了机床能力的发挥，重则使生产无法正常进行。所谓切屑控制（又称切屑处理，工厂中一般简称为"断屑"），是指在切削加工中采取适当的措施来控制切屑的卷曲、流出与折断，使其形成可接受的良好屑形。

从切屑控制的角度出发，国际标准化组织（ISO）制定了切屑分类标准，如图3.18所示。

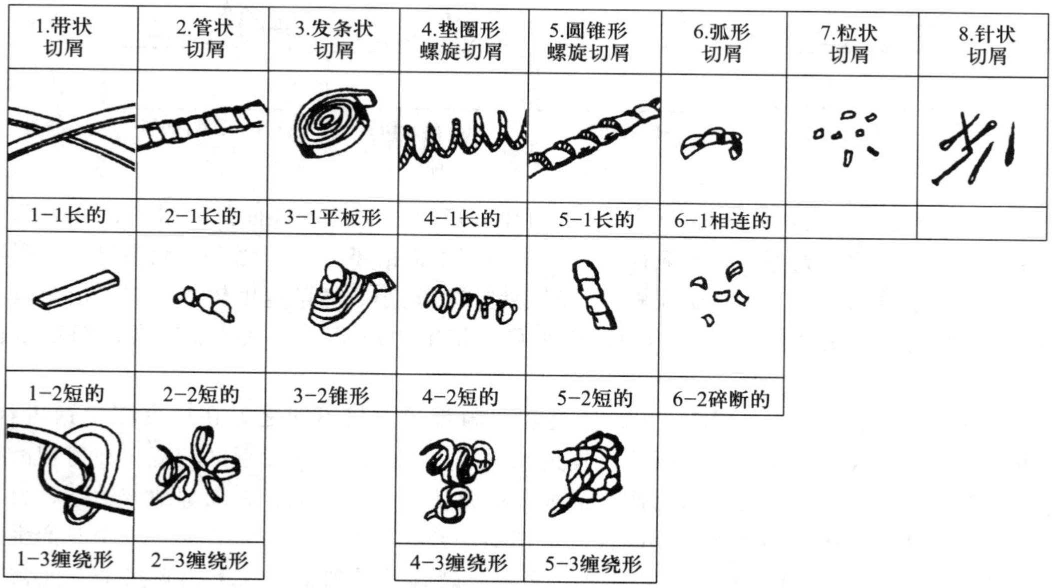

1.带状切屑	2.管状切屑	3.发条状切屑	4.垫圈形螺旋切屑	5.圆锥形螺旋切屑	6.弧形切屑	7.粒状切屑	8.针状切屑
1-1长的	2-1长的	3-1平板形	4-1长的	5-1长的	6-1相连的		
1-2短的	2-2短的	3-2锥形	4-2短的	5-2短的	6-2碎断的		
1-3缠绕形	2-3缠绕形		4-3缠绕形	5-3缠绕形			

图3.18 国际标准化组织的切屑分类法

测量切屑可控性的主要标准是：不妨碍正常的加工（即不缠绕在工件、刀具上，不飞溅到机床运动部件中）；不影响操作者的安全；易于清理、存放和搬运。ISO分类法中的3-1、2-2、3-2、4-2、5-2、6-2类切屑单位质量所占空间小，易于处理，属于良好的屑形。对于不同的加工场合，例如不同的机床、刀具或者不同的被加工材料，有相应的可接受的屑形。因而，在进行切屑控制时要针对不同情况采取相应的措施，以得到可接受的良好屑形。

3. 切屑的控制

在生产实践中，我们会看到不同的排屑情况。有的切屑打成螺卷状，到一定长度时自行折断；有的切屑折成 C 形、6 字形；有的呈发条状卷屑；有的碎成针状或小片，四处飞溅，影响安全；有的带状切屑缠绕在刀具和工件上，易造成事故。不良的排屑状态会影响生产的正常运行，因此切屑的控制具有重要意义，这在自动生产线上加工时尤为重要。

切屑经第一、二变形区的剧烈变形后，硬度增加，塑性下降，性能变脆。在切屑排出过程中，当碰到刀具后面、工件上过渡表面或待加工表面等障碍时，如某一部分的应变超过了切屑材料的断裂应变值，切屑就会折断。图 3.19 所示为切屑碰到工件或刀具后面折断的情况。

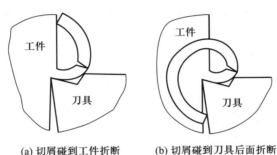

(a) 切屑碰到工件折断　　(b) 切屑碰到刀具后面折断

图 3.19　切屑碰到工件或刀具后面折断

研究表明，工件材料脆性越大（断裂应变值小）、切屑厚度越大、切屑卷曲半径越小，切屑就越容易折断。可采用设置断屑槽、改变刀具角度和调整切屑用量等措施对切屑实施控制。

切屑的控
制措施

3.2.4　切削力

金属切削过程中，刀具施加于工件使工件材料产生变形，并使多余材料变为切屑所需的力称为切削力。切削力直接影响切削热、刀具磨损与耐用度，是影响加工工件质量、工艺系统强度和刚度的重要因素，是金属切削过程中的基本物理现象之一。分析研究和计算切削力，是计算切削功率，设计和使用刀具、机床、夹具以及制订合理的切削用量，优化刀具几何参数的重要依据，同时对分析切削过程并进一步弄清切削机理，指导生产实际也具有非常重要的意义。

1. 切削力的来源、切削力的合成及分解、切削功率

（1）切削力的来源

刀具要切下金属材料，必须使被切金属产生弹性变形、塑性变形，并要克服金属材料对刀具的摩擦。因此，切削力的来源有以下三个方面（图 3.20）：

1）切削层金属、切屑和工件表面金属的弹性变形所产生的抗力；

2）切削层金属、切屑和工件表面金属的塑性变形所产生的抗力；

3）刀具与切屑、工件表面间的摩擦阻力。

要顺利进行切削，切削力必须克服上述各力。

（2）切削力的合成及分解

如图 3.20 所示，切削时作用在刀具上的力，有变形抗力分别作用在刀具前、后面，有摩擦力分别作用在刀具前、后面，对于锐利的刀具，作用在刀具前面上的力是主要的，作用在刀具后面上的力很小，分析时可以忽略不计。上述各力的总和形成作用在刀具上的合力 F_r，即作用在工件上的力。切削时，合力 F_r 作用在近切削刃空间某方向，大小与方

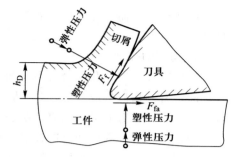

图 3.20　切削力的来源

向都不易确定，因此为便于测量、计算和实际应用，常将合力 F 分解成三个互相垂直的分力。

图 3.21 所示为车削外圆时的切削合力与分力，三个互相垂直的分力分别为 F_c、F_p、F_f。

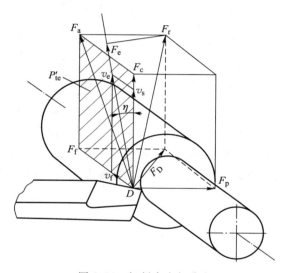

图 3.21　切削合力与分力

F_c——切削力（俗称主切削力或切向力），并与切削速度 v_c 的方向一致。F_c 是确定机床的电动机功率，计算车刀强度，设计主轴粗细、齿轮大小、轴承型号等机床零件所必需的。生产中所说的切削力一般都是指主切削力，该力会将刀头向下压，过大时，可能会使刀具崩刃或折断。

F_p——背向力（俗称切深力或径向力）。它处于基面内并与进给方向垂直。它是加工表面法线方向上的分力，该力的反力会将刀具推离工件表面，是造成刀具在切削中"让刀"的主要原因，引起工件的弯曲，尤其是在加工细长工件时更为明显。它虽不做功，但能使工件变形或振动，对加工精度和已加工表面质量影响较大。

F_f——进给力（或轴向力、走刀力）。它处于基面内并与工件轴线方向相平行，它是与进给方向相反的力。该力是检验进给机构强度，计算车刀进给功率所必需的数据。该力会将工件压向或离开主轴，因此工件和刀具都必须夹紧，以免在轴

线方向产生窜动。

由图 3.21 可知切削合力与各分力之间的关系为

$$F_r = \sqrt{F_D^2 + F_c^2} = \sqrt{F_f^2 + F_p^2 + F_c^2} \tag{3.3}$$

$$F_p = F_D \cos \kappa_r \tag{3.4}$$

$$F_f = F_D \sin \kappa_r \tag{3.5}$$

随着刀具材料、刀具几何角度、切削用量及工件材料等加工情况的不同，这三个分力之间的比例可在较大范围内变化，其中 F_p 为 $(0.15 \sim 0.7)$ F_c，F_f 为 $(0.1 \sim 0.6)$ F_c。例如，通过试验可知：当 $\kappa_r = 45°$、$\gamma_o = 15°$、$\lambda_s = 0°$ 时，$F_c : F_p : F_f = 1 : (0.4 \sim 0.5) : (0.3 \sim 0.4)$，$F_r = (1.12 \sim 1.18)$ F_c，总切削力 F_r 的大小主要取决于主切削力 F_c，F_c 在各分力中最大。

（3）切削功率

消耗在切削过程中的功率称为切削功率，用 P_c 表示。计算切削功率主要用于核算加工成本和计算能量消耗，并在设计机床时根据它来选择机床主电动机功率。

切削加工中：

主运动消耗的切削功率为 $F_c v_c \times 10^{-3}$（kW）；

进给运动消耗的功率为 $\dfrac{F_f n_w f}{1\,000} \times 10^{-3}$（kW）。

因为 F_p 分力方向没有位移，故不消耗功率，因此总切削功率（单位为 kW）为 F_c 和 F_f 所消耗功率之和，于是

$$P_c = \left(F_c v_c + \frac{F_f n_w f}{1\,000} \right) \times 10^{-3} \tag{3.6}$$

式中：F_c——主切削力，N；

F_f——进给力，N；

v_c——切削速度，m/s；

n_w——工件转速，r/s；

f——进给量，mm/r。

其中，F_c 所消耗功率占总切削功率的 95% 左右，F_f 所消耗功率占总切削功率的 5% 左右，由于消耗在进给运动中的功率所占比例很小，通常可略而不计，即

$$P_c = F_c v_c \times 10^{-3} \tag{3.7}$$

计算出切削功率后，可以进一步计算机床电动机的功率 P_E，以便选择机床电动机，此时还应考虑机床的传动效率。

机床电动机功率 P_E 应满足

$$P_E = \frac{P_c}{\eta_m} \tag{3.8}$$

式中：η_m——机床的传动效率，一般取为 0.75 ~ 0.85，大值适用于新机床，小值适用于旧机床。

由上式可检验和选取机床电动机的功率。

2. 切削力的计算及经验公式

目前计算切削力多采用经验公式，它是通过大量的试验，用切削力测量仪测得切削力

切削力的
测量

后，对所得数据用图解法、线性回归等方法进行处理而得到的。

在生产中计算切削力的经验公式可分为两类：一类是指数公式，另一类是按单位切削力进行计算。

（1）计算切削力的指数公式

常用的指数公式形式如下：

$$F_c = C_{F_c} a_p^{x_{F_c}} f^{y_{F_c}} v_c^{n_{F_c}} K_{F_c}$$
$$F_p = C_{F_p} a_p^{x_{F_p}} f^{y_{F_p}} v_c^{n_{F_p}} K_{F_p} \qquad (3.9)$$
$$F_f = C_{F_f} a_p^{x_{F_f}} f^{y_{F_f}} v_c^{n_{F_f}} K_{F_f}$$

式中：　　　F_c——切削力；

F_p——背向力；

F_f——进给力；

C_{F_c}、C_{F_p}、C_{F_f}——与被加工金属材料和切削条件有关的系数；

x_{F_c}、x_{F_p}、x_{F_f}——背吃刀量 a_p 的影响指数；

y_{F_c}、y_{F_p}、y_{F_f}——进给量 f 的影响指数；

n_{F_c}、n_{F_p}、n_{F_f}——切削速度 v_c 的影响指数；

K_{F_c}、K_{F_p}、K_{F_f}——计算条件与试验条件不同时的总修正系数。

金属切削用量手册中，记录了在某特定加工条件下对应的各系数、指数的值。当实际加工条件与所求得的经验公式的条件不符时，各种因素应用修正系数进行修正。修正系数的值也可查阅金属切削手册。对于大部分的加工形式，在求主切削力时，背吃刀量 a_p 的影响指数 x_{F_c} 大部分为 1.0，进给量 f 的影响指数 y_{F_c} 大部分为 0.75，切削速度 v_c 的影响指数 n_{F_c} 大部分为 0，这是一组最典型的数值，它反映了切削用量三要素对切削力的影响，最大的是背吃刀量 a_p，进给量 f 次之，切削速度 v_c 最小，并以此指导生产实践。

（2）用单位切削力计算主切削力

单位切削力指的是切削层单位切削面积上的主切削力，用 p（单位为 N/mm^2）表示：

$$p = \frac{F_c}{A_D} = \frac{F_c}{a_p f} = \frac{F_c}{h_D b_D} \qquad (3.10)$$

用单位切
削力计算
切削力

式中：F_c——主切削力，N；

A_D——切削面积，mm^2；

a_p——背吃刀量，mm；

f——进给量，mm/r；

h_D——切削层公称厚度，mm；

b_D——切削层公称宽度，mm。

3. 影响切削力的因素

凡是影响切削过程变形和摩擦的因素均影响切削力。

（1）切削用量

1）背吃刀量和进给量

由式（3.9）可知，切削力是随着切削面积的增大而增大的，切削面积 $A_D = a_p f$，因此切削力随着背吃刀量 a_p 和进给量 f 的增大而增大。在车削力的经验公式中，多数加工情况下，a_p 的指数 $x_{F_c} = 1.0$，即当 a_p 加大一倍时，F_c 也增大一倍；而 f 的指数 $y_{F_c} = 0.75$，即当 f 加大一倍时，F_c 只增大 68% 左右。由此可见，背吃刀量 a_p 或进给量 f 对切削力的影响程度不同。这是因为当 a_p 加大一倍时，切削层公称宽度 b_D 亦增大一倍，切削力成正比例增大；而 f 加大一倍时，虽然切削层公称厚度 h_D 也成正比增加一倍，但平均变形量有所减小，使切削力增大不到一倍。因此，切削加工中，如从切削力和切削功率角度考虑，加大进给量比加大背吃刀量有利。生产中可在不减小切削层面积（金属切削量不变）的条件下，减小 a_p，增大 f，从而减小切削力，如强力切削、轮切式拉削、阶梯铰削、铣削等。

2）切削速度

切削速度对切削力的影响因材料不同而异。加工塑性金属时，切削速度对切削力的影响规律是受积屑瘤和摩擦作用而制约。以 YT15 硬质合金车刀加工 45 钢为例，当 5 m/min $< v_c <$ 20 m/min 时，随着速度的增加，产生积屑瘤并且积屑瘤的高度逐渐增加，这时刀具的实际前角加大，故切削力逐渐减小；当 $v_c =$ 20 m/min 时，积屑瘤最大，切削力最小；当切削速度超过 20 m/min 时，由于积屑瘤减小，刀具的实际前角也在减小，切削力逐步增大；当 $v_c >$ 30 m/min 左右时，积屑瘤消失，随着切削速度的增大，摩擦因数减小，变形系数减小，又使切削力逐步减小，而且随着切削速度增大，切削温度也升高，使被加工金属的强度和硬度降低，也会导致切削力的降低。由此可见，加工塑性金属时，受积屑瘤的影响，切削速度对切削力的影响是波浪形的。

切削铸铁等脆性金属材料时形成崩碎切屑，因金属的塑性变形很小，切屑与刀具前面的摩擦也很小，所以切削速度对切削力没有显著影响。

（2）工件材料

工件材料的力学性能、热处理状态、加工硬化能力等对变形和摩擦都有很大的影响，它们将影响切削力的大小，因此工件材料也是影响切削力大小的主要因素之一。

对于塑性金属，材料的强度、硬度越高，其剪切屈服强度越大，虽然变形系数有所下降，但总起来切削力还是增大的。例如加工 60 钢的切削力 F_c 比 45 钢增大了 4%，加工 35 钢的切削力 F_c 比 45 钢减小了 13%。当材料的强度相同时，材料塑性、韧性越高，切屑不易折断，切屑与刀具前面间的摩擦越大，切削力会越大。例如，不锈钢 1Cr18Ni9Ti 的硬度接近 45 钢，但其伸长率是 45 钢的 4 倍，导致在同样的加工条件下产生的切削力比 45 钢大 25%。

切削铸铁及其他脆性材料时，因为其材料的结构疏松，塑性变形小，崩碎切屑与刀具前面摩擦小，故切削力较小，所以铸铁便于加工。如灰铸铁 HT200 与热轧 45 钢相比，两者硬度接近，但前者切削力要比后者小 40% 左右。铸铁按牌号不同，硬度和强度有高有低，也影响切削力的大小。

当然，切削力的大小不能单纯地受材料原始强度和硬度的影响，它还受材料的加工硬化大小的影响。即使加工材料的原始强度、硬度都较低，但若其强化系数大，加工硬化的能力强，较小的变形都会引起硬度大大提高，则也会使切削力增大。另外，同一材料在不同的热处理状态下的金相组织不同，也会影响切削力的大小。如 45 钢，其正火、调质、淬火状态下的硬度不同，切削力的大小也不同。

（3）刀具几何参数

1）前角

刀具几何参数中，前角对切削力的影响最大。γ_o 加大，能使刀刃变得锋利，切削变形减小，有利于切屑的顺利排出，刀具前面与切屑之间的摩擦力和正应力也有所下降，使切削更为轻快，切削力减小。尤其是加工材料的韧性、伸长率越高，前角的影响更为显著，切削力降低较多。从省力省功这一点出发，希望选用大的前角，但还应考虑刀刃的强度及其刀头的散热条件。

加工脆性材料时，由于切削变形和加工硬化很小，故前角的变化对切削力影响不显著。

2）主偏角

随着主偏角的变化，影响切削分力 F_f、F_p 变化从而改变它们之间的比值。径向分力随着主偏角的增大而减小，轴向分力随着主偏角的增大而增大。由于径向分力容易顶弯零件，加工时会产生振动，影响加工精度与表面粗糙度，因此当工艺系统刚性较差时，应尽可能使用大的主偏角刀具进行切削。

3）负倒棱

负倒棱可以提高切削刃的强度和散热能力，增加刀具的耐用度。但金属变形增大，使切削力有所增加。进给量不变时，负倒棱宽度越大，切削力也越大。当切屑除了与负倒棱接触外，还与刀具前面接触，刀具前面仍起作用时，切削力比无负倒棱的大。当切屑只与负倒棱接触，不与刀具前面接触时，相当于用负前角车刀加工时的切削力大小。

4）刃倾角

刃倾角对切削力 F_p、F_f 的影响很大。F_p 随着刃倾角的减小而增大，F_f 随着刃倾角的减小而减小。刃倾角对 F_c 的影响不大。

5）刀尖圆弧半径

通常，刀尖圆弧半径对 F_f、F_p 的影响较大，对 F_c 的影响较小。增大刀尖圆弧半径相当于减小主偏角。因为刀尖圆弧半径增大，参加切削的圆弧刃长度增加，使圆弧刃部分的平均主偏角减小，因此不宜采用太大的刀尖圆弧半径。

（4）刀具磨损

在加工过程中，随着刀具的磨损，切削力增大。刀具后面磨损形成后角为零、有一定宽度的小棱面，使刀具后面与加工表面的接触面积增大，从而使刀具后面的正压力和摩擦力都增大，使切削力增大。

（5）切削液

使用切削液可以明显降低切削力的大小。特别是润滑作用强的切削液，其润滑作用可以减小切屑与刀具前面及工件表面与刀具后面之间的摩擦，从而使切削力减小。例如，用高速钢刀具以小于 40 m/min 的切削速度加工钢材料时，用矿物油作切削液可使切削力降低 12%～15%；采用润滑性较好的植物油，则可使切削力下降 20%～25%。但硬质合金和陶瓷刀具对热裂敏感，一般不加切削液。

由以上的分析可知，切削过程中产生切削力的大小是由许多因素综合影响的结果。因此，要减小切削力，应在分析各因素的影响的基础上，找出主要影响因素，兼顾一些次要因素，合理调整加工条件，以达到减小切削力的目的。

3.2.5 切削热、切削温度与切削液

切削热和由它所引起的切削加工区温度的升高是切削过程中的又一个重要物理现象，

它直接影响刀具的磨损和耐用度(寿命),限制切削速度的提高,影响工件的加工精度和表面质量。研究切削热和切削温度的产生及其变化规律是研究切削过程的一个重要方面。

一、切削热的产生和传导

1. 切削热的产生

切削热是由切削功转变而来的,切削时所消耗的能量有98%~99%转换为切削热。一方面切削层金属在刀具的作用下发生弹性变形、塑性变形而耗功,另一方面切屑与刀具前面、工件与刀具后面之间的摩擦也要耗功,这两个方面都产生大量的热量。具体来讲,切削时共有三个发热区域,如图3.22所示,这三个发热区域与三个变形区相对应,

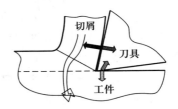

图 3.22 切削热的来源和传导

剪切区的变形功转变的热量为 Q_p;切屑与刀具前面接触区的摩擦功转变的热量为 $Q_{\gamma f}$;已加工表面与刀具后面接触区的摩擦功转变的热量为 $Q_{\alpha f}$。故产生的总热量

$$Q = Q_p + Q_{\gamma f} + Q_{\alpha f} \tag{3.11}$$

一般地,切削塑性金属时切削热主要来自剪切区的变形热和刀具前面的摩擦热,切削脆性金属时切削热主要来自刀具后面的摩擦热。

若忽略进给运动所消耗的功,并假定主运动所消耗的功全部转化为热能,则单位时间内产生的切削热可由下式算出:

$$Q = F_c v_c \tag{3.12}$$

式中:Q——每秒钟内产生的切削热,J/s;

   F_c——主切削力,N;

   v_c——切削速度,m/s。

2. 切削热的传导

切削区域的热量由切屑、工件、刀具及周围的介质传散出去。大部分的切削热被切屑传走,其次为工件和刀具。以下是影响切削热传导的一些主要因素。

1)工件、刀具材料的导热性能   工件、刀具材料的导热系数高,由切屑和工件、刀具传导出去的热量就较多,降低了切削区的温度,提高了刀具耐用度;工件、刀具材料的导热系数低,则切削热不易从切屑和工件、刀具传导出去,切削区域的温度高,刀具磨损加剧,刀具寿命降低。例如,航空工业中常用的钛合金,它的导热系数只有碳素钢的1/4~1/3,切削时产生的热量不易传导出去,切削温度增高,刀具易磨损,属于难加工材料。

2)加工方式   不同的加工方式中切屑与刀具接触的时间长短不同,由于切屑中含有大量的热,若不能及时脱离切削区域,则不能迅速把热量带走,带来不好的影响。如车削外圆时,切屑形成后迅速脱离车刀,切屑与刀具的接触时间短,切屑的热传给刀具的不多。车削加工时切削热由切屑、刀具、工件和周围介质传出的比例大致如下:50%~86%由切屑带走,40%~10%由车刀传出,9%~3%传入工件,1%传入介质(空气)。切削速度越高或切削层公称厚度越大,则切屑带走的热量越多。而钻削或其他半封闭式容屑的加工,切屑形成后仍与刀具相接触,切屑与刀具的接触时间长,切屑的热传导给刀具多。钻削加工时切削热传给切屑、刀具、工件和周围介质的比例大致如下:28%由切屑带走,14.5%传给刀具,52.5%传入工件,5%传给周围介质。可见,钻削与车削相比,由切屑

带走的热量所占比例减少了很多，而刀具、工件传出的热量所占比例增大。

3）周围介质的状况　若不使用切削液，由周围介质传出的热量很少，所占比例在1%以下；若采用冷却性能好的切削液并采用好的冷却方法，就能吸收大量的热。

二、切削温度的测量

切削温度的测量方法

切削温度一般是指刀具前面与切屑接触区域的平均温度。在生产中，切削热对切削过程的影响是通过切削温度起作用的。在进行切削理论研究、刀具切削性能试验及被加工材料加工性能试验等研究时，对切削温度的测量非常重视。

三、影响切削温度的主要因素

前面分析了切削热的产生和传导，在产生相同的切削热的情况下，若工件、刀具材料的导热性好，切屑与刀具接触时间短，使用切削液，则切削区域的热量传出较多，切削区域温度随之降低。这就告诉我们切削温度的高低不仅取决于产生多少切削热，同时受到切削热传散情况的影响，是产生的热和传出的热两方面综合作用的结果。因此，凡是影响切削热产生与传出的因素都会影响切削温度。

1. 切削用量

切削用量是影响切削温度的主要因素。由试验得到的切削温度经验公式为

$$\theta = C_{\theta} v_{c}^{z_{\theta}} f^{y_{\theta}} a_{p}^{x_{\theta}} K_{\theta} \tag{3.13}$$

式中：x_{θ}、y_{θ}、z_{θ}——切削用量三要素对切削温度的影响指数；

C_{θ}——与试验条件有关的影响系数；

K_{θ}——切削条件改变后的修正系数。

表 3.3 所示为用高速钢和硬质合金刀具切削中碳钢时不同加工方法对应的切削温度的指数与系数。由表中可看出 $z_{\theta} > y_{\theta} > x_{\theta}$，即 v_{c} 的指数最大、f 的指数其次、a_{p} 的指数最小，这说明切削速度对切削温度的影响最大，进给量的影响次之，背吃刀量的影响最小。

表 3.3　切削温度的系数和指数

刀具材料	加工方法	C_{θ}	z_{θ}		y_{θ}	x_{θ}
高速钢	车削	140~170	0.35~0.45		0.2~0.3	0.08~0.10
	铣削	80				
	钻削	150				
硬质合金	车削	320	$f/(\text{mm} \cdot \text{r}^{-1})$		0.15	0.05
			0.1	0.41		
			0.2	0.31		
			0.3	0.26		

这是因为随着切削速度的提高，在短时间内切屑底层与刀具前面发生强烈摩擦而产生的大量切削热来不及向切屑内部传导散出，于是大量切削热积聚在切屑底层，从而使切削温度升高。同时，随着切削速度的提高，单位时间内的金属切除量成正比例增加，切削功率增大，切削热也会增大，故使切削温度上升。随着进给量的增大，切削温度略有上升。因为随着进给量的增大，单位时间内的金属切除量增多，切削功率增大，切削热增多，同时刀具与切屑接触长度增大，摩擦热增大，使切削温度上升；另一方面 f 增大后，切屑变

厚，切屑的热容量增大，由切屑带走的热量增多，各因素综合作用的结果使切削区的温度略有上升，不甚显著。背吃刀量增加，切削区产生的热量虽增加，但切削刃参加工作的长度增加，切削层的公称宽度按比例增加，刀具的传热面积也按比例增加，散热条件改善，故切削温度升高不明显，a_p 对切削温度的影响很小。

综上所述，为了有效控制切削温度，在机床允许的情况下，在选择切削用量时，为使切削温度较低，选用较大的背吃刀量或进给量，比选用大的切削速度有利。但对于硬质合金刀具而言，由于常温下刀具材料太脆，而适当的切削温度能提高刀具材料的韧性，可以提高刀具的寿命，但是切削温度又不能太高，否则刀具会急剧磨损。车削碳钢时，其速度一般不宜低于 50 m/min，不大于 200～300 m/min。高速钢刀具的切削速度一般小于 30 m/min。

2. 工件材料

工件材料是通过材料强度、硬度和导热系数等性能的不同对切削温度产生影响的。

工件材料的硬度和强度越高，切削力越大，切削时所消耗的功越多，产生的热量越多，切削温度就越高。材料塑性好、变形大，则产生的热量也多，切削温度高。工件材料导热系数大，热量容易传出，则切削温度低。

例如低碳钢的强度、硬度低，热导率大，因此产生的热量少，热量传散快，切削温度低；而高碳钢的强度、硬度高，产生的热量多，热量传散慢，切削温度高；又如不锈钢1Cr18Ni9Ti 和高温合金 GH131，不仅导热系数小，且在高温下仍有较高的强度和硬度，故切削温度高于一般钢料。

切削灰铸铁等脆性材料时，金属塑性变形小，形成崩碎切屑，与刀具前面摩擦小，产生切削热少，故切削温度一般都低于切削钢料时的温度。

3. 刀具几何参数

图 3.23 所示为前角对切削温度的影响曲线，前角增大时，变形和摩擦减少，产生的热量少，切削温度低；反之，前角小，切削温度就高。试验证明，切削中碳钢时，当前角从 10° 增加到 18° 时，切削温度将下降约 15%。但当前角达 18°～20°后若继续增大，楔角会变小，使刀具散热条件变差，反而使切削温度升高。

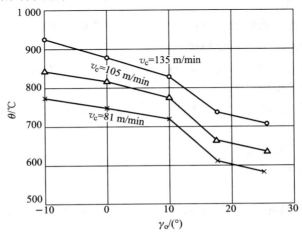

图 3.23　前角与切削温度的关系

图 3.24 所示为主偏角与切削温度的关系曲线，随着主偏角的减小，切削温度降低。因为 κ_r 减小时，切削层的公称宽度增大，切削刃的工作长度加大，刀具散热条件改善，切削温度降低。而主偏角 κ_r 加大后，使切削层的公称宽度减小，切削刃的工作长度减小，切削热相对集中，同时刀尖角减小，散热条件变差，切削温度将升高。因此，适当地减小主偏角，既能较大幅度地降低切削温度，又能提高刀具强度，对提高刀具耐用度起到一定的作用，但是工艺系统应有足够的刚度。

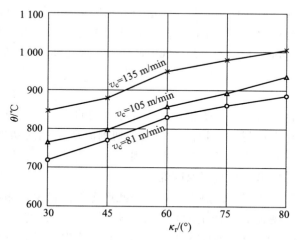

图 3.24　主偏角与切削温度的关系曲线

刀尖圆弧半径增大，刀具切削刃的平均主偏角会减小，切削层的公称宽度增大，刀具的散热能力增强，切削温度降低。刀具的其余几何参数对切削温度的影响较小。

4. 刀具磨损

刀具磨损后切削刃变钝，刀具后面磨损处后角等于零，与工件的摩擦挤压加剧，使切削温度上升。

5. 切削液

采用冷却性能良好的切削液，能吸收大量的热量，对降低切削温度有明显的效果。

切削液的作用

四、切削液的作用

切削液在金属切削、磨削加工过程中具有相当重要的作用。实践证明，选用合适的切削液，除了能有效地降低切削温度和减小切削力，起到冷却作用外，还可以起到润滑、清洗和防锈的作用。对提高加工精度，减小已加工表面粗糙度值，减小工件热变形，延长刀具的使用寿命具有很重要的作用。

另外，切削液还应当满足性能稳定，不污染环境，对人体无害、价廉、易配制等要求。

五、切削液的类型及选用

1. 常用切削液种类

（1）水溶性切削液

水溶性切削液有良好的冷却作用和清洗作用，主要包括水溶液和乳化液、离子型切削液等。

水溶液的主要成分为水并加入一定的添加剂。其冷却性能最好，加入防锈添加剂和油性添加剂后又具有一定的润滑和防锈性能，呈透明状，便于操作者观察。水溶液广泛应用于普通磨削和粗加工中。

乳化液是由 95% ~ 98% 的水加入适量的乳化油（矿物油、乳化剂及其他添加剂配制而成）形成的乳白色或半透明切削液。乳化油是一种油膏，由矿物油和表面活性乳化剂配制而成。表面活性剂的分子上带极性的一头与水亲和，不带极性的一头与油亲和，因此它使水油均匀混合，并添加乳化稳定剂，不使乳化液中的油水分离。乳化液中加入一定量的油性添加剂、防锈添加剂和极压添加剂，可配成防锈乳化液或极压乳化液，磨削难加工材料，就宜采用润滑性能较好的极压乳化液。按乳化油含量的不同可配制成不同浓度的乳化液。低浓度乳化液主要起冷却作用，适用于磨削、粗加工；高浓度乳化液主要起润滑作用，适用于精加工及复杂工序的加工。通过表 3.4 可得加工碳钢时不同浓度乳化液的用途。

表 3.4　乳化液的选用

加工要求	粗车、普通磨削	切割	粗铣	铰孔	拉削	齿轮加工
浓度/%	3 ~ 5	10 ~ 20	5	10 ~ 15	10 ~ 20	15 ~ 20

离子型切削液是由阴离子型、非离子型表面活性剂和无机盐配制而成的母液加水稀释而成。母液在水溶液中能解离成各种强度的离子，通过切削液的离子反应可迅速消除在切削或磨削中由于强烈摩擦所产生的静电荷，使刀具和工件不产生高热，起到良好的冷却效果，提高刀具耐用度（刀具寿命）。这类离子型切削液已广泛用作高速磨削和强力磨削的冷却润滑液。

（2）非水溶性切削液

非水溶性切削液主要包括切削油、极压切削油及其固体润滑剂等。

切削油有各种矿物油（如机械油、轻柴油、煤油等）、动植物油（如豆油、猪油等）和加入矿物油与动植物油的混合油，主要起润滑作用。其中动植物油一般用于食用且易变质，故较少使用。生产中常使用矿物油，其资源丰富，热稳定性好，价格低廉，但其润滑性能较差，主要用于切削速度较低的加工和易切钢与有色金属的切削。而机械油的润滑性能较好，故在普通精车、螺纹精加工中使用甚广。纯矿物油不能在摩擦界面上形成坚固的润滑膜，常常加入油性添加剂、防锈添加剂和极压添加剂以提高润滑和防锈性能。

极压切削油是在切削油中加入硫、氯、磷等极压添加剂而组成的，它在高温下不破坏润滑膜，具有较好的润滑、冷却效果，特别在精加工、关键工序和难加工材料切削时效果更佳。

固体润滑剂是用二硫化钼、硬脂酸和石蜡作成蜡棒，涂在刀具上，切削时减小摩擦，起润滑作用，可用于车、铣、钻、拉和攻螺纹等加工，也可添加在切削液中使用，能防止黏结和抑制积屑瘤的形成，减小切削力，显著延长刀具寿命和减小加工表面粗糙度值。

2. 切削液的选用

金属切削过程中要根据加工性质、工件材料、刀具材料和加工方法等合理选择切削液。如选用不当，就得不到应有的效果。

不同加工工艺的切削液

3.2.6　刀具磨损与刀具耐用度

刀具在切削金属的过程中与切屑、工件之间产生了剧烈的摩擦和挤压，切削刃由锋利逐渐变钝，甚至有时会突然损坏。刀具磨损程度超过允许值后，必须及时进行重磨或更换新刀。刀具损坏的形式主要有磨损和破损两类。前者是刀具正常磨损，后者则是刀具在切削过程中突然或过早产生的损坏现象。刀具磨损后，导致切削力加大，切削温度上升，切屑颜色改变，甚至产生振动，使工件加工精度降低，表面粗糙度值增大，不能继续正常切削。因此，刀具磨损直接影响加工效率、质量和成本。

一、刀具磨损形态及其原因

1. 刀具磨损形态

刀具正常磨损时，按其发生的部位不同，可分为
前面磨损、后面磨损及边界磨损三种形式，如图3.25
所示。

（1）前面磨损

所谓前面磨损，是指切屑沿刀具前面流出时，在
刀具前面上经常会磨出一个月牙洼，如图3.26所示。
月牙洼的位置发生在刀具前面上切削温度最高的地方。
在连续磨损过程中，月牙洼的宽度、深度不断增大，
并逐渐向切削刃方向发展（图3.27），当接近刃口时，
会使刃口突然崩断。

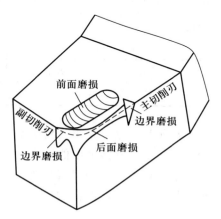

图3.25　刀具的磨损形态

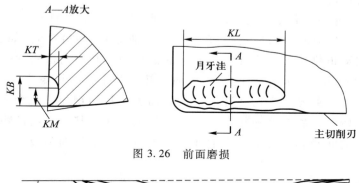

图3.26　前面磨损

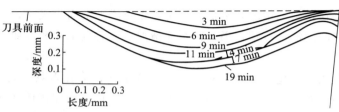

图3.27　前面的磨损痕迹随时间而变化

切削塑性材料时，当切削速度较高、切削层公称厚度较大时较容易产生刀具前面的磨损。

前面磨损量的大小用月牙洼的宽度 *KB* 和深度 *KT* 来表示。

（2）后面磨损

切削加工中，后面沿主切削刃与工件加工表面实际上是小面积接触，它们之间的接触压力很大，存在着强烈的挤压摩擦，在后面上毗邻切削刃的地方很快被磨损出后角为零的小棱面，这种形式的磨损就是后面磨损。

如图 3.28 所示，在切削刃参加切削工作的各点上，一般后面磨损是不均匀的。C 区刀尖部分强度较低，散热条件又差，磨损比较严重，其最大值为 *VC*。主切削刃靠近工件外表面处的 N 区，由于加工硬化层或毛坯表面硬层等的影响，往往被磨成比较严重的深沟，以 *VN* 表示。在后面磨损带中间部位的 B 区上，磨损比较均匀，平均磨损带宽度以 *VB* 表示，而最大磨损带宽度以 VB_{max} 表示。加工脆性材料时，由于形成崩碎切屑，一般出现后面的磨损；切削塑性材料时，当切削速度较低，切削层的公称厚度较小时较容易产生后面的磨损。

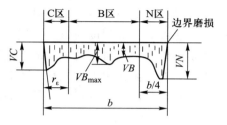

图 3.28　后面的磨损

当加工塑性金属，采用中等切削速度及其中等切削层公称厚度时，会经常出现刀具前、后面同时磨损的形式。这种磨损发生时，月牙洼与刀刃之间的棱边和楔角逐渐减小，切削刃的强度下降，因此多数情况下伴随着崩刃的发生。

（3）边界磨损

切削时，在刀刃附近的前、后面上，应力与温度都较高，但在工件外表面处的切削刃上的应力突然下降，温度也较低，造成了较高的应力梯度和温度梯度，因此常在主切削刃靠近工件外皮处以及副切削刃靠近刀尖处的后面上，磨出较深的沟纹，这就是边界磨损。这两处分别是在主、副切削刃与工件待加工或已加工表面接触的地方。

另外，在加工铸件、锻件等外皮粗糙的工件时，也容易发生边界磨损。由于在大多数情况下，后面都有磨损，而且磨损量 *VB* 的大小对加工精度和表面质量的影响较大，测量也比较方便。故一般常以后面磨损带的平均宽度 *VB* 来衡量刀具的磨损程度。

2. 刀具磨损的原因

切削时刀具的磨损是在高温高压条件下产生的，而且由于工件材料、刀具材料和切削条件变化很大，刀具磨损形式又各不相同，因此刀具磨损的原因比较复杂，但是究其对温度的依赖程度，刀具磨损是机械的、热的和化学的三种作用的综合结果。

（1）磨料磨损

由于切屑或工件表面经常含有一些硬度极高的、微小的硬质颗粒，如一些碳化物（Fe_3C、TiC）、氮化物（Si_3N_4、AlN）和氧化物（SiO_2、Al_2O_3）等硬质点以及积屑瘤碎片等，它们不断滑擦前、后面，在刀具表面划出沟纹，这就是磨料磨损。这是一种纯机械的作用。

实践证明，由磨料磨损产生的磨损量与刀具和工件相对滑移距离或切削路程成正比。而且，虽然磨料磨损在各种切削速度下都存在，但由于低速切削时，切削温度比较低，其他原因产生的磨损还不显著，因此磨料磨损往往是低速切削刀具磨损的主要原因。刀具抵抗磨料磨损的能力主要取决于其硬度和耐磨性。例如，高速钢及工具钢刀具材料的硬度和耐磨性低于硬质合金、陶瓷刀具等，故其发生这种磨损的比例较大。

（2）黏结磨损

黏结是指刀具与工件材料接触达到原子间距离时所产生的结合现象。切削时，工件表面、切屑底面与前、后面之间存在着很大的压力和强烈的摩擦，形成新的接触表面，在足够大的压力和温度的作用下发生冷焊黏结。由于摩擦面之间的相对运动，黏结处将被撕裂，刀具表面上强度较低的微粒被切屑或工件带走，而在刀具表面上形成黏结凹坑，造成刀具的黏结磨损。在产生积屑瘤的条件下，切削刃可能很快因黏结磨损而损坏。

黏结磨损的程度与压力、温度和材料之间的亲和力有关。一般在中等偏低的切削速度下切削塑性金属材料时，黏结磨损比较严重。又如用 YT 类硬质合金加工钛合金或含钛不锈钢，在高温作用下钛元素之间的亲和作用，也会产生黏结磨损；高速钢有较大的抗剪、抗拉强度，因而有较强的抗黏结磨损能力。

（3）相变磨损

刀具材料都有一定的相变温度。当切削温度超过了相变温度时，刀具材料的金相组织发生转变，硬度显著下降，从而使刀具迅速磨损。

（4）扩散磨损

扩散磨损是指切削金属材料时，在高温下，刀具表面与切出的工件、切屑新表面的接触过程中，双方金属中的化学元素会从高浓度处向低浓度处迁移，互相扩散到对方去，使两者原来材料的化学成分和结构发生改变，刀具表层因此变得脆弱，使刀具容易被磨损。这是在更高温度下产生的一种化学性质的磨损。

例如用硬质合金刀具切削钢时，在高温下硬质合金中的 WC 分解，W、C、Co 等扩散到切屑、工件中去，而切屑中的 Fe 会向硬质合金刀具表面扩散，形成低硬度、高脆性的复合碳化物。随着切削过程的进行，切屑和工件都在高速运动，它们和刀具表面在接触区内始终保持着扩散元素的浓度梯度，从而使扩散现象得以持续。扩散的结果是刀具磨损加剧。

扩散磨损的快慢程度与刀具材料中化学元素的扩散速率关系密切。如硬质合金中，钛元素的扩散速率低于钴、钨，故 YT 类硬质合金的抗扩散磨损能力优于 YG 类硬质合金，YG 类硬质合金的扩散温度为 $850 \sim 900$ ℃，YT 类硬质合金的扩散温度为 $900 \sim 950$ ℃。氧化铝陶瓷和立方氮化硼抗扩散磨损能力较强。

（5）化学磨损

化学磨损是指在一定温度下，刀具材料与空气中的氧，切削液中的硫、氯等某些周围介质起化学作用，在刀具表面形成一层较软的化合物，从而使刀具表层硬度下降，较软的氧化物被切屑或工件带走，加速了刀具的磨损。由于空气不易进入刀-屑接触区，化学磨损中因氧化而引起的磨损最容易在主、副切屑刃的工作边界处形成，从而产生较深的磨损沟纹。例如，硬质合金中的 WC 与空气中的 O 化合成为性脆、低强度的氧化膜 WO 磨料，它受到工件表层中的氧化皮、硬化皮等的摩擦和冲击作用，形成了化学磨损。

从以上磨损的原因可以看出，对刀具磨损起主导作用的是切削温度。在低温时，以磨料磨损为主；在较高的温度下，以黏结、扩散和化学磨损为主。

不同的刀具材料在不同的使用条件下造成磨损的主要原因是不同的。对高速钢刀具来说，磨料磨损和黏结磨损是使它产生正常磨损的主要原因，相变磨损是使它产生急剧磨损的主要原因。对硬质合金刀具来说，在中、低速切削时，磨料磨损和黏结磨损是使它产生正常磨损的主要原因；在高速切削时，刀具磨损主要由磨料磨损、扩散磨损和化学磨损造成的，而扩散磨损是使它产生急剧磨损的主要原因。

二、刀具磨损过程及磨钝标准

1. 刀具磨损过程

根据切削试验，可得图 3.29 所示的刀具磨损过程的典型刀具磨损曲线。该图以切削时间为横坐标，以刀具后面上 B 区平均磨损量 VB 为纵坐标。

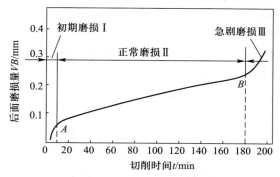

图 3.29　典型的刀具磨损曲线

从图可知，刀具磨损过程可分为三个阶段：

（1）初期磨损阶段

这一阶段的磨损较快。因为新刃磨的刀具切削刃较锋利而且其后面存在着粗糙不平、显微裂纹、氧化及其脱碳层等缺陷，所以后面与加工表面之间为凸峰点接触，实际接触面积很小，压应力较大，导致在极短的时间内 VB 增加很快。初期磨损量 VB 的大小与刀具刀面刃磨质量关系较大。经过仔细研磨的刀具，其初期磨损量较小而且耐用。初期磨损量 VB 的值一般为 0.05~0.10 mm。

（2）正常磨损阶段

经过初期磨损阶段后，刀具后面的粗糙表面已经磨平，后面与工件接触面积增大，压应力减小，所以使磨损速率明显减小，进入正常磨损阶段。这个阶段的时间较长，是刀具工作的有效阶段。这一阶段中磨损曲线基本上是一条上行的斜线，刀具的磨损量随切削时间延长而近似地成比例增加，其斜率代表刀具正常工作时的磨损强度。磨损强度是衡量刀具切削性能的重要指标之一。

（3）急剧磨损阶段

刀具经过一段时间的正常使用后，切削刃逐渐变钝，当磨损带宽度增加到一定限度后，刀具与工件接触情况恶化，摩擦增加，切削力、切削温度均迅速提高，VB 在较短的时间内增加很快，以致刀具损坏而失去切削能力。生产中为合理使用刀具，保证加工质量，应当在这个阶段到来之前，及时更换刀具或重新刃磨刀具。

2. 刀具的磨钝标准

刀具磨损到一定限度就不能继续使用，这个磨损限度称为刀具的磨钝标准。在生产中评定刀具材料切削性能和研究试验都需要规定刀具的磨钝标准。由于后面磨损最常见，且易于控制和测量，因此通常按后面磨损宽度来制定磨钝标准。国际标准化组织（ISO）统一规定以 1/2 背吃刀量处后面上测定的磨损带宽度 VB（图 3.30）作为刀具磨钝标准。

对于粗加工和半精加工，为充分利用正常磨损阶段的磨损量，充分发挥刀具的切削性能，充分利用刀具材料，减少换刀次数，使刀具的切削时间能够达到最大，其磨钝标准较大，一般取正常磨损阶段终点处的磨损量 VB 作为磨钝标准，该标准称为经济磨损限度。

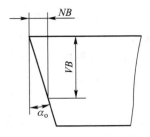

图 3.30   车刀的磨损量

对于精加工，为了要保证零件的加工精度及其表面质量，应根据加工精度和表面质量的要求确定磨钝标准，此时磨钝标准应取较小值，该标准称为工艺磨损限度。

自动化生产中用的精加工刀具，常以沿工件径向的刀具磨损尺度作为衡量刀具的磨钝标准，称为刀具径向磨损量，以 NB 表示(图 3.30)。

在柔性加工设备上，经常用切削力的数值作为刀具的磨钝标准，从而实现对刀具磨损状态的自动监控。

当机床—夹具—刀具—工件组成的工艺系统刚度较差时，应规定较小的磨钝标准，否则会使加工过程产生振动，影响加工过程的进行。

加工难加工材料时，由于切削温度较高，因此一般选用较小的磨钝标准。

三、刀具耐用度及其经验公式

1. 刀具耐用度的定义

所谓刀具耐用度(又称刀具寿命)，是指刃磨后的刀具自开始切削直到磨损量达到磨钝标准为止的切削时间，以 T 表示，单位为 min。在生产实际中，经常卸刀来测量磨损量是否达到磨钝标准是不现实的，而刀具耐用度是确定换刀时间的重要依据。

刀具耐用度所指的切削时间是不包括在加工中用于对刀、测量、快进、回程等非切削时间的。一把新刀从开始投入切削到报废为止总的实际切削时间，称为刀具总寿命。因此，刀具总寿命等于这把刀的刃磨次数(包括新刀开刃)乘以刀具耐用度。

刀具耐用度也是衡量工件材料切削加工性、刀具切削性能好坏、刀具几何参数和切削用量选择是否合理等的重要指标。在相同切削条件下切削某种工件材料时，可以用耐用度来比较不同刀具材料的切削性能；同一刀具材料切削各种工件材料，可以用耐用度来比较工件材料的切削加工性的好坏；还可以用耐用度来判断刀具几何参数是否合理。在一定的加工条件下，当工件、刀具材料和刀具几何形状选定之后，切削用量是影响刀具耐用度的主要因素。

2. 刀具耐用度的经验公式

为了合理地确定刀具的耐用度，必须首先求出刀具耐用度与切削速度的关系。由于切削速度对切削温度影响最大，即对刀具磨损影响最大，因此切削速度是影响刀具耐用度的最主要因素。它们的关系是用试验方法求得的。试验中在一定的加工条件下，在常用的切削速度范围内，取不同的切削速度 v_{c1}，v_{c2}，v_{c3}，…进行刀具磨损试验，得到一组刀具磨损曲线，如图 3.31 所示，选定刀具后面的磨钝标准，在各条磨损曲线上根据规定的磨钝标准 VB 求出在各种切削速度下所对应的刀具耐用度 T_1，T_2，

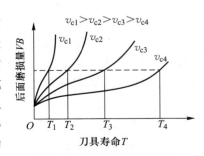

图 3.31   不同切削速度下的刀具磨损曲线

T_3, …。

如果将 $T\text{-}v_c$ 画在双对数坐标上，则在一定的切削速度范围内，可发现这些点基本上在一条直线上，图 3.32 所示为不同刀具材料的 $T\text{-}v_c$ 曲线。

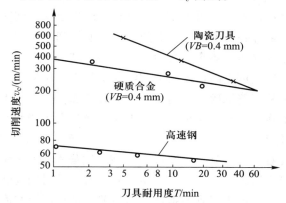

图 3.32 各种刀具材料的 $T\text{-}v_c$ 曲线

经过处理，$T\text{-}v_c$ 关系式可以写成：

$$v_c T^m = C_0 \tag{3.14}$$

式中：m——直线的斜率，表示 T 与 v_c 间影响的程度；

C_0——系数，与刀具、工件材料和切削条件有关。

$T\text{-}v_c$ 关系式反映了切削速度与刀具耐用度之间的关系。耐热性越低的刀具材料，指数 m 越小，斜率应该越小，表示切削速度对刀具耐用度的影响越大。例如高速钢刀具，一般 $m = 0.1 \sim 0.125$；硬质合金刀具，$m = 0.2 \sim 0.3$；陶瓷刀具 m 值约为 0.4，陶瓷刀具的曲线斜率比硬质合金和高速钢的都大，表示陶瓷刀具的耐热性很高。

同样按照求 $T\text{-}v_c$ 关系式的方法，固定其他切削条件，分别改变进给量和背吃刀量，求得 $T\text{-}f$ 和 $T\text{-}a_p$ 关系式：

$$f T^{m_1} = C_1 \tag{3.15}$$

$$a_p T^{m_2} = C_2 \tag{3.16}$$

综合整理后，得出下列刀具耐用度的经验公式：

$$T = \frac{C_T}{v_c^{\frac{1}{m}} f^{\frac{1}{m_1}} a_p^{\frac{1}{m_2}}} \tag{3.17}$$

式中：C_T——与工件材料、刀具材料和其他切削条件有关的常数。

例如用 YT5 硬质合金车刀切削 $R_m = 0.63\ \text{GPa}(65\ \text{kgf/mm}^2)$ 的碳钢时，切削用量三要素的指数分别为 $\dfrac{1}{m} = 5$，$\dfrac{1}{m_1} = 2.25$，$\dfrac{1}{m_2} = 0.75$，它们分别表示各切削用量对刀具耐用度的影响程度。可见，切削速度 v_c 对刀具耐用度的影响最大，进给量 f 次之，背吃刀量 a_p 最小。这与三者对切削温度的影响顺序完全一致，说明切削温度对刀具耐用度有着重要的影响。在保证一定刀具耐用度的条件下，为提高生产率，应首先选取大的背吃刀量，然后选取较大的进给量，最后选择合理的切削速度。

四、刀具耐用度的选择

从以上的分析可以得知，刀具磨损到磨钝标准后即需要重磨或换刀。刀具切削多长时

两种刀具
耐用度的
计算

间换刀比较合适？刀具耐用度采用的数值为多大比较合理？这要从生产率和加工成本两个角度来考虑。

1. 最大生产率耐用度 T_p

从生产效率的角度看，若刀具耐用度选得过高，即规定的切削时间过长，则在其他加工条件不变时，切削用量势必被限制在很低的水平，使切削工时增加，虽然此时刀具的消耗及其费用较少，但过低的加工效率也会使经济效益变得很差；若刀具耐用度选得过低，即规定的切削时间过短，虽可提高切削用量和降低切削工时，但由于刀具磨损加快而使装刀、卸刀刃磨的工时及其调整机床的时间和费用显著增加，同样达不到高效率、低成本的要求，生产率反而会下降。因此，在生产实际中存在着最大生产率所对应的耐用度。

2. 最低成本耐用度 T_c

从加工成本的角度看，若刀具耐用度选得过高，同样切削用量被限制在很低的水平，使用机床费用及工时费用增大，因而加工成本提高；若刀具耐用度选得过低，提高切削用量，可以降低切削工时，但由于刀具磨损加快而使刀具消耗以及与磨刀有关的成本也在增加，机床因换刀停车的时间也增加，加工成本也提高。在生产实际中就存在着最低加工成本所对应的耐用度。

因此，可以分别从满足最高生产率与最低加工成本的两个不同原则的角度来制订刀具耐用度的合理数值。

表 3.5 列出了常用刀具耐用度的参考值。

表 3.5   常用刀具耐用度的参考值

刀具类型	刀具耐用度 $T/\min$	刀具类型	刀具耐用度 $T/\min$
高速钢车刀、刨刀、镗刀	30～60	硬质合金面铣刀	90～180
硬质合金焊接车刀	15～60	齿轮刀具	200～300
硬质合金可转位车刀	15～45	自动机床、组合机床及自动生产线上的刀具	240～480
钻头	80～120		

五、刀具的破损

刀具在一定的切削条件下使用时，如果它经受不住强大的应力（切削力或热应力），就可能发生突然损坏，使刀具提前失去切削能力，这种情况就称为刀具破损。

刀具破损有脆性破损和塑性破损两种类型。

1. 刀具的脆性破损

刀具的脆性破损又有崩刃、碎断、剥落及裂纹等几种不同的形式。硬质合金和陶瓷刀具在进行断续切削时，或者加工高硬度材料时，在机械冲击力和热效应的作用下，经常发生脆性破损。

崩刃是指在切削刃上产生小的缺口，在断续、冲击的切削条件下，或用脆性材料的刀具切削时易引起崩刃，如陶瓷刀具最常发生这种崩刃。碎断是指在切削刃上发生小块碎裂或大块断裂，不能继续正常切削。剥落是指在刀具前、后面上几乎平行于切削刃而剥下一层碎片，经常连切削刃一起剥落，有时也在离切削刃一小段距离处剥落，常因为刃磨造成内应力、积屑瘤脱落和重载切削而形成。裂纹破损是指在较长时间切削后，由于疲劳而引起裂纹的一种破损，当这些裂纹不断扩展合并，就会引起切削刃的碎裂或断裂。

2. 刀具的塑性破损

切削时，由于高温和高压的作用，有时在切削刃或刀面上发生塌陷或隆起的塑性变形现象，这就是刀具的塑性破损，如卷刃等。刀具与工件材料的硬度比越高，越不容易发生塑性破损，硬质合金、陶瓷刀具的高温硬度大，一般不容易发生这种破损，高速钢刀具因其耐热性比较差，就容易出现塑性破损。

3. 防止刀具破损的措施

刀具破损与刀具磨损一样，都是刀具失效的形式。破损是一种非正常的磨损，由于它的突然性，给破损的预防带来困难，因此也很容易在生产过程中造成较大的危害和经济损失。为了防止或减少刀具破损，可以调整刀具几何角度，增加切削刃和刀尖的强度；在遇到冲击切削、重型切削和难加工材料的切削时，要注意合理选择刀具材料，必须采用具有较高的冲击韧度、疲劳强度和热疲劳抗力的刀具材料；可以选择合适的切削用量，一方面避免切削速度过低时导致切削力过大而崩刃，另一方面也要防止切削速度过高时可能产生热裂纹；要尽可能保证工艺系统有较好的刚度，以减小切削时的振动。

📍 3.3　金属切削过程基本规律的应用

研究切削原理的主要目的，就是要在保证加工质量的前提下，提高生产率，降低加工成本。表面粗糙度、加工硬化及残余应力是已加工表面质量的三个重要方面。材料的切削加工性分析以及切削条件的选择对保证加工质量、提高生产率有着直接关系。

3.3.1　工件材料的切削加工性

材料的切削加工性，笼统地说是指对某种材料进行切削加工的难易程度。研究材料加工性的目的是为了找出改善材料切削加工性的途径。

一、衡量材料切削加工性的指标

由于工件材料受切削加工的难易程度是随着加工要求和加工条件而改变的，因此材料的切削加工性是一个相对的概念。例如，对于粗加工而言，其加工目的是迅速切除掉大部分的加工余量，因此从提高切削加工生产率而言，若采用的切削速度越高，则材料的可切削性能就越好；又如对纯铁粗加工时切除余量很容易，但精加工要获得较好的表面质量则比较难，这时应以是否容易获得好的表面质量作为衡量材料切削加工性的指标。因此，根据不同的加工要求可以用不同的指标来衡量材料的切削加工性。

1. 刀具耐用度 T 或一定耐用度下允许的切削速度 v_T 指标

在切削普通金属材料时，常用刀具耐用度 $T = 60$ min 的情况下所允许的切削速度的高低来评定材料加工性的好坏，记作 v_{60}。v_{60} 较高，则该加工材料的切削加工性较好；反之，其加工性较差。

此外，衡量金属材料的切削加工性，经常使用相对加工性指标，即以正火状态 45 钢

的 v_{60} 为基准，写作 $(v_{60})_j$，然后把其他各种材料的 v_{60} 同它相比，这个比值 K_r 称为该材料的相对加工性，即

$$K_r = v_{60}/(v_{60})_j \qquad (3.18)$$

根据 K_r 的值，可将常用工件材料的相对加工性分为八级，见表 3.6。当 K_r 大于 1 时，该材料比 45 钢易切削，如有色金属、易切削钢、较易切削钢；当 K_r 小于 1 时，材料加工性比 45 钢差，如调质 45Cr 钢等。

表 3.6   材料切削加工性等级

加工性等级	名称及种类		相对加工性 K_r	典型材料
1	很容易切削材料	一般有色金属	>3.00	5-5-5 铜铅合金，9-4 铝铜合金，铝镁合金
2	容易切削材料	易切削钢	2.50~3.00	退火 15Cr，$R_m = 0.37 \sim 0.441$ GPa（$38 \sim 45$ kgf/mm²） 自动机钢，$R_m = 0.393 \sim 0.491$ GPa（$40 \sim 50$ kgf/mm²）
3		较易切削钢	1.60~2.50	正火 30 钢，$R_m = 0.441 \sim 0.549$ GPa（$45 \sim 56$ kgf/mm²）
4	普通材料	一般钢及铸铁	1.00~1.60	45 钢，灰铸铁
5		稍难切削材料	0.65~1.00	20Cr13，调质，$R_m = 0.834$ GPa（85 kgf/mm²） 85 钢，$R_m = 0.883$ GPa（90 kgf/mm²）
6	难切削材料	较难切削材料	0.50~0.65	45Cr，调质，$R_m = 1.03$ GPa（105 kgf/mm²） 65Mn，调质，$R_m = 0.932 \sim 0.981$ GPa（$95 \sim 100$ kgf/mm²）
7		难切削材料	0.15~0.50	50CrV，调质，1Cr18Ni9Ti，某些钛合金
8		很难切削材料	<0.15	某些钛合金，铸造镍基高温合金

v_T 和 K_r 在不同的加工条件下都适用，是最常用的材料切削加工性衡量指标。

2. 切削力、切削温度或切削功率指标

在粗加工或机床刚度、动力不足时，可用切削力作为工件材料切削加工性指标。在相同的加工条件下，凡切削力大、切削温度高、消耗功率多的材料较难加工，切削加工性差；反之，则切削加工性好。例如，加工铜、铝及其合金时的切削力比加工钢料时的小，故其切削加工性比钢料好。

衡量材料切削加工性的其他指标

二、改善材料切削加工性的途径

工件材料的强度、硬度越高，则切削力越大，切削温度越高，刀具磨损越快，故切削加工性越差；工件材料的塑性越好，切削时的变形越严重，切削力越大，切削温度越高，刀具容易黏结，且加工表面粗糙，故切削加工性差。另外，材料中的硬质点越多，形状越锐利，分布越广，则刀具磨损就越剧烈，加工性越差；材料的加工硬化越严重，则加工性也越差；材料导热性差，切削热不易传散，切削温度高，其切削加工性也差。材料的切削加工性对生产率和表面质量的影响很大，因此在满足零件使用要求的前提下，尽量选用或改善材料的切削加工性。当前，在实际生产中，经常通过进行适当的热处理或调整材料的化学成分两种方法来改善材料的切削加工性。

改善材料切削加工性的途径

3.3.2　刀具几何参数的合理选择

为充分发挥刀具的切削性能，除应正确选用刀具材料外，还应合理选择刀具几何参数。刀具角度的选择主要包括刀具的前角、后角、主偏角和刃倾角的选择。

1. 前角

前角 γ_o 对切削的难易程度有很大影响。增大前角能使刀刃变得锋利，使切削更为轻快，并减小切削力和切削热。但前角过大，刀刃和刀尖的强度下降，刀具导热体积减小，影响刀具的使用寿命。前角的大小对表面粗糙度、排屑和断屑等也有一定影响。工件材料的强度、硬度低，前角应选得大些，反之小些；刀具材料韧性好（如高速钢），前角可选得大些，反之应选得小些（如硬质合金）。精加工时，前角可选得大些；粗加工时，前角应选得小些。

2. 后角

后角 α_o 的主要功用是减小刀具后面与工件间的摩擦和后面的磨损，其大小对刀具耐用度和加工表面质量都有很大影响。一般来说，切削层的公称厚度越大，刀具后角越小；工件材料越软，塑性越大，后角越大。工艺系统的刚度较差时，应适当减小后角。对于尺寸精度要求较高的工件刀具后角宜取小值。

3. 主偏角

主偏角 κ_r 的大小影响切削条件和刀具寿命。在工艺系统刚度很好时，减小主偏角可提高刀具耐用度、减小已加工表面粗糙度值，所以 κ_r 宜取小值；在工件刚度较差时，为避免工件的变形和振动，应选用较大的主偏角。

4. 副偏角

副偏角 κ_r' 的作用是可减小刀具副切削刃和副后面与工件已加工表面之间的摩擦，防止切削振动。κ_r' 的大小主要影响已加工表面的表面粗糙度，为了降低工件表面粗糙度值，通常取较小的副偏角。

5. 刃倾角

刃倾角 λ_s 主要影响刀头的强度和切屑流动的方向。当 $\lambda_s > 0°$ 时，切屑流向待加工表面；$\lambda_s < 0°$ 时，切屑流向已加工表面；$\lambda_s = 0°$ 时，切屑沿主剖面方向流出。

增大 λ_s 可增加实际工作前角和刃口锋利程度，可提高加工质量。选用负刃倾角，可提高刀具强度，改变刀刃受力方向，提高刀刃抗冲击能力，但负刃倾角过大，会使背向力增大。

精加工一般钢、铸铁时，$\lambda_s = 0° \sim +5°$；粗加工时，$\lambda_s = 0° \sim -5°$。在加工高硬质、高强度金属，加工断续表面或有冲击载荷时，取 $\lambda_s = -5° \sim -15°$。

3.3.3　切削用量的合理选择

正确选择切削用量对提高生产率、保证加工质量有着很重要的作用。切削用量的合理选择与刀具耐用度有直接关系。切削用量大，刀具磨损快，刀具耐用度低；反之则刀具耐用度高。所以，选择切削用量是以一定的刀具耐用度为前提。确定合理的刀具耐用度很复杂，根据我国情况，一般采用经济耐用度。经济耐用度随着刀具成本不同，装、对刀所需时间不同，刀具复杂程度不同而不同。一般硬质合金车刀的经济耐用度为 60 min；硬质合金端铣刀为 90~180 min；齿轮刀具为 200~300 min。

一、切削用量的选用原则

选择切削用量就是根据切削条件和加工要求，确定合理的背吃刀量 a_p、进给量 f 和切削速度 v_c。所谓合理的切削用量，就是指在保证加工质量的前提下，能获得较高生产效率和较低生产成本的切削用量。

1. 制订切削用量时考虑的因素

切削用量的合理选择对生产效率和刀具耐用度有着重要的影响。机床的切削效率可以用单位时间内切除的材料体积 $Q(\mathrm{mm^3/mm})$ 表示：

$$Q = a_p f v_c \tag{3.19}$$

由式（3.19）可知，Q 同切削用量三要素 a_p、f、v_c 均有着线性关系，它们对机床切削效率影响的权重是完全相同的。仅从提高生产效率看，切削用量三要素 a_p、f、v_c 中任一要素提高一倍，机床切削效率都能提高一倍，但 v_c 提高一倍与 f、a_p 提高一倍对刀具耐用度的影响却是大不相同的。由式（3.14）可知，切削用量三要素中对刀具耐用度影响最大的是 v_c，其次是 f，最小的是 a_p。因此，制订切削用量时不能仅仅单一地考虑生产效率，还要兼顾刀具耐用度。

2. 切削用量的选用原则

据上述分析可知，在保证刀具耐用度一定的条件下，提高背吃刀量 a_p 比提高进给量 f 的生产效率高，比提高切削速度 v_c 的生产效率更高。由此，切削用量选用的基本原则可以从切削加工的两个阶段来考虑。

（1）粗加工阶段切削用量的选用原则

粗加工阶段的主要特点是：加工精度要求和表面质量要求低，毛坯余量大且不均匀。此阶段的主要目的是，在保证刀具耐用度一定的前提下，尽可能提高单位时间内的金属切除量，即尽可能提高生产效率。因此，粗加工阶段切削用量应根据切削用量对刀具耐用度的影响大小，首先选取尽可能大的背吃刀量 a_p，其次选取尽可能大的进给量 f，最后按照刀具耐用度的限制确定合理的切削速度 v_c。

（2）精加工阶段切削用量的选用原则

精加工阶段的主要特点是：加工精度要求和表面粗糙度要求都较高，加工余量小而均匀。此阶段的主要目的是，应在保证加工质量的前提下，尽可能提高生产效率。而切削用量三要素 a_p、f、v_c 对加工精度和表面粗糙度的影响是不同的。提高切削速度 v_c，可使切削变形和切削力减小，且能有效地控制积屑瘤的产生；进给量 f 受残留面积高度（即表面质量要求）的限制；背吃刀量 a_p 受预留精加工余量大小的控制。因此，精加工阶段切削用量应选用较高的切削速度 v_c、尽可能大的背吃刀量 a_p 和较小的进给量 f。

二、切削用量三要素的选用

1. 背吃刀量 a_p 的选用

背吃刀量 a_p 可根据加工余量确定。

粗加工时，一般是在保留半精加工和精加工余量的前提下，尽可能用一次进给切除全部加工余量，以使走刀次数最少。在中等功率的机床上，a_p 可达 8~10 mm。只有在加工余量太大，导致机床动力不足或刀具强度不够，或者加工余量不均匀，导致断续切削，或者工艺系统刚度不足等的情况下，为了避免振动才分成两次或多次走刀。采用两次走刀时，通常第一次走刀取 a_{p_1} 为加工余量的 2/3~3/4，第二次走刀取 a_{p_2} 为加工余量的 1/4~1/3。切削表层有硬皮的铸锻件或切削冷硬倾向较为严重的材料（如不锈钢）时，应尽量使 a_p 值超过硬皮或冷硬层深度，以免刀具过快磨损。

半精加工时，通常取 $a_p=0.5~2$ mm。精加工时背吃刀量不宜过小，若背吃刀量太小，因刀具刃口都有一定的钝圆半径，使切屑形成困难，已加工表面与刃口的挤压、摩擦变形较大，反而会降低加工表面的质量。所以精加工时，通常取 $a_p=0.1~0.4$ mm。

2. 进给量 f 的选用

粗加工时，对加工表面粗糙度的要求不高，进给量 f 的选用主要受切削力的限制。在工艺系统刚度和机床进给机构强度允许的情况下，合理的进给量应是它们所能承受的最大进给量。

进给量的选用

半精加工和精加工时，进给量 f 的选用主要受表面粗糙度和加工精度要求的限制。因此，进给量 f 一般选得较小。

实际生产中，经常采用查表法确定进给量。粗加工时，根据加工材料、车刀刀杆直径、工件直径及已确定的背吃刀量 a_p 用《切削用量手册》即可查得进给量 f 的取值。

3. 切削速度 v_c 的选用

在选定背吃刀量和进给量以后，可根据公式计算或者用查表法确定切削速度。粗加工时，切削速度 v_c 受刀具耐用度和机床功率的限制；精加工时，机床功率足够，切削速度 v_c 主要受刀具耐用度的限制。

切削速度的公式计算

在确定切削速度时，还应考虑以下几点：

1）精加工时，应尽量避开产生积屑瘤的速度区；
2）断续切削时应适当降低切削速度；
3）在易产生振动的情况下，机床主轴转速应选择能进行稳定切削的转速区进行；
4）加工大件，细长件，薄皮件及带铸、锻外皮的工件时，应选较低的切削速度。

切削用量的计算例题

三、提高切削用量的途径

提高切削用量对于提高生产率有着重大意义。切削用量的提高主要从以下几个方面考虑：

1. 提高刀具耐用度，以提高切削速度

刀具耐用度是限制提高切削用量的主要因素，尤以对切削速度的影响最大。因而，如何提高刀具耐用度、提高切削速度以实现高速切削，成为提高切削用量的首要考虑。新的刀具材料的开发和使用，给这一目的带来了希望。目前，硬质合金刀具的切削速度已达200 m/min；陶瓷刀具的切削速度可达 500 m/min；聚晶金刚石和聚晶立方氮化硼新型刀具材料，切削普通钢材时切削速度可达 900 m/min，加工 60 HRC 以上的淬火钢，切削速度在 90 m/min 以上。

2. 进行刀具改革，加大进给量和背吃刀量

由于种种原因，新型刀具材料的广泛使用还需待以时日。因此，对刀具本身的几何参数加以改进，从加大进给量和背吃刀量方面予以突破，是提高切削用量的又一途径。强力切削这种高效率的加工方法便是这一途径的成功范例。

3. 改进机床，使其具有足够的刚度

从刀具的因素着手，固然是提高切削用量的主要途径，但与此同时，机床的因素也不容忽视。由于切削用量的提高（往往是正常量的几倍或几十倍），切削力也相应增长，因而机床必须具有高转速、高刚度、大功率和抗振性好等性能。否则，零件的加工质量难以得到保证，切削用量的提高也就失去了意义。

3.4 磨削过程及磨削机理

砂轮的特性

砂轮的磨损与修整

磨削加工在当前工业生产中已获得迅速的发展和广泛的应用，它是借助磨具的切削作用，除去工件表面的多余层，使工件表面质量达到预定要求的加工方法。进行磨削加工的机床称为磨床。磨削加工应用范围很广，不仅作为零件（特别是淬硬零件）的精加工工序，可以获得很高的加工精度和表面质量，而且用于毛坯的去皮加工，能获得较高的生产率和良好的经济性。

磨削加工中最主要的磨具之一是砂轮。砂轮是由磨料加结合剂用制造陶瓷的工艺方法制成的，它由磨料、结合剂、气孔三要素组成。决定砂轮特性的五个要素分别是磨料、粒度、结合剂、硬度和组织。

磨削过程中，机械、物理、化学的作用会造成砂轮磨损。砂轮磨损到一定程度时，需要对其进行修整。

一、磨料切削刃的形状特征

磨削时砂轮表面上有许多磨料参与磨削工作，每颗磨料都可以看作是一把微小的刀具。与通常的刀具相比，砂轮表面微小磨料的切削刃的几何形状是不确定的（前角为 $-60°\sim-85°$，刃口的楔角大多为 $80°\sim145°$，刃尖的钝圆半径为 $3\sim28~\mu m$），而且切削刃的排列（凹凸、刃距）是随机分布的，磨削厚度非常薄，在几个微米以下；磨削速度高达 $1\,000\sim7\,000~m/min$，磨削点的瞬时温度可达 $1\,000~℃$ 以上，使去除相同体积的材料所消耗的能量达到车削的 30 倍。

二、磨屑的形成过程

磨屑的形成过程大致可分为弹性变形阶段、塑性变形阶段、磨屑阶段三个阶段。

（1）弹性变形阶段（滑擦阶段）

由于磨料以大的负前角和钝圆半径对工件进行切削，磨削深度小；且砂轮结合剂及工件和磨床系统的弹性变形，使磨料开始接触工件时产生退让。这样，磨料仅在工件表面滑擦而过，不能切入工件，仅在工件表面产生热应力。

（2）塑性变形阶段（刻划阶段或耕犁阶段）

随着磨削深度的增加，磨料已能逐渐刻划入工件，工件表面由弹性变形逐步过渡到塑性变形，使部分材料向磨料两旁隆起，工件表面出现刻痕（耕犁现象），但磨料前面上没有磨屑流出。此时除磨料与工件的相互摩擦外，更主要是工件材料内部发生摩擦。磨削表层不仅有热应力，而且有因弹性和塑性变形所产生的应力，如图 3.33 中 $N—N$ 截面图所示。此阶段磨粒对工件的挤压摩擦剧烈，热应力增加。

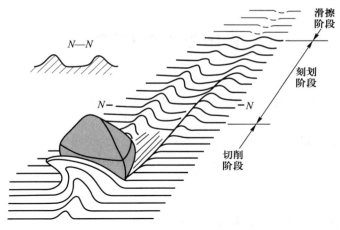

图 3.33　磨料的切削过程

（3）磨屑阶段（切削阶段）

当磨料的磨削深度、被切处材料的切应力和温度都达到某一临界值时，材料明显地沿剪切面滑移从而形成切屑由刀具前面流出。这一阶段工件的表层也产生热应力和变形应力。

以上仅是单颗磨料的磨削过程，当砂轮工作表面上随机排列的每颗磨料与工件的整个接触过程中，都完成了上述过程时，磨削过程也就完成了。

磨削力和磨削功率与切削相比有所不同，且磨削用量及磨削温度也有其独特性。

同样的，磨削也需要相应的磨削液。

磨削力、
磨削功率

磨削用量、
磨削温度

磨削液的
种类、供
给方法

📍 本 章 小 结

本章介绍了金属切削过程的基本规律，揭示了切削的内在机理，同时还介绍了在金属切削时切削用量的合理选择。在金属加工时通过对切削条件进行控制，从而能获得所需要的加工表面质量。简述了磨削过程和磨削机理等。

📍 思考题与练习题

3.1　确定外圆车刀切削部分几何形状最少需要几个基本角度？试画图标出这些基本角度。

3.2　对刀具材料的性能有哪些基本要求？

3.3　试述前角、主偏角、刃倾角的功用和选择原则。

3.4　金属切削过程的实质是什么？

3.5　简述切屑的形成过程。

3.6　金属切削过程中切削力的来源是什么？

3.7　积屑瘤是如何形成的？它对切削加工有哪些影响？

3.8　试论述影响切削变形的各种因素。

3.9　常见的切屑形态有哪几种？它们一般在什么情况下生成？

3.10　影响切削力的主要因素有哪些？试论述其影响规律。

3.11　车削时为什么常将切削合力分解为三个相互垂直的分力来分析？各分力对加工有何影响？

3.12　切削热是如何产生和传出的？仅从切削热产生的多少能否说明切削区温度的高低？

3.13　影响切削温度的主要因素有哪些？试论述其影响规律。

3.14　常用的切削液有哪几种？主要成分是什么？各适用何种场合？

3.15　刀具磨损有几种形式？各在什么条件下产生？

3.16　刀具的正常磨损过程可分为几个阶段？为何出现这种规律？刀具使用时磨损应限制在哪一阶段？

3.17　什么叫刀具耐用度？实际生产中如何来确定刀具已经磨钝了？

3.18　材料的切削加工性通常从哪些方面来衡量？试述改善材料切削加工性的方法。

3.19　刀具破损的主要形式有哪些？高速钢和硬质合金刀具的破损形式有何不同？

3.20　砂轮的特性由哪些因素决定？

3.21　磨削加工有何特点及应用？

第4章　典型制造工艺与装备

零件表面的成形依赖于加工设备、刀具、夹具所组成的工艺系统创设的加工环境。零件表面形状不同，所需设备的结构布局及其所提供的运动不同，刀具材料、结构及其参数不同，夹具的构造不同，则所组成的工艺系统不同，同时也形成不同的加工方法。本章重点介绍机床分类与型号、典型的机械加工方法及相应的切削加工设备与刀具，为编制机械加工工艺规程奠定基础。

4.1　机床的分类、型号及基本组成

机床的品种规格繁多，为了便于区别、使用和管理，必须对机床进行分类，并编制型号。

4.1.1　机床的分类

机床的传统分类方法，主要是按照加工性质和所使用刀具进行分类。根据我国制定的机床型号编制方法，目前将机床分为 11 大类：车床、钻床、镗床、磨床、齿轮加工机床、螺纹加工机床、铣床、刨插床、拉床、锯床和其他机床等。每一大类机床中，按工艺范围、布局形式、结构和性能等的不同，还可细分为若干组，每一组又细分为若干系（系列）。在上述基本分类方法的基础上，还可根据机床其他特征进一步区分。同类型机床按应用范围（通用性程度）又可分为普通机床、专门化机床、专用机床等。

1）普通机床　它可用于加工多种零件的不同工序，加工范围较广，通用性较大，因此又称为万能机床。但由于它结构复杂，不易实现自动化，所以生产效率和加工精度相对较低。这种机床主要适用于单件、小批量生产，例如卧式车床、万能升降台铣床等。

2）专门化机床　它的工艺范围较窄，专门用于加工某一类或几类零件的某一道（或几道）特定工序，如曲轴车床、凸轮轴车床等。

3）专用机床　它的工艺范围最窄，只能用于加工某一特定零件的某一道特定工序，一般具有较高的生产效率和自动化程度，适用于大批量、大量生产。如加工汽车变速箱的专用镗床、加工车床导轨的专用磨床等。各种组合机床也属于专用机床。

此外，同类型机床按工作精度又可分为普通精度机床、精密机床和高精度机床。大多数通用机床属于普通精度机床。精密机床是在普通机床的基础上提高其主要零部件的制造精度得到的。高精度机床通常是特殊设计、制造的，并采用了保证高精度的机床结构等技

术措施，因而其造价通常较高，甚至是同类普通机床价格的十几倍或更高。

同类型机床按自动化程度分为手动、机动、半自动和自动机床。按质量和尺寸分为仪表机床、中型机床（一般机床）、大型机床（质量大于 10 t）、重型机床（质量大于 30 t）和超重型机床（质量大于 100 t）。按机床主轴或刀架数目，又可分为单轴、多轴机床或单刀、多刀机床等。

通常，机床多根据加工性质进行分类，然后再根据其某些特点进一步描述，如多刀半自动车床、高精度外圆磨床等。

随着机床的发展，其分类方法也将不断发展。现代机床数控化不断普及，数控机床的功能日趋多样化，工序更加集中。一台数控机床集中了越来越多的传统机床的功能。

例如，数控车床不但具有卧式车床的功能，还具有转塔车床、仿形车床、自动车床等多种车床的功能；车削中心不但具有数控车床的功能，还具有钻、铣、镗等类机床的功能。又如，具有自动换刀功能的镗铣加工中心机床，就集中了钻、镗、铣等多种类型机床的功能；有的加工中心的主轴既能立式又能卧式，即同时具有立式加工中心和卧式加工中心的功能。可见，机床数控化引起了机床传统分类方法的变化。这种变化主要表现在机床品种不是越分越细，而是趋向综合。

4.1.2   机床型号的编制

机床的型号用以简明地表示机床的类型、通用性、结构特性和主要技术参数等。我国的机床型号，按 2008 年国家标准局颁布的国家推荐标准《金属切削机床型号编制方法》（GB/T 15375—2008）编制。此标准规定，机床型号由汉语拼音字母和阿拉伯数字按一定的规律组合而成，适用于新设计的各类通用机床、专用机床和回转体加工自动生产线（不包括组合机床、特种加工机床）。

通用机床型号由基本部分和辅助部分组成，中间用"/"分开。具体表示方式如图 4.1 所示。

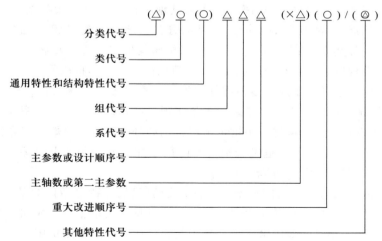

( ) —可选项，无内容时不表示，有内容时不带括号；○—大写的汉语拼音字母；
△—阿拉伯数字；◎—大写的汉语拼音字母或者阿拉伯数字，或两者兼有之

图 4.1   通用机床型号表示方法

1. 机床的类、组、系代号

机床的类别代号用汉语拼音大写字母表示。例如，"车床"用"C"表示。当需要时，每类又可分为若干分类；分类代号用阿拉伯数字表示，它在类代号之前，居于型号的首位，第一分类不予表示，例如磨床类分为 M、2M、3M 三个分类。机床的组别和系别代号分别用一位阿拉伯数字表示，位于类代号或特性代号之后。每类机床按用途、性能、结构相近或有派生关系分为 10 个组，用数字 0~9 表示。每组机床又分为若干个系(系列)。系的划分原则如下：主参数相同、基本结构及布局形式相同的机床，即划分为同一系。常用机床的类、组划分见表 4.1，系别划分见表 4.2。

表 4.1 金属切削机床类、组划分表(部分)

组别 类别		0	1	2	3	4	5	6	7	8	9
车床 C		仪表车床	单轴自动车床	多轴自动、半自动车床	回轮、转塔车床	曲轴及凸轮轴车床	立式车床	落地及卧式车床	仿形及多刀车床	轮、轴、辊、锭及铲齿轮车床	其他车床
钻床 Z		—	坐标镗钻床	深孔钻床	摇臂钻床	台式钻床	立式钻床	卧式钻床	铣钻床	中心孔钻床	其他钻床
镗床 T		—	—	深孔镗床	—	坐标镗床	立式镗床	卧式铣镗床	精镗床	汽车、拖拉机修理用镗床	其他镗床
磨床	M	仪表磨床	外圆磨床	内圆磨床	砂轮机	坐标磨床	导轨磨床	刀具刃磨床	平面及端面磨床	曲轴、凸轮轴、花键轴及轧辊磨床	工具磨床
	2M	—	超精机	内圆珩磨机	外圆及其他珩磨机	抛光机	砂带抛光及磨削机床	刀具刃磨及研磨机床	可转位刀片磨削机床	研磨机	其他磨床
	3M	—	球轴承套圈沟磨床	滚子轴承套圈滚道磨床	轴承套圈超精机	—	叶片磨削机床	滚子加工机床	钢球加工机床	气门、活塞及活塞环磨削机床	汽车、拖拉机修磨机床
齿轮加工机床 Y		仪表齿轮加工机	—	锥齿轮加工机	滚齿及铣齿机	剃齿及珩齿机	插齿机	花键轴铣床	齿轮磨齿机	其他齿轮加工机	齿轮倒角及检查机
螺纹加工机床 S		—	—	—	套丝机	攻丝机	—	螺纹铣床	螺纹磨床	螺纹车床	—

续表

类别＼组别	0	1	2	3	4	5	6	7	8	9
铣床 X	仪表铣床	悬臂及滑枕铣床	龙门铣床	平面铣床	仿形铣床	立式升降台铣床	卧式升降台铣床	床身铣床	工具铣床	其他铣床
刨插床 B	—	悬臂刨床	龙门刨床	—	—	插床	牛头刨床	—	边缘及模具刨床	其他刨床
拉床 L	—	—	侧拉床	卧式外拉床	连续拉床	立式内拉床	卧式内拉床	立式外拉床	键槽、轴瓦及螺纹拉床	其他拉床
锯床 G	—	—	砂轮片锯床	—	卧式带锯床	立式带锯床	圆锯床	弓锯床	锉锯床	—
其他机床 Q	其他仪表机床	管子加工机床	木螺钉加工机	—	刻线机	切断机	多功能机床	—	—	—

表 4.2　金属切削机床系别划分表（部分）

类别	组别		系别	类别	组别		系别
车床 C	1 单轴自动车床	1	单轴纵切自动车床	磨床 M	1 外圆磨床	1	宽砂轮无心外圆磨床
		3	单轴转塔自动车床			4	万能外圆磨床
	5 立式车床	1	单柱立式车床		2 内圆磨床	1	内圆磨床
		2	双柱立式车床			3	带端面内圆磨床
	6 落地及卧式车床	0	落地车床		7 平面及端面磨床	2	立轴矩台平面磨床
		1	卧式车床			3	卧轴圆台平面磨床
钻床 Z	3 摇臂钻床	0	摇臂钻床	齿轮机床 Y	3 滚齿及铣齿机	1	滚齿机
		1	万向摇臂钻床			5	双轴滚齿机
	5 立式钻床	1	方柱立式钻床		5 插齿机	1	插齿机
		2	可调多轴立式钻床			4	万能斜齿插齿机
镗床 T	4 坐标镗床	1	立式单柱坐标镗床	铣床 X	5 立式升降台铣床	0	立式升降台铣床
		2	立式双柱坐标镗床			4	摇臂镗床
	6 卧式铣镗床	1	卧式镗床		6 卧式升降台铣床	0	卧式升降台铣床
		3	卧式铣镗床			1	万能升降台铣床

2. 机床特性代号

机床特性包括机床的通用特性和结构特性。

机床的通用特性代号表示机床所具有的特殊性能，用汉语拼音字母表示。当某类型机床除有普通型外，还具有如表 4.3 所列的某种通用特性时，需在类别代号之后加上相应的特性代号。例如"CK"表示数控车床。如果同时具有两种通用特性，则可用两个代号同时表示，如"MBG"表示半自动高精度磨床。如果某类型机床仅有某种通用特性，而无普通型者，则通用特性不必表示。如 C1107 型单轴纵切自动车床，由于这类自动车床没有"非自动"型，所以不必用"Z"表示通用特性。

表 4.3　机床通用特性代号

通用特性	高精度	精密	自动	半自动	数控	加工中心（自动换刀）	仿形	轻型	加重型	柔性加工单元	数显	高速
代号	G	M	Z	B	K	H	F	Q	C	R	X	S
读音	高	密	自	半	控	换	仿	轻	重	柔	显	速

对于主参数相同而结构、性能不同的机床，在型号中加结构特性代号予以区别。根据各类机床的具体情况，对某些结构特性代号，可以赋予一定含义。但结构特性代号与通用特性代号不同，它在型号中没有统一的含义，只在同类机床中起区分机床结构、性能不同的作用。当型号中有通用特性代号时，结构特性代号应排在通用特性代号之后。结构特性代号用汉语拼音字母表示（除通用特性代号及 I、O 两个字母不能用）。

3. 机床主参数、主轴数、第二主参数和设计顺序号

机床的主参数、设计顺序号、第二主参数都是用阿拉伯数字表示的。主参数表示机床的规格大小，是机床最主要的技术参数，反映机床的加工能力，影响机床的其他参数和结构大小，通常以最大加工尺寸或机床工作台尺寸作为主参数。在机床代号中用主参数的折算值（1、1/10 或 1/100）表示。某些通用机床，当无法用一个主参数表示时，在型号中采用设计顺序号表示。设计顺序号由 1 起始。当设计顺序号小于 10 时，在设计顺序号之前加"0"。

第二主参数是为了更完整地表示机床的工作能力和加工范围，如主轴数、最大跨距、最大工件长度、工作台工作面长度等，也用折算值表示。

4. 机床的重大改进顺序号

当机床的性能及结构布局有重大改进，并按新产品重新设计、试制和鉴定时，在原机床型号的尾部加重大改进顺序号，以区别于原机床型号。按其设计改进的次序分别用汉语拼音字母 A、B、C、D、… 表示。例如，Y7132A 表示最大工件直径为 320 mm 的 Y7132 型锥形砂轮磨齿机的第一次重大改进。

5. 机床的其他特性代号

其他特性代号主要用于反映各类机床的特性，如对于数控机床，可以用来反映数控系统的不同；对于一般机床，可以用来反映同一型号机床的变型等。其他特性代号用汉语拼音字母或阿拉伯数字或二者的组合表示。

例 4.1　CA6140 型卧式机床，其型号中字母及数字的含义如下：

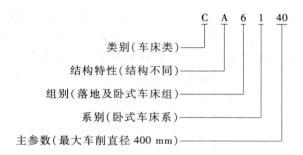

例 4.2 MG1432A 型磨床，其型号中字母及数字的含义如下：

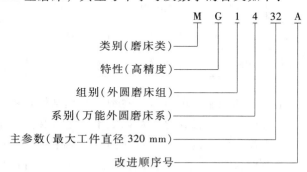

4.1.3 机床的基本组成

机床必须具备以下 3 个基本部分。

1. 执行件

执行件是机床运动的执行部件，其作用是带动工件和刀具，使之完成一定形式的运动并保持正确的轨迹，如机床主轴、刀架等。

2. 动力源

动力源是机床执行件的动力来源，是提供动力的装置。普通机床通常都采用三相异步电动机作为动力源，现代数控机床的动力源有的采用直流或交流调速电动机或伺服电动机。

3. 传动装置

传动装置是传递运动和动力的装置，它把动力源的运动和动力传给执行件，并完成变速、变向、改变运动形式等任务，使执行件获得所需的运动速度、运动方向和运动形式。传动装置可以有机械、电气、液压、气动等多种形式。机械传动装置由带传动、齿轮传动、链传动、蜗轮蜗杆传动、丝杠螺母传动等机械传动件组成。

📍 4.2 车 削 加 工

在车床上对工件进行切削加工的方法，称为车削加工。车削加工是最基本、最常用的一种加工方法，车床占机床总数的 20%~35%，在金属切削加工中所占比例最大，故在机械加工中具有重要的地位和作用。

一、车削加工范围

车削加工的加工范围很广，主要用于加工各种回转表面，如内、外圆柱面，圆锥面，成形回转表面及螺纹等，常用来加工轴类、盘类、套类等回转零件，图 4.2 是卧式车床所能加工的典型表面。在车床上所用的刀具，除车刀外，还有钻头、扩孔钻、铰刀等各种孔加工刀具和丝锥、板牙等螺纹加工刀具，可以进行钻孔、扩孔、铰孔和滚花等加工。普通车削的经济加工精度一般为 IT8~IT7，表面粗糙度为 $Ra6.3~1.6~\mu m$。

车削加工

二、车削运动

为了加工出各种回转表面，车床必须具备下列成形运动：

（1）主运动 工件（主轴）的旋转运动是车削的主运动，主轴转速以 n 表示，单位为 r/min。主运动是实现切削加工最基本的运动，特点是速度和所消耗的功率比较大。

（2）进给运动 刀具的运动就是车床的进给运动，车刀的进给量常以 f 表示，单位为 mm/r 或 mm/min。其中，刀具在平行于工件旋转轴线方向上的移动（车圆柱面）称为纵向进给运动；在垂直于工件旋转轴线方向上的移动（车端面）称为横向进给运动；在与工件旋转轴线成一定角度方向上的移动（车圆锥面）称为斜向进给运动。进给运动的速度较低，所消耗的功率也较少。

车削外圆
表面

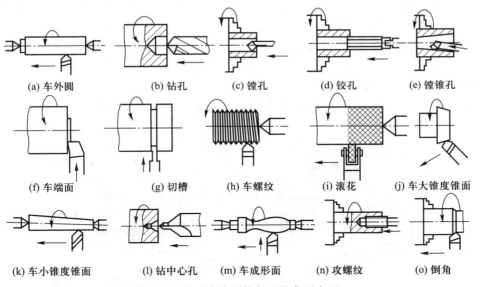

(a) 车外圆　(b) 钻孔　(c) 镗孔　(d) 铰孔　(e) 镗锥孔

(f) 车端面　(g) 切槽　(h) 车螺纹　(i) 滚花　(j) 车大锥度锥面

(k) 车小锥度锥面　(l) 钻中心孔　(m) 车成形面　(n) 攻螺纹　(o) 倒角

图 4.2　卧式车床所能加工的典型表面

在车床多数加工情况下，工件的旋转运动和刀具的移动是两个相互独立的运动，称之为简单成形运动；而加工螺纹时，由于工件旋转运动和刀具的移动不是独立的，两者之间必须保持严格的运动关系，因此由它们组合成的运动，称之为复合成形运动，习惯上常称为螺纹进给运动。

三、车削加工工艺特点

易于保证各加工表面间的位置精度。车削时工件绕某一固定轴线作回转主运动，在一次装夹中完成加工的各回转表面的加工，具有统一的回转轴线，能保证各回转面之间的同轴度要求，能保证各回转面轴线与端面的垂直度要求。

加工过程平稳，生产率较高。除了车削断续的表面之外，在一次走刀过程中，车削过程是连续的，切削层的截面形状与尺寸不变。所以，车削时的切削力变化小，切削过程平稳；主轴运动平稳，允许采用较大的切削用量，进行高速切削或强力切削，提高生产效率，并达到较高表面质量。车削加工既适用于单件、小批量生产，也适用于大批量生产。

刀具简单，生产成本较低。车刀是各类刀具中最简单的一种，其制造、刃磨及安装均比较方便，故刀具费用低，车床附件多，装夹及调整时间较短，切削生产率高。因此，车削成本较低。

对工件材质的适应性强。除难以切削的高硬度淬火钢件外，适应各种具体材质与加工要求，适用于钢料、铸铁和某些非金属材料（例如有机玻璃、橡胶等），特别适于有色金属零件的精加工。因为某些有色金属零件材料的硬度较低，塑性较大，若用砂轮磨削，软的磨屑会堵塞砂轮，加工困难，难以得到表面粗糙度值低的表面。因此，当有色金属零件表面粗糙度值要求较小时，不易采用磨削加工，这时可使用车削加工。通常在车床上用金刚石车刀以很小的切深和进给量及很高的切削速度进行精细车削，加工精度可达 IT6 ~ IT5，表面粗糙度 Ra 值达 $0.02 \sim 0.4 \ \mu m$。

四、车床

转塔车床

单柱立式
车床

车床主要用于加工各种回转表面。主运动是工件的旋转运动，进给运动是刀具的直线移动。车床上使用的刀具主要是车刀，也使用钻头、铰刀、扩孔钻等。车床的应用很普遍，占机床总数的 20% ~ 35%。

车床按其用途、性能和结构的不同，可分为落地及卧式车床、回转及转塔车床、立式车床、单轴自动车床、多轴自动及半自动车床、仿形及多刀车床、仪表车床等。其中，CA6140 型卧式车床为目前最为常见的车床之一。

图 4.3 是 CA6140 型卧式车床的外形图，其主要组成部件及功用如下：

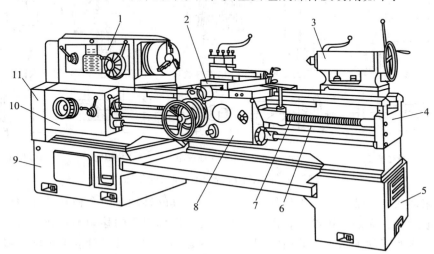

1—主轴箱；2—刀架；3—尾座；4—床身；5、9—床腿；6 光杠；
7—丝杠；8—溜板箱；10—进给箱；11—挂轮变速机构

图 4.3　CA6140 型卧式车床外形图

1）主轴箱。主轴箱 1 固定在床身 4 的左端，内部装有主轴、变速及传动机构。工件通过三爪自定心卡盘等夹具装夹在主轴前端。主轴箱的功用是支承主轴并把动力经变速、传动机构传给主轴，使主轴带动工件按照规定的转速旋转，以实现主运动。

2）刀架。刀架 2 可沿床身 4 上的导轨作纵向移动。刀架的功用是装夹车刀，实现纵向、横向或斜向运动。

3）尾座。尾座 3 装在床身 4 右端的尾座导轨上，可沿此导轨纵向调整其位置。尾座的功能是用后顶尖支承长工件，也可以安装钻头、铰刀等孔加工刀具，以进行孔加工。

4）进给箱。进给箱 10 固定在床身 4 的左端前侧。进给箱是进给运动传动链中主要的传动比变换装置（变速装置、变速机构），它的功用是改变被加工螺纹的螺距或机动进给的进给量。

5）溜板箱。溜板箱 8 与刀架部件的底部相连。溜板箱的功用是把进给箱传来的运动传递给刀架，使刀架实现纵向进给、横向进给、快速移动或车螺纹。溜板箱上装有各种操纵手柄及按钮，工作时工人可以方便地操作机床。

6）床身。床身 4 固定在左床腿 9 和右床腿 5 上。床身是车床的基本支承件，在床身上安装着车床的各个主要部件，使它们工作时保持准确的相对位置或运动轨迹。

4.3 磨削加工

用磨料磨具（如砂轮、砂带、油石或研磨料）对工件表面进行切削加工的方法，称为磨削。磨削所使用的机床称为磨床。磨削是一种使用范围很广的切削加工方法，可以获得小的表面粗糙度值和高的加工精度，在精加工、超精加工领域是重要的切削加工手段，磨削后加工精度可达到 IT6~IT4，表面粗糙度 Ra 可达 1.25~0.01 μm。

一、磨削加工范围

磨削可以加工的工件材料范围也很广，除能磨削铸铁、碳钢、合金钢等普通材料外，还能磨削一般刀具难以切削的高硬度材料，如淬硬钢、硬质合金、陶瓷等，但是不宜加工塑性较大的有色金属工件。磨削除用于精加工和超精加工外，还可用于预加工和粗加工。

二、磨削加工的工件表面

根据工件被加工表面的性质，磨削分为外圆磨削、内圆磨削、平面磨削等几种，并有相应的磨床，即外圆磨床、无心外圆磨床、万能外圆磨床、内圆磨床和平面磨床。此外，还有对工具、刀具、凸轮、曲轴、凸轮轴、活塞等零件进行磨削以及对花键、螺纹、齿轮等表面进行磨削的专用磨床。

三、磨削加工工艺特点

从本质上看，磨削加工仍属于切削加工，但由于磨削工具与普通的切削刀具相比有很大差别，因而磨削加工有其特殊性，有必要进行专门的研究。

磨削与其他切削加工方法比较，有以下特点：

1）可以加工很硬的材料。磨具的磨料为刚玉（Al_2O_3）、碳化硅（SiC）以及碳化硼（B_4C_3）等材料，硬度很高，仅次于金刚石，能加工淬硬钢、硬质合金等较硬的工件材料。

2）可以获得较高的加工精度和很小的表面粗糙度值。砂轮颗粒很小，切削厚度小，切削速度高，工艺系统的刚性好，保证了工件的加工精度。此外，磨料很硬，可切下很小的切屑，在砂轮切入工件 0.1 μm 时，就可见火花（即有磨屑产生），所以经过磨削加工后的零件，尺寸精度可控制在 1~2 μm 之内。

3）砂轮具有自锐性。磨削过程中，砂轮的自锐性是其他切削刀具所没有的，如果一般刀具的切削刃磨钝损坏，则切削不能继续进行，必须换刀或重磨，而砂轮由于本身的自锐性，使得磨粒能够以较锋利的刃口对零件进行切削。

4）背向磨削力 F_Y 较大。磨削时，由于背吃刀量较小，磨粒上的刃口圆弧半径相对较大，同时由于磨粒上的切削刃一般都具有负前角，砂轮与零件表面接触的宽度较大，致使背向磨削力 F_Y 大于磨削力 F_Z。一般情况下，$F_Y \approx (1.5 \sim 3) F_Z$，零件材料的塑性越小，$F_Y/F_Z$ 之值越大，见表 4.4。

表 4.4　磨削不同材料时 F_Y/F_Z 的值

零件材料	碳钢	淬硬钢	铸铁
F_Y/F_Z	1.6~1.8	1.9~2.6	2.7~3.2

虽然背向磨削力 F_Y 不消耗功率，但它作用在工艺系统（机床-夹具-零件-刀具所组成的加工系统）刚度较差的方向上，容易使工艺系统产生变形，影响零件的加工精度。例如纵磨细长轴的外圆时，零件的弯曲变形会产生腰鼓形。另外，由于工艺系统的变形，会使实际的背吃刀量比名义值小，这将增加磨削加工的走刀次数。一般在最后几次光磨走刀中，要少吃刀或不吃刀，以便逐步消除由于弹性变形而产生的加工误差，这就是常说的无进给有火花磨削。

5）磨削温度高。磨削的切削速度为一般切削加工的 10~20 倍，在这样高的切削速度下，加上磨粒多为负前角切削，挤压和摩擦较严重，消耗功率大，产生的切削热多。同时砂轮本身的传热性很差，切屑量少，带走的热量也很少，大量的磨削热在短时间内传散不出去，在砂轮与工件接触面上形成高温，有时高达 800~1 000 ℃。

高的磨削温度容易烧伤工件表面，使工件表面金相组织发生变化，例如：淬火钢件表面退火，硬度降低，如有切削液的强冷却，将会发生二次淬火，使工件表层产生应力及微裂纹；磨削未淬火钢，若有强冷却，将形成淬火马氏体，硬度显著增加。这些都将降低零件的表面质量和使用寿命。

高温下，工件材料将变软而容易堵塞砂轮，这不仅影响砂轮的耐用度，也影响工件的表面质量。因此，在磨削过程中应采用大量的切削液。

6）工件表面硬化现象和残余应力较严重。磨粒在大负前角下切削，刻划阶段的挤压使磨削表面产生严重的塑性变形，且大量塑性变形金属不能成为切屑流出，仍然停留在已加工表面上，所以表面层的硬化现象和残余应力较严重。

四、典型磨削

1. 外圆磨削

工件的外圆一般在外圆磨床或万能外圆磨床上磨削。外圆磨削一般有纵磨和横磨两种方法。

1）纵磨法。图 4.4a 所示为采用纵磨法磨削零件外圆。磨削时，砂轮的高速旋转为主

运动 n_0，工件作圆周进给运动 n_w 的同时，还随工作台作纵向往复运动，实现沿工件轴向进给 f_a。每行程终了时，砂轮作周期性的横向移动，实现沿工件的径向进给 f_r，从而逐渐磨去工件径向的全部余量。磨削到尺寸后，进行无横向进给的光磨，直至火花消失为止。纵磨法每次的径向进给量和磨削力小，散热条件好，并且能以光磨来提高工件的磨削精度和表面质量，加工质量高，但磨削效率低且对前道工序要求较高（必须经过半精车或精车）。纵磨法适合磨削长径比较大的工件，适合单件、小批量生产的场合，在目前的实际生产中应用最广。

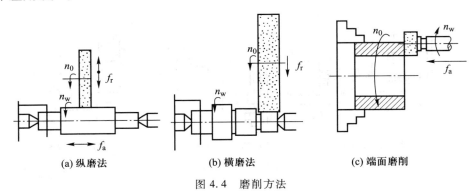

(a) 纵磨法　　　　　　(b) 横磨法　　　　　　(c) 端面磨削

图 4.4 磨削方法

2）横磨法　如图 4.4b 所示，磨削外圆时，砂轮宽度比工件的磨削宽度大，磨削时，砂轮作旋转主运动 n_0，工件作圆周进给运动 n_w，工件无纵向进给运动，砂轮以很慢的速度作连续或断续的径向进给 f_r，直至加工余量全部磨去。

与纵磨法比较，横磨法有以下特点：

① 整个砂轮宽度上磨粒的工作情况相同，都在切削新的金属层，充分发挥了砂轮的切削能力，因而磨削效率高。

② 发热量大，热量集中，散热条件差，当磨削液供给不充分时，容易使工件烧伤。为此，需经常修整砂轮并充分供给切削液。

③ 由于无轴向相对移动，砂轮的外形会直接影响工件的几何形状精度。

综上所述，横磨法的加工精度比纵磨法的低，表面粗糙度值较纵磨法的大。横磨法适用于成批或大量生产中刚性好且磨削长度较短的工件。

外圆磨床又可分为外圆磨床、万能外圆磨床、无心外圆磨床、宽砂轮外圆磨床、端面外圆磨床等。

在万能外圆磨床上，可利用砂轮的端面来磨削工件的台肩面和端平面。图 4.4c 所示为采用专门的端磨装置磨削，可在工件一次装夹中磨削内孔和端面，这样不仅易于保证孔和端面的垂直度，而且生产率较高。

万能外圆
磨床的典
型加工
示意图

无心外圆
磨削

万能外圆
磨床的
组成

2. 内圆磨削

内圆磨削可以在内圆磨床上进行，也可以在万能外圆磨床上进行，可以加工圆柱孔、圆锥孔和成形内圆面等。内圆磨削也可以分为纵磨法和横磨法。横磨法仅适用于磨削短孔及内成形面。由于磨内孔时受孔径限制，砂轮轴比较细，刚性较差，所以多数情况下采用纵磨法。如图 4.5 所示，加工时，工件夹持在卡盘上，砂轮高速旋转作主运动 n_0，工件作圆周进给 n_w，同时砂轮作轴向往复进给运动 f_a，切深运动为砂轮周期性的径向进给运动 f_r。这种磨床用来加工固定在机床卡盘上的工件，如齿轮、轴承环、套式刀具上的内孔。

磨孔特点

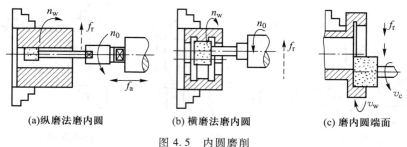

(a) 纵磨法磨内圆　　　(b) 横磨法磨内圆　　　(c) 磨内圆端面

图 4.5　内圆磨削

3. 平面磨削

表面质量要求较高的各种平面的半精加工和精加工，常采用平面磨削方法，如齿轮的端面，滚珠轴承内、外环的端面，活塞环以及大型工件的表面，气缸体面，缸盖面，箱体及机床导轨面等。

根据砂轮的工作面不同（圆周或端面）以及工作台的形状不同（矩形工作台或圆形工作台），平面磨削可以分为如图 4.6 所示的四种磨削方式，这四种方式可以归纳为圆周磨削（图 4.6a、d）和端面磨削（图 4.6b、c）两种。

平面磨床
的分类

平面磨床

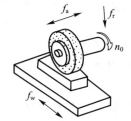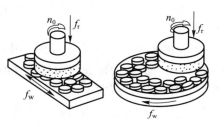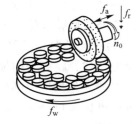

(a) 卧轴矩台平面磨削　(b) 立轴矩台平面磨削　(c) 立轴圆台平面磨削　(d) 卧轴圆台平面磨削

图 4.6　平面磨削方式

图中，砂轮高速旋转运动 n_0 为主运动，矩台的直线往复运动或圆台的回转运动 f_w 为纵向进给运动，切深运动为砂轮对工件的周期性垂直进给运动 f_r。此外，用砂轮的周边磨削时，如果砂轮的宽度小于工件的宽度，卧式平面磨床还需要横向进给运动 f_a。

圆周磨削时，砂轮与工件接触面积小，发热量小，冷却和排屑条件好，可获得较高的加工精度和较低的表面粗糙度值，但生产率较低。此法主要用于成批生产中加工薄片小件。

端面磨削时，磨头轴伸出长度短，刚性好，磨头主要受轴向力，弯曲变形小，可以采用较大的磨削用量，磨削面积大，生产率高。但砂轮与工件的接触面积大，磨削力大，发热量增加，使得冷却、排屑困难，且砂轮端面各点的圆周速度不同，使砂轮磨损不均匀，故加工精度及表面质量低于圆周磨削方式。

五、磨削技术的发展

现代磨削技术正逐步向高效率和高精度方向发展，高效磨削常见的有高速磨削、缓进给深磨削、宽砂轮与多砂轮磨削及砂带磨削等。

其他磨削
技术

4.4　光整加工

光整加工是采用颗粒很细的磨料对加工表面进行微量切削和挤压、擦研、抛光的工艺加工方法。这些加工方法的特点是没有与磨削深度相对应的切削用量参数，一般只规定加工时的压强。光整加工的主要作用是降低表面粗糙度值。

一、超级光磨

超级光磨是用细磨粒的磨具（油石）对工件施加很小的压力进行光整加工的方法。此法是有效降低零件加工表面粗糙度的方法。

1. 超级光磨的工作原理

图 4.7 所示为超级光磨加工外圆加工原理图。加工中有三种运动：工件低速回转运动 n_0、磨条轴向进给运动 f_a 和磨条高速往复振摆运动 f_1。加工时，工件旋转（转速为 6~30 m/min），磨具以一定压力作用于工件表面，作轴向进给的同时作径向微小振动（一般振幅为 1~6 mm，频率为 5~50 Hz），从而对工件进行光磨。

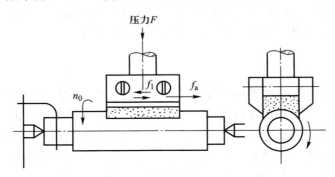

图 4.7　超级光磨加工原理示意图

2. 超级光磨的特点及应用

1）设备简单，操作方便。超级光磨可以在专门的机床上进行，也可以在适当改装的通用机床（如卧式车床等）上进行。一般情况下，超级光磨设备的自动化程度较高，操作简便，对工人的技术水平要求不高。

2）加工余量极小。由于油石与工件之间无刚性的运动联系，油石切除金属的能力较弱，加工余量极小。

3）生产率较高。因为超级光磨只是切去工件表面的微观凸峰，加工过程所需时间很短，一般为 30~60 s。

4）表面质量好。由于油石运动轨迹复杂，加工过程是由切削作用过渡到光整抛光，表面粗糙度值很小（$Ra < 0.012$ μm），并具有复杂的交叉网纹，利于储存润滑油，加工后的表面耐磨性较好。但不能提高其尺寸精度和形位精度，工件所要求的尺寸精度和形位精度必须由前道工序保证。

超级光磨的应用也很广泛，如汽车和内燃机零件、轴承、精密量具等表面粗糙度值小的表面常用超级光磨作为光整加工。它不仅能加工轴类工件的外圆柱面，而且还能加工圆锥面、孔、平面和球面等。

二、研磨

研磨是通过介于工件与研具之间磨料或研磨液的流动，产生机械摩擦或机械化学作用来去除微小加工余量的加工方法。研磨加工可以达到很高的尺寸精度和形状精度，表面粗糙度值可达 $Ra 0.1 \sim 0.01$ μm。

研磨加工有如下特点：

1）加工简单，不需要复杂设备。研磨除可在专门的研磨机上进行外，还可以在简单改装的车床、钻床上进行，设备和研具较简单，成本低。所有研具均采用比工件软的材料制成，这些材料为铸铁、铜、铝、塑料及硬木等。

2）研磨质量高。研磨可以获得很高的尺寸精度和低的表面粗糙度值，也可以提高工件表面的形状精度，但不能提高工件表面间的位置精度。

3）生产率较低。研磨对工件进行的是微量切削。研磨加工不仅具有磨粒切削金属的机械加工作用，同时还有化学作用。磨料混合液或研磨膏使工件表面形成氧化层，容易被磨料切除。

4）研磨应用广泛，可研磨各种材质。常见的表面如平面、圆柱面、圆锥面、螺纹表面、齿轮齿面等，都可以用研磨进行精整加工。可研磨加工钢件，铸铁件，铜、铝等有色金属和高硬度的淬火钢件，硬质合金及半导体、陶瓷元件等。

三、珩磨

1. 加工原理

珩磨是利用带有细粒度磨条的珩磨头对孔进行精整加工的方法。图 4.8 所示为珩磨加工原理图。珩磨时，珩磨头上油石以一定的压力作用于被加工表面，由机床主轴带动珩磨头旋转并沿轴向作往复运动，工件固定不动。在相对运动的过程中，磨条从工件表面切除一层极薄的金属。磨条在工件表面上的切削轨迹是交叉而不重复的网纹，如图 4.8b 所示。珩磨精度可达 IT7～IT5，甚至以上，表面粗糙度 Ra 为 $0.1 \sim 0.008$ μm。

2. 珩磨的特点及应用

珩磨具有如下特点：

1）生产率较高。珩磨时多个磨条同时工作，又是面接触，同时参加切削的磨粒较多，并且经常连续变化切削方向，能较长时间保持磨粒刃口锋利。珩磨余量比研磨余量大。

2）精度高。珩磨可提高孔的表面质量、尺寸和形状精度，但不能纠正孔的位置误差。这是由于珩磨头和机床主轴是浮动连接所致，因此在珩磨孔的前道精加工工序中，必须保证其位置精度。

3）珩磨表面耐磨损。已加工表面有交叉网纹，利于油膜形成，润滑性能好，耐

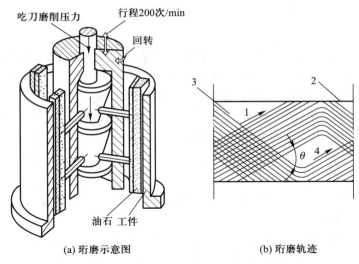

(a) 珩磨示意图   (b) 珩磨轨迹

图 4.8 珩磨加工原理

磨损。

4）珩磨头结构较复杂，刚性好，与机床主轴浮动连接，珩磨时需用以煤油为主的冷却液。

珩磨主要用于孔的精整加工，加工范围很广，能加工直径为 5~500 mm 或更大的孔，并且能加工深孔。

珩磨不仅在大批量生产中应用极为普遍，而且在单件、小批量生产中应用也较广泛。对于某些工件的孔，珩磨已成为典型的精整加工方法，例如，飞机、汽车等发动机的气缸、缸套、连杆以及液压缸、枪筒、炮筒等。

四、抛光

1. 加工原理

抛光是在高速旋转的抛光轮上涂以抛光膏，对工件表面进行光整加工的方法。机械抛光所用的抛光轮是具有一定弹性的软轮，一般是用毛毡、橡胶、皮革、棉制品或压制纸板等材料叠制而成，抛光膏由磨料（氧化铬、氧化铁等）和油酸、软脂等配制而成。

机械抛光时，将工件压于高速旋转的抛光轮上，在抛光膏的作用下，金属表面产生一层极薄的软膜，可以用比工件材料软的磨料切除，而不会在工件表面留下划痕。抛光常用于去掉前道工序所留下来的痕迹，或者用于"打光"已精加工过的表面。为了得到光亮美观的表面和提高疲劳强度，或为镀铬等做准备，也常采用抛光加工。例如钻头螺旋槽的抛光加工及各种手轮、手柄等镀铬前的抛光加工。

液体抛光是一种高效的、先进的工艺方法，是将含磨料的磨削液经喷嘴用 6~8 个大气压高速喷向已加工表面，磨料颗粒将原来工件表面上的凸起击平，得到极光滑的表面。

液体抛光之所以能降低加工表面粗糙度值，主要是由于磨料颗粒对表面微观凸峰高频（200~2 500 万次/s）和高压冲击的结果。液体抛光的生产率极高，表面粗糙度 Ra 可达 0.1~0.01 μm，并且不受工件形状的限制，故可对某些其他光整加工方法无法加工的部位，如对内燃机进油管内壁等进行抛光加工。

2. 抛光的特点及应用

抛光具有如下特点：

1）方法简单、成本低。抛光一般不用复杂、特殊设备，加工方法较简单，成本低。

2）适用于曲面的加工。由于弹性的抛光轮压于工件曲面时，能随工件曲面而变化，与曲面相吻合，容易实现曲面抛光，便于对模具型腔进行光整加工。

3）不能提高加工精度。由于抛光轮与工件之间没有刚性的运动联系，抛光轮又有弹性，因此不能保证从工件表面均匀地切除材料，而只能减小表面粗糙度值，不能提高加工精度。所以，抛光仅限于某些制品的表面装饰加工，或者作为产品电镀前的预加工。

4）劳动条件较差。抛光目前多为手工操作，工作繁重，飞溅的磨粒、介质、微屑污染环境，劳动条件较差。

综上所述，研磨、珩磨、超级光磨和抛光所起的作用均是不同的，抛光仅能提高工件表面的光亮程度，而对工件表面粗糙度的改善并无益处。超级光磨仅能减小工件的表面粗糙度值，而不能提高其尺寸和形状精度。研磨和珩磨则不但可以减小工件表面的表面粗糙度值，也可以在一定程度上提高其尺寸和形状精度。

从应用范围来看，研磨、珩磨、超级光磨和抛光都可以用来加工各种各样的表面，但珩磨则主要用于孔的精整加工。

从所用工具和设备来看，抛光最简单，研磨和超级光磨稍复杂，而珩磨则较为复杂。

 # 4.5　铣削加工

4.5.1　概述

一、概述

用铣刀在铣床或加工中心上加工的方法称为铣削，是金属切削加工常用的方法之一。铣削时，铣刀的旋转运动为主运动，零件随工作台的移动为进给运动。铣削加工范围广，切削效率高，铣削的加工精度一般可达 IT9 ~ IT7，表面粗糙度 Ra 为 6.3 ~ 1.6 μm。图 4.9 所示为铣削加工的应用范围。

　(a) 铣平面　　　　 (b) 铣台阶面　　　　 (c) 铣键槽　　　　　 (d) 铣T形槽　　　　 (e) 铣燕尾槽

(f)铣轮成形面　　(g)铣螺纹　　　(h)铣螺旋槽　　(i)铣曲面　　(j)铣曲面

图 4.9　铣削加工范围

二、铣削加工特点

1）工艺范围广。铣削可以加工平面、台阶面、沟槽（键槽、T 形槽、燕尾槽等）、分齿零件（齿轮、链轮、棘轮、花键轴等）、螺旋形表面（螺纹、螺旋槽）及各种曲面等。

2）生产率高。铣刀为多齿刀具，铣削时，各刀齿轮流承担切削任务，刀齿的散热和冷却条件好，铣刀的耐用度高，可采用较大的切削用量。与刨削相比，铣削有较高的生产率，在成批及大量生产中，除了加工狭长平面和长直槽，铣削几乎取代了刨削。

3）切削过程不平稳，影响刀具寿命。在铣削加工中，铣削过程是连续的，而每个刀齿的切削却是断续的，刀齿切入工件时有冲击，切削过程中会发生振动。高速铣削时刀齿经受温度骤变，硬质合金刀片在力和热的剧烈冲击下，易出现裂纹和崩刃，使刀具寿命下降。

4.5.2　铣刀

铣刀是一种应用广泛的多齿旋转刀具。铣刀种类很多，按其用途可分为加工平面用铣刀（如圆柱铣刀、面铣刀）、加工沟槽用铣刀（如立铣刀、两面刃或三面刃铣刀、锯片铣刀、键槽铣刀等）、加工成形面用铣刀（如成形铣刀、指状铣刀、模具铣刀等）等三大类。

一、圆柱铣刀

圆柱铣刀如图 4.10 所示，主要用于卧式铣床上加工宽度小于铣刀长度的狭长平面。圆柱铣刀一般用高速钢制成整体式，螺旋形切削刃分布在圆柱表面上，没有副切削刃，螺旋形的刀齿切削时是逐渐切入和脱离工件的，所以切削过程比较平稳。铣刀外径较大时常制成镶齿式。

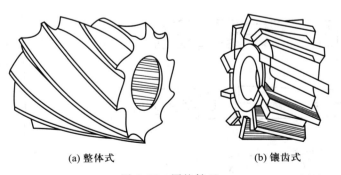

(a) 整体式　　　　　　(b) 镶齿式

图 4.10　圆柱铣刀

根据加工要求不同，圆柱铣刀有粗齿、细齿之分，粗齿的容屑槽大，用于粗加工，细齿用于精加工。

二、面铣刀

面铣刀又称端铣刀，如图 4.11 所示，主切削刃分布在圆柱或圆锥表面上，端面切削刃为副切削刃，铣刀的轴线垂直于被加工表面。按刀齿材料可分为高速钢和硬质合金两大类，多制成套式镶齿结构。面铣刀主要用在立式铣床或卧式铣床上加工台阶面和平面，特别适合较大平面的加工。用面铣刀加工平面，同时参加切削的刀齿较多，又有副切削刃的修光作用，使加工表面粗糙度值减小，因此可以用较大的切削用量，生产率较高，应用广泛。

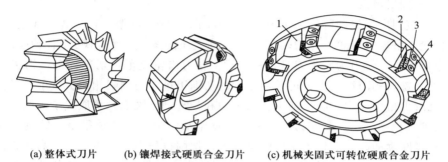

(a) 整体式刀片   (b) 镶焊接式硬质合金刀片   (c) 机械夹固式可转位硬质合金刀片

1—不重磨可转位夹具；2—定位座；3—定位座夹具；4—刀片夹具

图 4.11   面铣刀

三、立铣刀

立铣刀如图 4.12 所示，一般由 3~4 个刀齿组成，圆柱面上的切削刃是主切削刃，端面上分布着副切削刃，工作时不宜沿铣刀轴线方向作进给运动。它主要用于加工平面、凹槽和台阶面。

四、键槽铣刀

键槽铣刀如图 4.13 所示，它的外形与立铣刀和钻头相似，在圆周上有两个螺旋刀齿，其端面刀齿的刀刃延伸至中心，因此可以用轴向进给对毛坯钻孔，然后沿键槽方向运动铣出键槽全长。

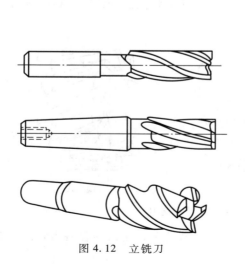

图 4.12   立铣刀   图 4.13   键槽铣刀

五、三面刃铣刀

三面刃铣刀属于盘形铣刀，如图 4.14 所示，可分为直齿三面刃铣刀和交错齿三面刃铣刀。镶齿三面刃铣刀（图 4.14c）的刃口是镶在刀体上，其与普通三面刃铣刀不同，其三个刃口均有后角，刃口锋利，切削轻快。三面刃铣刀主要用在卧式铣床上加工台阶面和一端或两端贯穿的浅沟槽。三面刃铣刀除圆周具有主切削刃外，两侧面也有副切削刃，可对加工侧面起修光作用，从而改善了切削条件，提高了切削效率，减小了表面粗糙度值。

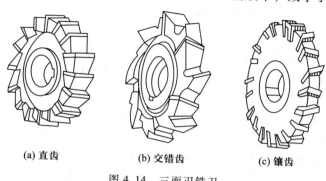

(a) 直齿 (b) 交错齿 (c) 镶齿

图 4.14 三面刃铣刀

六、成形铣刀

成形铣刀是在铣床上用于加工成形表面的铣刀，其刀齿廓形要根据被加工工件的廓形来确定。如图 4.15d 所示，用成形铣刀可在通用铣床上加工复杂形状的表面，并获得较高的精度和表面质量，生产率也较高。

七、锯片铣刀

如图 4.15a 所示，锯片铣刀用于切削狭槽或切断，它与切断车刀类似，对刀具几何参数的合理性要求较高。

八、其他铣刀

除了上面介绍的铣刀外，还有模具铣刀、角度铣刀、成形铣刀、T 形槽铣刀、燕尾槽铣刀、仿形铣用的指状铣刀等，如图 4.15b、c、d、e、f、g 所示。

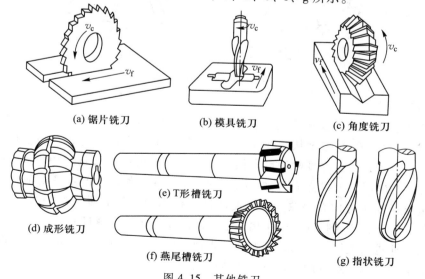

(a) 锯片铣刀 (b) 模具铣刀 (c) 角度铣刀

(d) 成形铣刀 (e) T形槽铣刀 (f) 燕尾槽铣刀 (g) 指状铣刀

图 4.15 其他铣刀

4.5.3 铣削方式

按铣削时采用的铣刀类型来分，铣削可分为周铣法和端铣法。

一、周铣法

周铣法是用铣刀圆周上的切削刃来铣削工件的表面。按主运动方向和进给运动方向的相互关系来分类，又可分为逆铣和顺铣两类。

1. 逆铣法

如图 4.16a 所示，铣刀在切入工件处的切削速度的方向与工件进给速度的方向相反时，称为逆铣。在逆铣时，切屑从薄到厚，开始时，刀齿不能切入工件，而是一面挤压工件表面，一面在其上滑行。这样，不但使刀齿磨损加剧，并使加工表面产生冷硬现象和增加表面粗糙度值。所以，逆铣法仅适用于粗加工。此外，逆铣时作用于工件上的垂直切削分力 F_V 朝上，有挑起工件的趋势，影响了工件夹紧的稳定性。但是，逆铣时由于刀齿是从切削层内部进行切削的，工件表面上的硬皮对刀齿没有直接影响，同时由于逆铣的水平切削分力 F_H 与进给运动 v_f 的方向相反，使丝杠工作面贴紧在螺母提供进给力的那个工作侧面上，丝杠和螺母的两者工作面始终保持良好的接触，因此进给速度比较均匀。

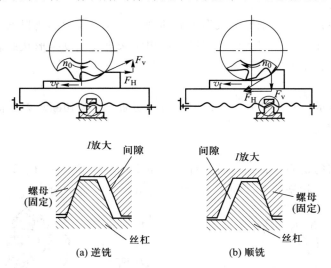

(a) 逆铣   (b) 顺铣

图 4.16 逆铣和顺铣

2. 顺铣法

铣刀切削速度与工件进给速度两者方向相同的铣削方式，称为顺铣，如图 4.16b 所示。顺铣时，刀齿的切削厚度从厚到薄，有利于提高加工表面质量，并易于切下切削层，使刀齿的磨损较少，提高刀具耐用度。根据试验，一般可提高刀具耐用度 2~3 倍，尤其在铣削难加工材料时，效果更为明显。顺铣时，作用在工作台上的水平切削分力 F_H 方向与工作台进给速度 v_f 方向是一致的，有使丝杠与螺母的工作面脱离的趋势，所以刀齿经常会将工件和工作台一起拉动一个距离，这个距离就是丝杠与螺母间的间隙。工作台的这种突然窜动，使进给速度不平稳，影响加工表面粗糙度，严重时还会发生打刀现象。只有在铣床上装有消除丝杠螺母间隙装置，才能采用顺铣法加工。

综上所述，从提高刀具耐用度和零件表面质量、增加零件夹持稳定性的角度出发，一般以顺铣为宜，比如在精铣时，为了降低加工表面粗糙度值，适宜采用顺铣。当铣削带有黑皮的表面时应该采用逆铣，例如铸件或者锻件表面的粗加工，若用顺铣法，刀齿首先接触黑皮，则会加剧刀齿的磨损。

二、端铣法

端铣法是以端铣刀端面上的刀齿来铣削工件表面，如图 4.17 所示。铣刀的回转轴线与被加工表面垂直，所用刀具为面铣刀。面铣刀有较多的刀齿同时参与工作，又使用了硬质合金刀片和修光刃口，所以加工表面粗糙度值较低，可达到 $Ra = 0.8 \sim 0.4\ \mu m$，铣刀的耐用度和生产效率比周铣法高。

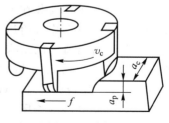

图 4.17　端铣法

三、端铣法和周铣法的比较

1) 端铣法的加工质量比周铣法的高。端铣法同时参加切削的刀齿多，切削面积和切削力变化小，切削过程比较平稳，振动小；端铣时，刀齿的副切削刃可起修光作用，因此可得到较低的表面粗糙度值。

2) 端铣法的生产率较高。面铣刀一般采用镶齿结构，刀具系统的刚性好，同时参与铣削的刀齿较多，故生产率高。

3) 周铣法的适应性较端铣法广。周铣法除加工平面外还可以加工沟槽、成形面等。

4) 由于端铣法的加工质量和生产率较高，常用于成批或大批量生产；而周铣法常用于单件、小批量生产。

4.5.4　常用铣床

铣床的主要类型有卧式升降台铣床、万能升降台铣床、立式升降台铣床、龙门铣床、工具铣床以及各种专门化铣床。

一、卧式升降台铣床和万能升降台铣床

卧式升降台铣床的主轴是水平布置的，习惯上称为"卧铣"。卧式升降台铣床主要用于单件及成批生产，铣削平面、沟槽和成形表面。

图 4.18 所示为卧式升降台铣床的示意图。它由底座 8、床身 1、铣刀轴（刀杆）3、悬梁 2、悬梁支架 4、升降台 7、工作台 5 及床鞍 6 等组成。床身 1 固定在底座 8 上，用于安装和支承机床的各个部件，床身内安装有主轴部件、主传动装置和变速操纵机构等。床身顶部的燕尾形导轨上装有悬梁 2，可沿水平方向调整其位置。在悬梁的下面装有悬梁

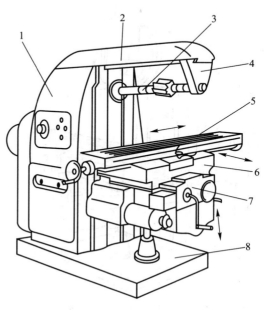

1—床身；2—悬梁；3—铣刀轴；4—悬梁支架；
5—工作台；6—床鞍；7—升降台；8—底座

图 4.18　卧式升降台铣床的示意图

支架 4，用于支承铣刀轴 3 的悬伸端，以增强刀杆的刚性。升降台 7 安装在床身的导轨上，可作垂直方向运动。升降台内装有进给运动和快速移动装置及操纵机构等。升降台上的水平导轨上装有床鞍 6，床鞍带动工作台和工件可作横向移动，工作台 5 安装在床鞍的导轨上，可作纵向运动。

加工时，工件安装在工作台 5 上，铣刀装在铣刀轴（刀杆）3 上。铣刀旋转作主运动，工件随工作台移动作进给运动。

万能升降台铣床的结构与卧式升降台铣床基本相同，只是在工作台 5 与床鞍 6 之间增加了一个转台。转台可相对于床鞍在水平面内调整一定角度（通常允许回转的范围是 ±45°），使工作台的运动轨迹与主轴成一定的夹角，以便加工螺旋槽等表面。

立式铣床

二、立式升降台铣床

立式升降台铣床与卧式升降台铣床的主要区别在于它的主轴是垂直安装的。图 4.19 所示为立式升降台铣床的外形。床身 1 安装在底座 7 上，立铣头 2 安装在床身上，可根据加工需要在垂直面内调整角度，立铣头内的主轴 3 安装刀具，可以上下移动。工作台 4 安装在升降台 6 上，可作纵向运动和横向运动，升降台 6 可作垂直运动。床鞍 5 及升降台 6 的结构和功能与卧式铣床基本相同。

立式升降台铣床适用于单件及成批生产，可用于加工平面、沟槽、台阶；由于立铣头可在垂直平面内转动一个角度，因而可铣削斜面；若机床上采用分度头或圆形工作台，还可铣削齿轮、凸轮以及钻头的螺旋面，在模具加工中立铣床最适合加工模具型腔和凸模成形表面。

龙门铣床

三、龙门铣床

龙门铣床是一种大型高效通用机床，常用于加工各类大型工件的平面、沟槽。图 4.20 所示为龙门铣床的外形，床身 10，顶梁 6 与立柱 5、7 呈框架式结构，横梁 3 可以在

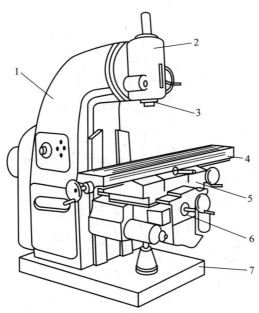

1—床身；2—立铣头；3—主轴；
4—工作台；5—床鞍；6—升降台；7—底座
图 4.19 立式升降台铣床

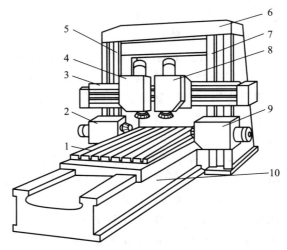

1—工作台；2、9—卧式铣削头；3—横梁；
4、8—立式立轴箱；5、7—立柱；6—顶梁；10—床身
图 4.20 龙门铣床

立柱上升降，以适应工件的高度。横梁上装两个立式主轴箱（立铣头）4 和 8。两个立柱上分别装有两个卧式铣削头 2 和 9。每个铣削头均为一个独立部件，内装主轴、主运动变速机构和操纵机构。法兰式主电动机固定在铣削头的端部。工件安装在工作台 1 上，工作台 1 可在床身 10 上作水平的纵向运动。立铣头可在横梁上作水平的横向运动，卧铣头可在立柱上升降，这些运动既可以是进给运动，也可以是调整铣头与工件之间相对位置的快速移动。主轴装在主轴套筒内，可以手摇使之伸缩，以调整切深。

4.5.5　铣削技术的发展

铣削技术主要有两个发展方向，即以提高生产率为目标的强力铣削、高速铣削和以提高精度为目标的精密铣削。

一、强力铣削和高速铣削

模具钢、不锈钢、耐热合金等难加工材料的出现，对机床和刀具都提出了更高的要求。在这种背景下产生了强力铣削，它要求机床具有大功率、高刚度，要求刀具有良好的切削性能。

高速铣削是提高生产率的重要手段。目前，高速钢铣刀切削灰铸铁（150~225 HBW）时，切削速度为 15~20 m/min；硬质合金铣刀的切削速度为 60~110 m/min；采用多晶立方氮化硼铣刀的切削速度可以达到 305~762 m/min。

二、精密铣削

铣削的效率高于磨削，特别是在加工大平面及长宽都较大的导轨面时，采用精密铣削代替磨削能够大大提高生产率。因此，"以铣代磨"成了平面与导轨加工的一种趋势。例如，用硬质合金端铣刀精铣大型铸铁导轨面时，直线度在 3 m 长度内可达 0.01~0.02 mm，表面粗糙度为 $Ra1.6~0.8\ \mu m$。超精铣铝合金时，表面粗糙度更可达 $Ra0.8~0.4\ \mu m$。

📍 4.6　刨削和拉削

4.6.1　刨削

在刨床上利用刨刀切削工件的加工方法称为刨削。刨削时，刀具（或工作台）的往复直线运动为切削主运动，工件或刀具的垂直于主运动方向的间歇移动为进给运动，如图 4.21 所示。由于刨削过程中存在空行程、冲击和惯性力等，刨削速度不可能很高，因此限制了刨削生产率和精度的提高。刨削主要用于加工平面、沟槽或成形面，可以达到较高的直线度。

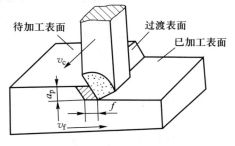

待加工表面　过渡表面　已加工表面

图 4.21　刨削

一、刨削的特点

刨削具有以下特点：

1）通用性好。机床和刀具结构简单，调整方便，通用性好，广泛应用于单件、小批量生产。

2）生产率较低。由于刨削的切削速度低，并且刨削时常用单刃刨刀切削，刨削回程时不工作，所以生产效率不高。但在加工狭长平面和进行多件或多刀加工时，生产率较高。

3）刨削可以达到较高的直线度，加工精度一般可达 IT8～IT7，表面粗糙度 Ra 可控制在 6.3～1.6 μm，适于加工狭长平面及沟槽。刨削加工可保证一定的相互位置精度，故常用龙门刨床来加工箱体和导轨的平面。当在龙门刨床上采用较大的进给量进行平面的宽刀精刨时，平面度公差可达到 0.02/1 000，表面粗糙度 Ra 为 0.8～0.4 μm。

4）刨削过程中有冲击，冲击力的大小与切削用量、工件材料、切削速度等有关。

二、刨刀

刨刀的几何形状简单，其几何参数与车刀相似，如图 4.22 所示。由于刨削加工的不连续性，刨刀切入工件时会受到较大的冲击力，所以刨刀的刀杆横截面积较车刀的大 1.25～1.5 倍。此外，刨刀的刀杆往往做成弯头，如图 4.22b 所示。当刀具碰到工件表面的硬点时，能围绕 O 点转动，使切削刃避开硬点，以防损坏切削刃和工件表面。

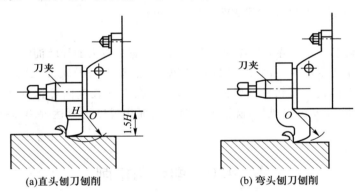

(a)直头刨刀刨削　　　　　　　　(b) 弯头刨刀刨削

图 4.22　刨刀类型

刨床类机床主要有牛头刨床、龙门刨床和插床三种类型。

刨床类机床的典型结构　　牛头刨床　　双柱龙门刨床　　插床

4.6.2　拉削

一、概述

拉削是用各种不同的拉刀在拉床上切削出内、外表面的一种加工方法。如图 4.23 所示，拉削时，拉刀装在机床主轴上，由机床主轴带动拉刀作直线主运动，拉刀经过工件加工表面，将工件加工完毕。拉刀是多齿刀具，后一刀齿比前一刀齿高，进给运动靠刀齿的齿升量（前、后刀齿高度差）来实现。

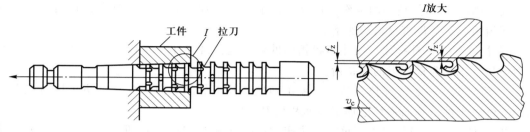

图 4.23　拉削过程

当刀具在切削过程中不是承受拉力而是压力时，这种加工方法称为推削，这时的刀具称为推刀。推削主要用于修光和校正孔的变形。

拉床用于加工通孔、贯通的平面及成形表面。

二、拉削特点和应用

1）拉削生产率高。拉刀是多齿刀具，其同时参与工作的齿数多，并且拉削的一次行程能够连续完成粗切、半精切、精切及挤压修光和校准加工，故生产率极高。

拉床结构

2）拉削精度高，质量稳定。拉刀为定尺寸刀具，具有校准齿进行校准修光工作，拉床一般采用液压传动，拉削过程平稳。拉削精度一般可达 IT9 ~ IT7 级，表面粗糙度 Ra 一般可控制到 $1.6 ~ 0.8 \mu m$。

3）拉刀结构复杂，制造成本高，主要用于成批、大量生产。

4）拉削运动简单。拉削时被加工表面在一次走刀中成形，所以拉床的运动比较简单，它只有主运动，没有进给运动机构。

三、拉刀

拉刀是一种加工精度和切削效率都比较高的多齿刀具。拉刀的类型按拉刀所加工表面的不同，可分为内拉刀和外拉刀两类。内拉刀用于加工各种形状的内表面，常见的有圆孔拉刀、花键拉刀、方孔拉刀和键槽拉刀等；外拉刀用于加工各种形状的外表面。在生产中，内拉刀比外拉刀应用更普遍。按拉刀工作时受力方向的不同，可分为拉刀和推刀，前者受拉力，后者受压力。

下面以圆孔拉刀为例介绍拉刀的组成，其结构如图 4.24 所示。拉刀主要由以下几个部分组成：

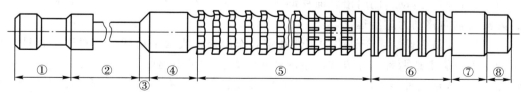

①—前柄部；②—颈部；③—过渡锥；④—前导部；⑤—切削部；⑥—校准部；⑦—后导部；⑧—后柄部

图 4.24　圆孔拉刀的组成

① 前柄部——拉刀的夹持部分，用以传递动力。

② 颈部——拉刀前柄部和过渡锥的连接部分，拉刀的规格等标记一般都打在颈部上。

③ 过渡锥——引导拉刀前导部进入工件预加工孔的锥度部分，起对准中心的作用。

④ 前导部——引导拉刀切削齿正确地进入工件待加工表面的部分，并可检查拉前孔径是否太小，以免拉刀第一个刀齿负荷太重而损坏。

⑤ 切削部——担负切削工作，切除工件上的全部加工余量，它是由粗切齿、过渡齿和精切齿组成，各齿直径依次递增。

⑥ 校准部——具有几个尺寸形状相同的齿，起校准作用，可以提高工件加工精度和表面质量，也作为精切齿的储备齿。

⑦ 后导部——是保证拉刀最后刀齿正确地离开工件的导向部分，以防止拉刀在即将离开工件时工件下垂而损坏已加工表面和拉刀刀齿。

⑧ 后柄部——当拉刀长而重时，拉床的托架或夹头支撑在后柄部上，防止拉刀下垂而影响加工质量，减轻了装卸拉刀的劳动强度。

📍 4.7　孔　加　工

在机械制造中，大多数零件都有孔的加工。在工件实体材料上加工孔的方法是钻孔，扩大或修整已有孔的加工方法有扩孔、铰孔、锪孔、镗孔等。所使用的刀具主要有钻头、铰刀、镗刀等。孔加工所使用的机床主要是钻床和镗床。

一般情况下，钻孔、锪孔用于孔的粗加工；车孔、扩孔、镗孔用于孔的半精加工或精加工；铰孔、磨孔、拉孔用于孔的精加工；珩磨、研磨、滚压主要用于孔的高精加工。

4.7.1　钻孔

钻孔是在工件实体材料上直接加工出孔的方法，也是最常用的一种孔加工方法。钻孔存在刚度差、导向性差、切削条件差及轴向力大（即"三差一大"）的问题，再加上钻头的两条主切削刃难以保证对称，所以易引起钻头引偏、孔径扩大和孔壁质量差等工艺问题。钻孔的尺寸精度一般在 IT10 以下，表面粗糙度 Ra 一般只能控制在 12.5 μm 左右。

一、钻孔的特点

1) 钻孔可以在钻床上进行，也可以在车床上进行。在钻床上加工时，工件固定不动，刀具旋转作主运动，同时沿轴向移动作进给运动。在车床上加工时，工件旋转为主运动，刀具沿轴向移动为进给运动。

2) 钻头容易引偏。由于钻头的刚性及定心作用差，或两主切削刃不对称，容易导致钻头轴线歪斜。上述两种钻孔方式产生的加工误差性质是不同的。在钻头旋转方式（钻床上钻孔）中，若钻头轴线歪斜会使被加工孔的轴线偏斜，但孔径基本不变，如图 4.25a 所示；在工件旋转方式（车床上钻孔）中，若钻头引偏会使孔径扩大，而孔中心线仍然是直的，如图 4.25b 所示。

在实际生产中，避免钻头引偏的办法是：成批和大批量生产时用钻套为钻头导向，如图 4.26 所示；单件、小批量生产时，可先用小顶角钻头预钻锥形定心坑，如图 4.27 所示，然后再用所需钻头钻孔。

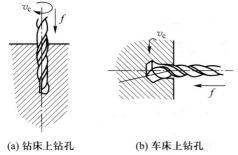

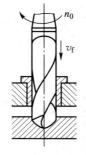

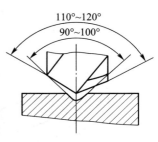

(a) 钻床上钻孔　　　(b) 车床上钻孔

图 4.25　钻头引偏　　　　图 4.26　利用钻套钻孔　　　图 4.27　预钻锥形孔

3）钻削是一种半封闭切削，排屑困难，不易散热。在切屑的排出过程中，切屑与孔壁会发生较大的摩擦、挤压，易刮伤孔壁，降低表面质量；大量高温切屑不能及时排出，切削液注入切削区困难，使得切削区温度升高，刀具磨损，这将会直接影响加工过程的顺利进行和钻头的使用寿命。

二、麻花钻

麻花钻是应用最广泛的孔加工刀具，特别适合于 $\phi 30$ mm 以下的孔的粗加工，有时也可用于扩孔。麻花钻直径规格为 $\phi 0.1 \sim \phi 80$ mm。用高速钢麻花钻加工的孔精度可达 IT13～IT11，表面粗糙度 Ra 可达 $25 \sim 6.3$ μm；用硬质合金钻头加工时分别可达 IT11～IT10 和 $Ra12.5 \sim 3.2$ μm。如图 4.28a 所示，标准高速钢麻花钻的结构由柄部、颈部和工作部分 3 部分组成。

柄部——是钻头的夹持部分，并用来传递扭矩；钻头柄部有直柄与锥柄两种，前者用于小直径（$d_0 \leqslant 12$ mm）钻头，后者用于大直径（$d_0 > 12$ mm）钻头。

颈部——供制造时磨削柄部退砂轮用，也是钻头打标记的地方，小直径的直柄钻头没有颈部。

工作部分——包括切削部分和导向部分，切削部分担负着主要的切削工作，钻头有两条主切削刃、两条副切削刃和一条横刃，如图 4.28b、c 所示；螺旋槽表面为钻头的前面，切削部分顶端的锥曲面为后面，棱边为副后面；前面与棱边相交的棱边为副切削刃，横刃是两主后面的交线。导向部分有两条对称的螺旋槽和棱边，螺旋槽用来形成切削刃和前角，并起排屑和输送切削冷却液的作用；棱边起导向和修光孔壁的作用；棱边有很小的倒锥，由切削部分向柄部每 100 mm 长度上直径减小 $0.03 \sim 0.12$ mm，以减小钻头与孔壁的摩擦。

麻花钻的主要几何参数有螺旋角 β、顶角 2ϕ（主偏角 $\kappa_r \approx \phi$）、前角 γ_o、后角 α_o、横刃长度 b_ψ、横刃斜角 ψ 等。

由于标准麻花钻在结构上存在着许多问题：如前角变化太大，从外缘处的 +30° 到钻芯处减至 -30°，横刃前角约为 -60°；副后角为零，加剧了钻头与孔壁间的摩擦；主切削刃长，切屑宽，排屑困难；横刃长，定心困难，轴向力大，切削条件很差等。因此，在使用时经常要进行修磨，以改变标准麻花钻切削部分的几何形状，提高钻头的切削性能。主要修磨方法有将横刃磨短并增大横刃前角；将钻头磨成双重顶角；将两条主切削刃磨成圆弧刃或增开分屑槽等。如有条件，可按群钻进行修磨，将大大改善麻花钻的切削效能，提高加工质量和钻头的使用寿命。

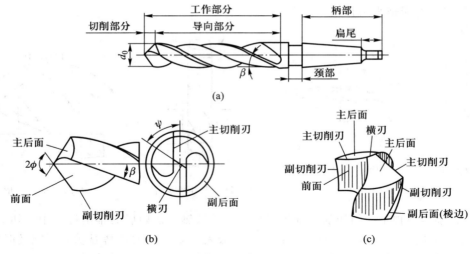

图 4.28　标准麻花钻的结构

4.7.2　扩孔

扩孔是在工件上已有孔的基础上,进一步扩大孔径、提高孔的加工质量而进行的一种加工方法。扩孔的加工精度一般为 IT10~IT9,表面粗糙度值 Ra 可控制为 6.3~3.2 μm,常作为孔的半精加工方法。

一、扩孔钻

扩孔所用的刀具是扩孔钻,与麻花钻相比,扩孔钻的齿数较多(一般 3~4 齿),工作时导向性好,切削平稳,故对于孔的形状误差有一定校正能力;扩孔钻没有横刃,其轴向力小,改善了切削条件,大大提高了切削效率和加工质量。

扩孔钻的主要类型有高速钢整体式(图 4.29a)、镶齿套式(图 4.29b)和硬质合金可转位式(图 4.29c)。整体式扩孔钻的扩孔范围为 $\phi10~\phi32$ mm,套式扩孔钻的扩孔范围为 $\phi25~\phi80$ mm。

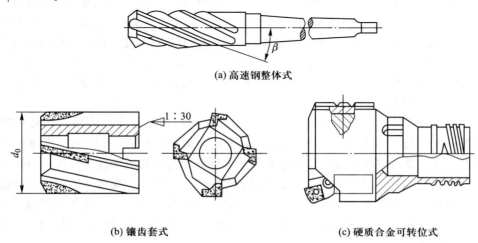

(a) 高速钢整体式

(b) 镶齿套式　　　　　　　　　　(c) 硬质合金可转位式

图 4.29　扩孔钻

二、扩孔加工特点

相比钻孔，扩孔有如下特点：

1）刚性较好。由于扩孔的背吃刀量比钻孔的小得多，切屑少，容屑槽可做得浅而窄，使得钻芯比较粗大，增加了切削部分的刚度。

2）导向作用好。由于容屑槽浅而窄，可在刀体上做出 3~4 个刀齿，提高了生产率，同时也增加了刀齿的棱边数，从而增强了扩孔时刀具的导向及修光作用，切削比较平稳。

3）切削条件较好。扩孔钻的切削刃无横刃，避免了由于横刃引起的一些不良影响。轴向力较小，可采用较大的进给量，生产率较高。此外，切屑少，排屑顺利，不易刮伤已加工表面。

因此，扩孔的加工质量比钻孔的高，表面粗糙度值小，在一定程度上可校正原有孔的轴线偏斜。扩孔常作为铰孔前的预加工，对于要求不太高的孔，扩孔也可作为最终加工工序。

4.7.3 铰孔

一、概述

铰孔就是用铰刀从工件孔壁上切除微量金属层，是孔的精加工方法之一。铰孔通常在钻孔和扩孔之后进行。铰刀的形状类似扩孔钻，但是刀齿更多，又有较长的修光刃，切削更加平稳，加工余量更小，因此加工精度和表面质量很高，铰孔加工精度可达 IT8~IT6，表面粗糙度 Ra 值可达 1.6~0.8 μm。铰孔只能保证孔本身的精度，不能矫正轴线偏斜及位置误差。铰孔生产率高，适于成批和大量生产。

二、铰刀

铰刀是孔的精加工刀具，也可用于高精度孔的半精加工。

根据使用方式，铰刀一般分为手用铰刀和机用铰刀两种，图 4.30 所示为几种常见的铰刀。机用铰刀可分为柄式（图 4.30a）和套式（图 4.30b）两种，一般加工直径为 $\phi1$~$\phi20$ mm 用直柄，加工直径为 $\phi10$~$\phi32$ mm 用锥柄。手用铰刀柄部为直柄，工作部分较长，导向作用较好。手用铰刀的加工直径范围一般为 $\phi1$~$\phi50$ mm。铰刀形式有直槽式和螺旋槽式两种（图 4.30c）。根据加工类型，铰刀可分为圆形铰刀和锥度铰刀。铰制锥孔一般使用锥度铣刀，由于铰制余量大，锥度铰刀常分粗铰刀和精铰刀，一般做成 2 把或 3 把一套（图 4.30d）。

铰刀的结构由工作部分、颈部及柄部组成，如图 4.31 所示。工作部分包括切削部分与校准（修光）部分，切削部分呈锥形，担负主要的切削工作，修光部分用于校准孔径、修光孔壁和导向。对于手用铰刀，为增加导向作用，校准部分应做得长些；对于机用铰刀，为减少摩擦，校准部分应做得短些。为减少修光部分与已加工孔壁的摩擦，并防止孔径扩大，修光部分的后端应加工成倒锥形状。

以上所述的钻—扩—铰是孔加工的典型工艺，能保证孔本身的精度，而不易保证孔与孔之间的尺寸精度和位置精度。为了解决这一问题，可以利用夹具（如钻模）进行加工，也可采用镗孔。钻、扩、铰加工多在钻床上进行，也可在车床、镗床或铣床上进行。

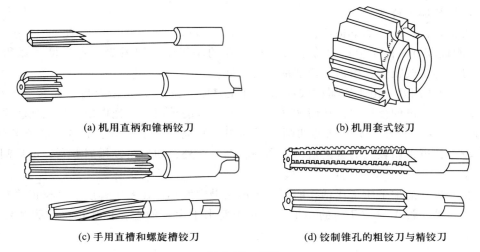

(a) 机用直柄和锥柄铰刀   (b) 机用套式铰刀

(c) 手用直槽和螺旋槽铰刀   (d) 铰制锥孔的粗铰刀与精铰刀

图 4.30   铰刀

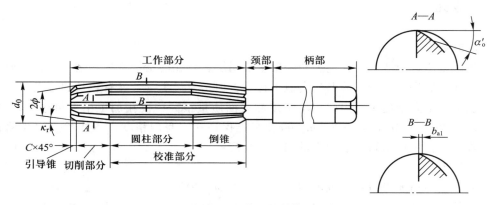

图 4.31   铰刀的结构

4.7.4   镗孔

镗孔是在镗床或车床上用镗刀对工件已有孔进行加工的方法，是常用的孔加工方法之一。常用于较大直径的孔的加工，特别对于大直径（$D>80$ mm）的孔，镗削是唯一适用的切削方法。

一、镗孔特点

1）镗孔适于加工机座、箱体、支架等外形复杂的大型零件上孔径较大、尺寸精度较高、有位置精度要求的孔和孔系。

2）能获得较高的尺寸精度和较小的表面粗糙度度值。镗孔的加工精度一般可达 IT8~IT6，表面粗糙度 Ra 可达 $1.6~0.8$ μm。若采用坐标镗床、金刚镗床或加工中心，则加工精度和表面质量会更高。

3）能修正上道工序所造成的孔轴线的弯曲、偏斜等形状误差和位置误差。

4）镗削加工灵活性大，适应性强。一把镗刀可加工一定直径和长度范围内的孔，生产批量可大可小。

5）生产率低。镗刀杆的长径比大，悬伸距离长，刚性差，切削稳定性差，易产生振动，故切削用量小，生产率低。在大批量生产中，可使用镗模来提高生产率。

二、镗刀

镗刀的种类很多，一般可分为单刃镗刀与多刃镗刀两大类。

1. 单刃镗刀

单刃镗刀如图 4.32 所示，结构与车刀类似，只有一个主切削刃，结构简单，制造容易，通用性好，但刚性差。单刃镗刀一般均有尺寸调节装置。在精镗机床上常采用微调镗刀以提高调整精度，如图 4.33 所示，调整时将紧固螺钉 4 稍微松开一点，旋转精调螺母 5（上面有刻度），调定后将紧固螺钉拧紧。经细分后，刻度盘每格驱动镗刀头 6 伸缩距离达 0.01 mm 或更小，从而实现镗孔直径的微调。

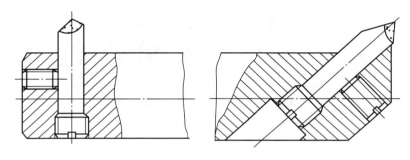

图 4.32　单刃镗刀

2. 双刃镗刀

如图 4.34 所示，双刃镗刀两边都有切削刃，工作时可以消除径向力对镗杆的影响，工件的孔径尺寸与精度由镗刀的径向尺寸保证。镗刀上的两个刀片径向可以调整，因此可以加工一定尺寸范围的孔。双刃镗刀多采用浮动连接结构，镗刀片插在镗杆的槽中，依靠作用在两个切削刃上的径向力自动平衡其位置，刀片不紧固在刀杆上，可以浮动并自动定心，可消除因镗刀安装误差或镗杆偏摆引起的加工误差。但这种镗刀不能校正孔的直线度误差和孔的位置偏差。双刃浮动镗应在单刃镗之后进行。

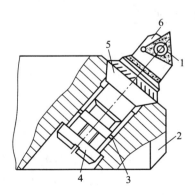
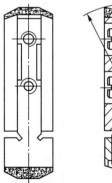
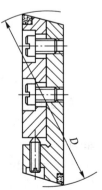

1—刀片；2—镗杆；3—导向键；
4—紧固螺钉；5—精调螺母；6—镗刀头
图 4.33　微调镗刀

图 4.34　双刃镗刀

4.7.5   孔加工机床

一、钻床

钻床结构

钻床一般用于加工直径不大、精度不高的孔，钻床上可以进行钻孔、扩孔、铰孔、锪孔、攻螺纹孔等加工。加工时，工件被夹持在钻床工作台上，刀具作旋转主运动，同时沿轴向作直线进给运动。在钻床上常用的加工方法如图 4.35 所示。

钻床按结构形式可分为立式钻床、台式钻床、摇臂钻床等多种类型。

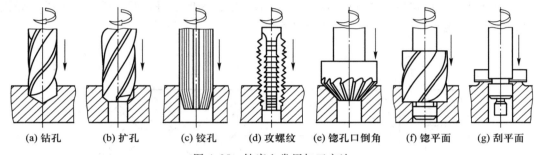

(a) 钻孔　　(b) 扩孔　　(c) 铰孔　　(d) 攻螺纹　(e) 锪孔口倒角　(f) 锪平面　(g) 刮平面

图 4.35　钻床上常用加工方法

二、镗床

镗床结构

镗床一般用于尺寸和质量都比较大的工件上大直径孔的加工。这些孔不仅有较高的尺寸和形状精度，而且还有位置和方向精度要求，如同轴度、平行度、垂直度等。镗床除用于镗孔外，还可用来钻孔、扩孔、铰孔、攻螺纹、铣平面等加工。镗床加工时，刀具作旋转主运动，进给运动则根据机床的不同类型和所加工工序的不同，由刀具或工件来实现。镗床的主参数根据机床类型不同，由最大镗孔直径、镗轴直径或工作台宽度来表示。

卧式镗床

镗床的主要类型有卧式镗床、精镗床和坐标镗床等，其中以卧式镗床应用最广泛。

4.8   成形表面加工

4.8.1   螺纹加工

一、车削螺纹

在普通车床上用螺纹车刀车削螺纹是常用的螺纹加工方法，其加工精度可达 IT8～IT4 级，表面粗糙度 Ra 值可达 3.2～0.4 μm。车螺纹时工件与螺纹车刀间的相对运动必须保持严格的传动比关系，即工件每转一周，车刀沿着工件轴向移动一个导程。车削螺纹生产率低，劳动强度大，对工人的技术要求高，但因车削螺纹刀具简单，机床调整方便，通用性广，在单件、小批量生产中得到广泛应用。

二、铣削螺纹

铣削螺纹是采用螺纹铣刀以铣削方式加工螺纹，多用于螺纹的粗加工，生产率较高。根据铣刀结构的不同可以分为盘铣刀铣削螺纹、梳形铣刀铣削螺纹、旋风铣削螺纹三种螺纹铣削方式。

铣削螺纹的三种方式

三、攻螺纹

采用手动丝锥或机动丝锥攻内螺纹（旧称攻丝）是最常用的内螺纹加工方法，加工精度可达 IT7~IT6，表面粗糙度 Ra 可达 1.6 μm。

攻螺纹常用的几种丝锥

四、板牙套切外螺纹

采用板牙套切外螺纹（旧称套丝）适用于加工直径 M16 及螺距 2 mm 以下的外螺纹，加工精度可达 IT8~IT6，表面粗糙度 Ra 可达 1.6 μm。板牙套切螺纹可适于各种批量生产，其中，手动套螺纹劳动强度大而生产率低，机动套螺纹的劳动强度较低而生产率较高。

板牙套切外螺纹的特点

五、滚压螺纹

滚压螺纹是利用金属材料塑性变形的原理来加工螺纹。这种滚压螺纹的加工方法生产率高，材料利用率高，力学性能好，机械强度高，螺纹质量较好，加工精度可达 IT7~IT4，表面粗糙度 Ra 可达 0.8~0.2 μm。这种螺纹滚压方法目前已广泛应用于大批量生产中。常用的滚压工具有滚丝轮与搓丝板。

滚压螺纹的方式

六、磨削螺纹

螺纹磨削是在高精度的螺纹磨床上用砂轮进行磨削，是螺纹精加工的重要手段。磨削后的螺纹精度可达 IT4~IT3，表面粗糙度 Ra 可控制在 0.8~0.2 μm。由于螺纹磨削的生产率较低，成本较高，所以主要用于精度要求高的传动螺纹（例如丝杠和蜗杆）的精加工。

磨削螺纹示意图

七、螺纹加工方法的合理选择

螺纹常用加工方法所能达到的经济加工精度及表面粗糙度见表 4.5，以供选择螺纹加工方法时参考。

表 4.5　螺纹常用加工方法比较

加工方法		螺纹经济精度等级	表面粗糙度 Ra/μm	应用范围
车削螺纹		8~4	3.2~0.8	单件、小批量生产，加工轴、盘、套类零件与轴线同心的内、外螺纹以及传动丝杠和蜗杆等
铣削螺纹	盘铣刀铣削	9~8	6.3~3.2	成批、大量生产大螺距、长螺纹的粗加工和半精加工
	旋风铣削			大批量、大量生产螺杆和丝杠的粗加工和半精加工
磨削螺纹		4~3	0.8~0.2	各种批量螺纹精加工或直接加工淬火后小直径的螺纹
攻内螺纹		7~6	6.3~1.6	各类零件上的小直径螺孔
套外螺纹		7~6	6.3~1.6	单件、小批量生产使用板牙，大批量、大量生产可用螺纹切头
滚轧螺纹		7~4	0.8~0.2	纤维组织不被切断，强度高，硬度高，表面光滑，生产率高，应用于大批量、大量生产中加工塑性材料的螺纹

4.8.2 齿形加工

齿轮是传递运动和动力的重要零件，在机械、仪器、仪表中应用广泛。齿轮工作性能、承载能力、使用寿命及工作精度与齿轮齿形加工质量有着密切的关系。渐开线圆柱齿轮传动是齿轮传动的多种形式中应用最多的一种，本节仅对渐开线圆柱齿轮的齿形加工做简要的叙述。

按齿面成形原理的不同，齿面加工分法可分为两大类：成形法和展成法。成形法加工是利用与齿轮齿槽形状完全相符的成形刀具加工出齿面的方法，如铣齿、拉齿和成形磨齿等。展成法加工时齿轮刀具与工件按齿轮副的啮合关系作展成运动，工件齿面由刀具的切削刃包络而成，如滚齿、插齿、剃齿和珩齿等，加工精度和生产率都较高，应用十分广泛。

一、成形法铣齿

成形齿轮
铣刀

成形法是用与被加工齿轮齿槽形状相同的成形刀具切削轮齿。成形法加工齿面所使用的机床一般为普通铣床，刀具为成形铣刀，需要两个简单成形运动：刀具的旋转运动为主运动和直线移动为进给运动。铣削时，铣刀作旋转主运动，工作台带着分度头、齿坯作纵向进给运动，实现齿槽的成形铣削加工。铣完一个齿槽后，齿轮坯作分度运动，转过 $360°/z$（z 为被加工齿轮的齿数），然后再铣下一个齿槽，直到全部齿槽铣削完毕。

成形法加工的优点是机床较简单，并可以利用通用机床加工。缺点是加工精度较低，在 IT9 级以下，表面粗糙度 Ra 达 $6.3 \sim 3.2~\mu m$，而且每加工完一个齿槽后，工件需要分度一次，因而生产率较低，一般用于单件、小批量生产或加工重型机械中精度要求不高的大型齿轮。

二、展成法滚齿

滚齿加工

滚齿加工利用展成原理进行加工齿轮。展成法加工齿轮是利用齿轮的啮合原理把齿轮的啮合副中的一个转化为刀具，另一个转化为工件，并强制刀具与工件严格地按照运动关系啮合（作展成运动），则刀具切削刃在各瞬时位置的包络线就形成了工件的齿廓线。

滚齿加工过程是连续的，是齿形加工中生产效率高，应用最广泛的一种加工方法。滚齿的通用性好，一把滚刀可以加工模数相同而齿数不同的直齿或斜齿轮。但在加工双联或多联齿轮时应留有足够的退刀槽，对于内齿轮则不能加工。

滚齿可加工精度为 IT9 ~ IT8 的齿轮，也可以进行 IT7 以上精度齿轮的粗加工和半精加工，表面粗糙度 Ra 达 $6.3 \sim 3.2~\mu m$。滚齿可获得较高的运动精度，但因参加切削的刀齿数有限，齿面的表面粗糙度较差。

三、插齿加工

插齿加工

与滚齿加工一样，插齿加工也是用展成法加工齿轮，它一次完成粗、精加工，加工精度一般为 IT8 ~ IT7，与滚齿加工相比，插齿加工的齿形精度高，表面粗糙度 Ra 可达 $1.6~\mu m$，但生产率相对较低，适合加工内齿轮、双联齿轮或多联齿轮。

四、剃齿加工

剃齿加工是对未经淬硬的工件进行精加工的常用方法，可减小被剃齿轮的表面粗糙度值，使齿轮精度提高一至二级，可达到精度为 IT7~IT6，表面粗糙度 Ra 为 0.32~1.6 μm。剃齿加工通常用于成批和大量生产，特别适宜于加工对工作平稳性和噪声有较高要求而对运动精度要求不是很高的齿轮。

剃齿加工
的原理及
剃齿刀

五、珩齿加工

珩齿主要用来减小齿轮热处理后的表面粗糙度值，提高齿轮工作平稳性，其加工精度很大程度上取决于前工序的加工精度和热处理的变形量。珩齿加工与剃齿相似，将剃齿加工中的剃齿刀换成珩磨齿轮，带动工件齿轮旋转，实现展成啮合。珩磨齿轮的结构与斜齿轮相同，其材质组成与砂轮相似，只不过磨粒和空隙较少，结合剂较多，所以强度较高，而且磨料粒度较细。展成啮合中，由于珩磨齿轮齿面和被加工齿轮齿面相互滑动所产生的速度差（即切削速度）较小，所以对磨具有低速磨削、研磨和抛光的综合效果，珩磨切除的余量极小，被加工工件表面不会产生磨削烧伤。所以，珩齿加工主要用于改善热处理后的齿面质量，一般表面粗糙度 Ra 可达 0.4~0.2 μm。

由于珩齿加工表面质量好、效率高，在成批、大量生产中得到了广泛的应用，是淬硬齿轮常用的精加工方法。IT7 级精度的淬火齿轮，常采取滚齿—剃齿—齿部淬火—修正基准—珩齿的齿廓加工路线。

六、磨齿加工

磨齿加工常用于对淬硬的齿轮进行齿廓精加工，由于采用强制啮合的方式，能修正滚齿、插齿加工后齿轮的各项误差，因此加工精度较高，可达 IT6~IT4 级，表面粗糙度 Ra 可达 0.8~0.2 μm。但是，一般磨齿（除蜗杆砂轮磨齿外）加工效率较低，机床结构复杂，调整困难，加工成本高，目前主要用于加工精度要求很高的齿轮。

磨齿加工
方法

七、圆柱齿轮齿形加工方法的选择

表 4.6 列出了常用圆柱齿轮的齿形加工方法和应用范围，供选用时参考。

表 4.6 常用圆柱齿轮齿形的加工方法和应用范围

加工方法	精度等级	表面粗糙度 Ra/μm	应用范围
铣齿	IT9 级以下	6.3~3.2	单件、小批量生产直齿轮、斜齿轮及齿条
滚齿	IT8~IT7	3.2~1.6	各种批量生产直齿和斜齿轮、蜗轮
插齿		1.6	各种批量生产直齿轮、内齿轮、双联齿轮，大批量生产斜齿轮及小型齿条
剃齿	IT7~IT6	0.8~0.4	批量生产对工作平稳性和低噪声有较高要求而对运动精度要求不是很高的齿轮
珩齿		0.4~0.2	大批量生产中作为齿轮的最终精加工或滚插预加工后表面淬火前的半精加工
磨齿	IT6~IT3	0.4~0.2	高精度齿轮淬硬后的精加工

八、齿轮加工机床

在金属切削机床中，用来加工齿轮轮齿的机床称为齿轮加工机床。常用的齿轮加工机床有滚齿机和插齿机。

常用的齿轮加工机床

本 章 小 结

通过本章的学习，了解了机床的分类、型号及基本组成，熟悉并掌握车削、磨削、铣削、刨削和拉削、孔加工、螺纹、齿形加工等各种典型加工方法及加工原理，并进一步扩大和加深对切削加工规律的认识，在实践中做到合理选用。

思考题与练习题

4.1　解释下列机床型号的含义：X6132　CM6132　Y3150E　XK5040　Z3040 T6112

4.2　车削所能加工的典型表面有哪些？简述车削加工的工艺特点。

4.3　车床上镗孔、车端面、切槽难度大的原因是什么？

4.4　外圆磨削与外圆车削相比有何特点（试从机床、刀具、加工过程等方面进行分析）？

4.5　什么是逆铣？什么是顺铣？试分析其工艺特点。

4.6　试分析钻孔、扩孔和铰孔三种加工方法的工艺特点，并说明三种孔加工工艺之间的联系。

4.7　在车床上钻孔和在钻床上钻孔产生的"引偏"，对所加工的孔有何不同影响？

4.8　镗床上镗孔和车床上镗孔有何不同？

4.9　试分析比较铣平面、刨平面、车平面、拉平面、磨平面的工艺特征和应用范围。

4.10　精镗床和坐标镗床各有什么特点？适用于什么场合？

4.11　分析成形法和展成法加工圆柱齿轮各有何特点。

4.12　分析滚切直齿圆柱齿轮的机床所需的运动。

4.13　剃齿、珩齿和磨齿各有什么特点？应用于什么场合？

4.14　螺纹加工有哪几种方法？各有什么特点？

第5章 机械制造质量分析与控制

机械产品的质量和使用性能与零件制造质量和装配质量直接相关，而零件的制造质量是保证产品质量的基础。零件的制造质量一般包括机械加工精度和加工表面质量两个方面内容。通过对这两个指标的分析可以得到影响零件制造质量的主要因素，进而提出有效的方案提高产品的制造质量，这个过程称为机械制造质量分析与控制。

📍 5.1 机械加工精度

5.1.1 概述

一、加工精度与加工误差

加工精度是指零件加工后的实际几何参数（尺寸、几何形状和各表面间的相互位置）与理想几何参数的符合程度。二者符合程度愈高，加工精度就愈高，符合程度愈低，则加工精度愈低。零件的加工精度包括尺寸精度、形状精度、位置精度和方向精度。

加工误差是指零件加工后的实际几何参数（尺寸、几何形状和各表面间的相互位置）与理想几何参数的偏离程度。加工误差愈小，则加工精度愈高，反之亦然。所以说，加工误差的大小反映了加工精度的高低，而生产中加工精度的高低，是用加工误差的大小表示的。实际加工中采用任何加工方法所得到的实际几何参数都不会与理想几何参数完全相同。生产实践中，在保证机器工作性能的前提下，零件存在一定的加工误差是允许的，而且只要这些误差在规定的范围内，就认为是保证了加工精度。加工精度和加工误差是从两个不同的角度来评定加工零件的几何参数，加工精度的低和高就是通过加工误差的大和小来表示的。

研究加工精度的目的，就是要弄清各种原始误差对加工精度的影响规律，掌握控制加工误差的方法，从而找出减小加工误差、提高加工精度的途径。

二、加工经济精度

由于在加工过程中有很多因素影响加工精度，所以同一种加工方法在不同的工作条件下所能达到的精度是不同的。任何一种加工方法，只要精心操作，细心调整，并选用合适的切削参数进行加工，都能使加工精度得到较大的提高，但这样做会降低生产率，增加加工成本，是不经济的。

　　加工误差与加工成本总是成反比关系。用同一种加工方法，如欲获得较高的精度（即加工误差较小），成本就会提高。但对某种加工方法，当加工误差较小时，即使很细心操作，很精心地调整，精度提高却很少，甚至不能提高，然而成本却会提高很多；相反，对某种加工方法，即使工件精度要求很低，加工成本也不会无限制地降低，而必须耗费一定的最低成本。通常所说的加工经济精度是指在正常加工条件下（采用符合质量标准的设备、工艺装备和标准技术等级的工人，不延长加工时间）所能保证的加工精度。某种加工方法的加工经济精度一般指的是一个范围，在这个范围内都可以说是经济的。当然，加工方法的经济精度并不是固定不变的，随着工艺技术的发展、设备及工艺装备的改进以及生产中科学管理水平的不断提高等，各种加工方法的加工经济精度等级范围亦将随之不断提高。

三、机械加工工艺系统原始误差

　　机械加工通常是在机床上用刀具对装夹在夹具中的工件进行加工。由机床、夹具、刀具和工件组成了一个机械加工工艺系统（简称工艺系统）。引起加工误差的根本原因是工艺系统存在着误差，将工艺系统的误差称为原始误差。这些误差，一部分与工艺系统本身的结构状态有关，一部分与切削过程有关。按照这些误差的性质可归纳为以下四个方面：

　　1）工艺系统的几何误差。包括加工方法的原理误差、机床的几何误差、夹具的制造误差、工件的装夹误差以及工艺系统磨损所引起的误差。

　　2）工艺系统受力变形所引起的误差。

　　3）工艺系统受热变形所引起的误差。

　　4）工件的内应力引起的误差。

　　加工过程中可能出现的各种原始误差归纳如图 5.1 所示。

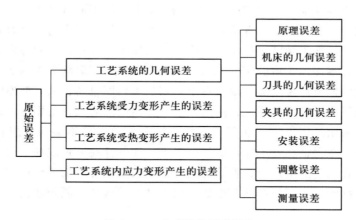

图 5.1   工艺系统的原始误差

5.1.2   工艺系统的几何误差对加工精度的影响

　　工艺系统中的各项原始误差，都会使工件和刀具的相对位置或相互运动关系发生变化，造成加工误差。分析原始误差产生的原因，积极采取措施，是提高加工精度的关键。

几何误差是原始误差的重要组成部分。工艺系统的几何误差主要有加工原理误差，机床、刀具、夹具的制造误差和磨损，以及机床、刀具、夹具和工件的安装调整误差等。

一、加工原理误差

加工原理误差是指由于采用了近似的加工方法、近似的成形运动或近似的刀具轮廓进行加工所产生的误差。为了得到要求的加工表面，必须采用具有一定形状的切削刃，在刀具和工件的运动之间建立一定的联系。这种刀具和工件之间必须实现准确的成形运动称为加工原理。理论上应采用理想的加工原理和完全准确的成形运动以获得精确的零件表面。但实践中，完全精确的加工原理常常很难实现：会使机床或刀具的结构极为复杂，制造困难，加工效率很低。因此，采用近似的加工原理以获得较高的加工精度是保证加工质量、提高生产率和经济性的有效工艺措施。

例如在三坐标数控铣床上铣削复杂形面零件时，通常要用球头刀并采用"行切法"加工。所谓行切法，是指球头刀与零件轮廓的切点轨迹是一行一行的，而行间的距离 s 是按零件加工要求确定的，实质上，这种方法是将空间立体形面视为众多的平面截线的集合，每次走刀加工出其中的一条截线。

例如，齿轮滚齿加工用的滚刀就有两种原理误差：一是近似廓型原理误差，即由于制造上的困难，采用阿基米德基本蜗杆或法向直廓基本蜗杆代替渐开线基本蜗杆；二是由于滚刀刀刃数有限，所切出的齿形实际上是一条由微小折线组成的折线面，与理论上的光滑渐开线有差异，这些都会产生加工原理误差。

采用近似的成形运动或近似的刀刃轮廓，虽然会带来加工原理误差，但往往可简化机床结构或刀具形状，或可提高生产效率，有时甚至能得到高的加工精度。因此，只要其误差不超过规定的精度要求（一般原理误差应小于 10%～15% 工件的公差值），在生产中仍能得到广泛的应用。

二、机床的几何误差

机械加工中刀具相对于工件的切削成形运动一般是通过机床完成的，因此工件的加工精度在很大程度上取决于机床的精度。机床误差主要包括机床本身的制造、安装和磨损三类误差，其中机床的制造误差影响最大。机床的制造误差对工件加工精度影响较大的主要有机床导轨的导向误差、主轴的回转运动误差以及传动链误差。

1. 机床导轨导向误差

导轨导向精度是指机床导轨副的运动件实际运动方向与理想运动方向的符合程度，这两者之间的偏差值称为导向误差。导轨是机床中确定主要部件相对位置的基准，也是运动的基准，它的各项误差直接影响被加工工件的精度。在机床的精度标准中，直线导轨的导向精度一般包括导轨在水平面内的直线度，在竖直面内的直线度以及前、后导轨的平行度等几项主要内容。

机床安装得不正确、水平调整得不好，会使床身产生扭曲，破坏导轨原有的制造精度，特别是长床身机床，如龙门刨床，导轨磨床以及重型、刚度差的机床。机床安装时要有良好的基础，否则将因基础下沉而造成导轨弯曲变形。

导轨误差的另一个重要因素是导轨磨损。机床在使用过程中，由于机床导轨磨损不均匀，使导轨产生直线度、平行度等误差，从而导致机床溜板在水平面和竖直面内发生位移。

导轨误差对加工精度产生的影响如下：

1）如果导轨水平面内存在直线度误差（图 5.2），纵向走刀后，则使工件产生轴向形状误差和尺寸误差。当导轨向前凸出时，工件上产生鞍形误差（图 5.2b）。当导轨向后凸出时，工件上产生鼓形误差。这个鞍形或鼓形误差与车床导轨上的直线度误差完全一致，即机床导轨误差将直接反映到被加工工件上。在车削长度较短的工件时该直线度误差影响较小，若车削长轴，这误差则将明显地反映到工件上。

导轨误差

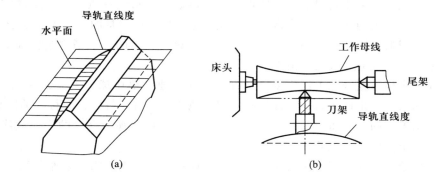

图 5.2　导轨在水平面内的直线度误差引起的加工误差

2）在竖直面内车床导轨的直线度误差（图 5.3），也同样能使工件产生直径方向的误差，但是这个误差不大（处在误差非敏感方向）。因为当刀尖沿切线方向偏移 ΔZ 时，工件的半径由 R 增至 R'，其增加量为 ΔR。从图可知：

$$R' = \sqrt{R^2 + \Delta Z^2} \approx R + \frac{\Delta Z^2}{2R} \qquad (5.1)$$

故

$$\Delta R = R' - R = \frac{\Delta Z^2}{2R} = \frac{\Delta Z^2}{D} \qquad (5.2)$$

由于 ΔZ 很小，ΔZ^2 就更小，而 D 比较大，所以式（5.2）中 ΔR 是很小的。因此，车床导轨在竖直面内的直线度误差对零件的形状精度影响很小。但对平面磨床、龙门刨床及铣床等来说，导轨在竖直面的直线度误差会引起工件相对砂轮（刀具）的法向位移，其误差将直接反映到被加工零件上，形成形状误差（图 5.3）。

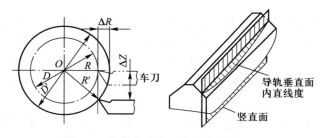

图 5.3　导轨在垂直面内的直线度误差

3）车床导轨的平行度也会使刀尖相对工件产生偏移（在水平方向和竖直方向的位移）。

机床导轨一般由两部分组成，如车床床身的前、后导轨。因机床在使用过程中，由于机床导轨磨损不均匀，使导轨产生直线度、平行度等误差。若前、后导轨不平行，滑板在移动时会发生倾斜，造成刀具与工件相对位置发生变化，引起加工误差。如图 5.4 所示，

设车床中心高为 H，导轨宽度为 B。车床导轨间在竖直方向的平行度误差 Δl_3，将使工件与刀具的正确位置在误差敏感方向上产生 $\Delta y \approx (H/B)\Delta l_3$ 的偏移量，使工件半径产生 $\Delta R = \Delta y$ 的误差，对加工精度影响较大，将使工件产生圆柱度误差。

影响导轨导向精度的因素主要有导轨副的制造精度、安装精度和使用过程中的磨损。

2. 机床主轴回转误差

（1）主轴回转误差的基本形式

机床主轴是用装夹工件或刀具的基准，并将运动和动力传递给工件和刀具。因此，主轴的回转误差对工件的加工精度有直接影响。

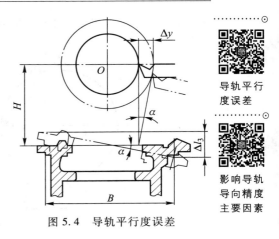

导轨平行度误差

影响导轨导向精度主要因素

图 5.4　导轨平行度误差

主轴部件在加工、装配过程中的各种误差和回转时的受力、受热等因素，使主轴轴心线的空间位置在每一瞬时处于变动状态，造成轴线相对于平均回转轴线的漂移。主轴的回转误差是指主轴的实际回转轴线相对其理想回转轴线（一般用平均回转轴线来代替）的变动量。变动量越小，主轴的回转精度越高。

主轴的回转误差可分为径向跳动、轴向窜动和角度摆动三种基本形式。

径向跳动——主轴实际回转轴线始终平行于平均回转轴线方向的径向运动，如图 5.5a 所示。

轴向窜动——主轴实际回转轴线沿平均回转轴线方向的轴向运动，如图 5.5b 所示。它主要影响端面形状和轴向尺寸精度。

角度摆动——瞬时回转轴线与平均回转轴线成一倾斜角度，交点位置固定不变的运动，如图 5.5c 所示。它主要影响工件的形状精度，车外圆时，会产生锥形；镗孔时，将使孔呈椭圆形。

主轴工作时，其回转运动误差常常是以上三种基本形式的合成运动造成的。

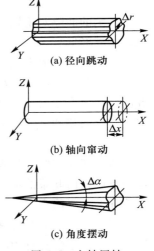

(a) 径向跳动

(b) 轴向窜动

(c) 角度摆动

图 5.5　主轴回转误差的基本形式

（2）主轴回转误差的影响因素

影响主轴回转误差的主要因素是主轴轴颈的同轴度误差、轴承的误差、轴承的间隙、与轴承配合零件的误差等，同时还和切削过程中主轴受力、受热后的变形有关。

当主轴采用滑动轴承结构时，主轴以其轴颈在轴承孔内旋转。对于工件回转类机床（如车床、外圆磨床等），由于切削力的方向大体上是不变的，主轴颈以不同部位和轴承内孔的某一固定部位相接触。因此，影响主轴回转精度的主要是主轴轴颈的圆度误差和波纹度误差，而轴承孔的圆度误差影响较小。主轴轴颈表面如有波纹度，主轴回转时将产生高频的径向圆跳动，如图 5.6a 所示，图中 Δd 表示跳动量。对于刀具回转类机床（如钻床、镗床等），由于切削力方向随主轴的回转而改变，主轴颈在切削力作用下总是以其某一固定部位与轴承内表面的不同部位接触。因此，对主轴回转精度影响较大的是轴承孔的圆度误差，而轴颈的影响较小。如果轴承孔是椭圆形的，则主轴每回转一周，就发生径向圆跳动一次，如图 5.6b 所示。

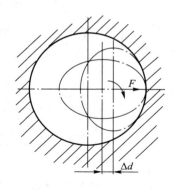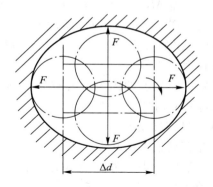

(a) 工件回转类机床　　　　　　　(b) 刀具回转类机床

图 5.6　主轴采用滑动轴承的径向跳动

　　主轴采用滚动轴承时，引起主轴纯径向跳动的因素除了轴承本身的精度外，还与轴承配合件的精度有关。对工件回转类机床，滚动轴承内圈滚道圆度误差对主轴回转精度影响较大，主轴每回转一周，径向圆跳动两次；对刀具回转类机床，外圆滚道圆度误差对主轴精度影响较大。另外，轴承滚动体的形状及尺寸误差、轴承的配合精度也影响主轴的回转精度。

　　轴承的间隙对主轴的回转精度也有影响。轴承间隙过大，会使主轴工作时油膜厚度增大，刚度降低。

提高主轴
回转精度
的措施

　　3. 机床传动链误差

　　对于机床内联系传动链来说，各传动件的制造误差、装配误差、磨损，以及因受力和温度变化而产生的变形都影响传动链的传动精度，并最终表现为对机械加工精度的影响。本书所讲的传动链的传动误差就是指内联系传动链中首末两端传动元件之间相对运动的误差。

　　传动链误差对圆柱表面和平面加工来说，一般不影响其加工精度，但对于工件和刀具运动有严格内联系的加工表面，如车螺纹、滚齿等加工方法，机床传动链误差则是影响加工精度的主要因素之一。

　　图 5.7 所示为一台滚齿机的传动系统简图，被加工齿轮装夹在工作台上，它与蜗轮同轴回转。由于传动链中的各个传动元件不可能制造、安装绝对准确，每个传动元件的误差都将通过传动链影响被加工齿轮的加工精度。其工件转角为

$$\phi_n = \phi_d \times \frac{64}{16} \times \frac{23}{23} \times \frac{23}{23} \times \frac{46}{46} \times i_c \times i_f \times \frac{1}{96} \tag{5.3}$$

式中：ϕ_n——工件转角；

　　　　ϕ_d——滚刀转角；

　　　　i_c——差动轮系的传动比，在滚切直齿时，$i_c = 1$；

　　　　i_f——分度挂轮传动比。

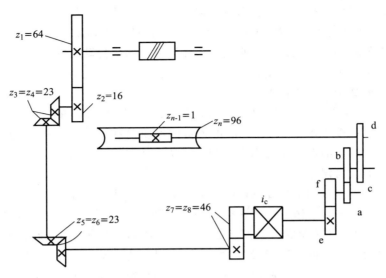

图 5.7　滚齿机传动链图

传动链传动误差一般可用传动链末端元件的转角误差来衡量，但由于各传动件在传动链中所处的位置不同，它们对工件加工精度（即末端件的转角误差）的影响程度也是不同的。假设滚刀轴均匀旋转，若齿轮 z_1 有转角误差 $\Delta\phi_1$，而其他各传动件无误差，则传到末端件（亦即第 n 个传动元件）上所产生的转角误差为 $\Delta\phi_{1n}$。

$$\Delta\phi_{1n} = \Delta\phi_1 \times \frac{64}{16} \times \frac{23}{23} \times \frac{23}{23} \times \frac{46}{46} \times i_c \times i_i \times \frac{1}{96} = k_1 \Delta\phi_1 \qquad (5.4)$$

式中：k_1 为 z_1 到末端件的传动比。由于它反映了 z_1 的转角误差对末端元件传动精度的影响，故又称之为误差传递系数。

同理，若第 j 个传动元件有转角误差 $\Delta\phi_j$，则该转角误差通过相应的传动链传递到工作台上的转角误差

$$\Delta\phi_{jn} = k_j \Delta\phi_j \qquad (5.5)$$

式中：k_j 为第 j 个传动件的误差传递系数。

由于所有的传动件都存在误差，因此各传动件对工件精度影响的总和 $\Delta\phi_\Sigma$ 为各传动元件所引起末端元件转角误差的叠加：

$$\Delta\phi_\Sigma = \sum_{j=1}^{n} \Delta\phi_{jn} = \sum_{j=1}^{n} k_j \Delta\phi_j \qquad (5.6)$$

从以上分析可知，为了减小传动链误差，可采取以下措施：

1）缩短传动链。由滚齿机传动链分析可知，传动链中的传动副越少，传动链越短，误差也越小。

2）尽量采用降速传动。在滚齿机传动链分析中，如果从传动链的中间轴往传动链两端传的各传动副均为降速传动，则中间传动副的误差反映到末端件是缩小的。如为升速，则误差将会扩大。

3）消除传动链中齿轮的间隙。各传动副零件间存在的间隙，会使末端件的瞬时速度不均匀，速比不稳定，从而产生传动误差。例如数控机床的进给系统，在反向时传动链间

的间隙会使运动滞后于指令脉冲，造成反向死区而影响传动精度。

4）提高传动元件精度，特别是末端元件的制造和装配精度。误差传递规律的分析说明，各传动副的精度对加工误差的影响是不相同的。中间传动副的误差在传递过程中都被缩小了。只有末端传动副的误差直接反映到执行件上，对加工精度影响最大。因此，末端传动副的精度要高于中间传动副。

5）采用校正装置。为了进一步提高精度，可以采用校正装置（如校正尺、偏心齿轮、行星校正机构、数控校正装置等）。校正装置的实质是在原传动链中人为地加入一误差，其大小与传动链本身的误差相等而方向相反，从而使之相互抵消。

三、刀具的几何误差

刀具的几何误差对加工精度的影响，随刀具种类的不同而不同。采用定尺寸刀具（如钻头、铰刀、键槽铣刀、镗刀、圆孔拉刀等）加工时，刀具的尺寸精度直接影响工件的尺寸精度。采用成形刀具（如成形车刀、成形铣刀、成形砂轮等）加工时，刀具的形状精度直接影响工件的形状精度。展成刀具（如齿轮滚刀、花键滚刀、插齿刀等），其刀刃形状必须是加工表面的共轭曲线，所以刀刃的形状误差会影响加工表面的形状误差。对于一般刀具（如车刀、镗刀、铣刀等）的制造误差，对加工精度无直接影响，但其磨损将会引起工件的尺寸误差和形状误差。

任何刀具在切削过程中都会不可避免地产生磨损，并由此引起工件尺寸和形状的改变（即误差）。刀具的磨损，对于采用试切法加工小型工件所引起的加工误差很小，可忽略不计；但当采用调整法加工一批工件时所造成的尺寸误差不容忽视；当加工大型工件时，会造成工件加工表面的形状误差。

四、夹具几何误差

夹具的几何误差对工件的加工精度有很大影响。夹具的误差主要包括定位元件、刀具导向元件、分度机构、夹具体等的制造误差；夹具装配后以上各元件工作面间的相对位置和相对尺寸误差；夹具在使用过程中工作表面的磨损。由于夹具的误差主要影响加工表面的位置精度，因此在设计制造夹具时，凡影响加工表面位置精度的，应严格控制其制造误差。

夹具的制造精度必须高于被加工零件的加工精度。精加工（IT8~IT6）时，夹具主要尺寸的公差一般可规定为被加工零件相应尺寸公差的 1/2~1/3；粗加工（IT11 以下）时，因工件尺寸公差较大，夹具的精度则可规定为零件相应尺寸公差的 1/5~1/10。

五、调整误差

在零件加工的各个工序中，为了获得被加工表面的形状、尺寸和位置精度，需要对机床、夹具和刀具进行调整。而任何调整不会绝对准确，总会带来一定的误差，这种原始误差称为调整误差。

当用试切法加工时，影响调整误差的主要因素是测量误差和进给系统精度。在低速微量进给中，进给系统常会出现"爬行"现象，其结果使刀具的实际进给量比刻度盘的数值要偏大或偏小些，造成加工误差。

在调整法加工中，当用定行程机构调整时，调整精度取决于行程挡块、靠模及凸轮等机构的制造精度和刚度，以及与其配合使用的离合器、控制阀等的灵敏度。当用样件或样板调整时，调整精度取决于样件或样板的制造、安装和对刀精度。

5.1.3 工艺系统的受力变形对加工精度的影响

机械加工中，工艺系统在切削力、夹紧力、重力、传动力等外力的作用下将产生变形，使刀具与工件在静态下调整好的相对位置发生变化，从而造成加工误差。如图 5.8a 所示，当车削细长轴零件时，在切削力的作用下，工件因弹性变形而出现"让刀"现象。随着刀具的进给，在工件全长上切削时，背吃刀量会由大变小，然后由小变大，使工件产生腰鼓形误差。又如在内圆磨床上利用横向切入法进行磨孔时，由于内圆磨头主轴比较细，磨削时磨头主轴产生弹性变形，会使工件孔产生圆柱度误差，如图 5.8b 所示。因此，工艺系统的受力变形是一项重要的原始误差，它严重影响加工精度和表面质量。

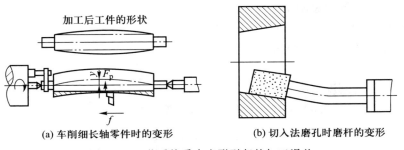

(a) 车削细长轴零件时的变形   (b) 切入法磨孔时磨杆的变形

图 5.8　工艺系统受力变形引起的加工误差

一、工艺系统刚度概念

工艺系统在各种外力的作用下产生变形的大小，不仅取决于外力的大小，而且也取决于工艺系统抵抗外力使其变形的能力——工艺系统刚度。工艺系统受力变形通常是弹性变形，一般来说，工艺系统反抗变形的能力越大，加工精度越高。

在机械加工中，在各种外力作用下，工艺系统各部分将在各个受力方向产生相应的变形。为充分反映工艺系统刚度对零件加工精度的影响，将工艺系统刚度定义为误差敏感方向上工艺系统的受力变形，即在通过刀尖的加工表面的法线方向上的位移。因此，工艺系统的刚度 k_t 可做如下定义：工件和刀具的法向切削分力（背向力）F_p 与在总切削力的作用下，它们在该方向上的相对位移 y_t 的比值，即

$$k_t = \frac{F_p}{y_t} \tag{5.7}$$

这里的法向位移 y_t 是在总切削力的作用下工艺系统综合变形的结果，即在主切削力 F_c、背向力 F_p、进给力 F_f 的共同作用下 y 方向的变形。因此，工艺系统的总变形方向（y_t 的方向）有可能出现与 F_p 的方向不一致的情况，当 y_t 与 F_p 方向相反时，即出现负刚度。负刚度现象对保证加工质量是不利的，如车外圆时，会造成车刀刀尖扎入工件表面，故应尽量避免。

二、工艺系统刚度及其对加工过程的影响

1. 工艺系统刚度的计算

在切削力作用下，机床的有关部件、夹具、刀具和工件都有不同程度的变形，使刀具和工件在法线方向的相对位置发生变化，从而产生相应的加工误差。

工艺系统在某一处的法向总变形 y_t 是各个组成环节在同一处的法向变形的迭加，即

$$y_t = y_{jc} + y_{jj} + y_{dj} + y_{gj} \tag{5.8}$$

当工艺系统某处受法向力 F_p 时，其刚度和工艺系统各部件的刚度为

$$k_t = \frac{F_p}{y_t}, \quad k_{jc} = \frac{F_p}{y_{jc}}, \quad k_{jj} = \frac{F_p}{y_{jj}}, \quad k_{dj} = \frac{F_p}{y_{dj}}, \quad k_{gj} = \frac{F_p}{y_{gj}} \tag{5.9}$$

式中：y_t——工艺系统的总变形，mm；

$\quad y_{jc}$——机床的受力变形，mm；

$\quad y_{jj}$——夹具的受力变形，mm；

$\quad y_{dj}$——刀具的受力变形，mm；

$\quad y_{gj}$——工件的受力变形，mm；

$\quad k_t$——工艺系统的总刚度，N/mm；

$\quad k_{jc}$——机床的刚度，N/mm；

$\quad k_{jj}$——夹具的刚度，N/mm；

$\quad k_{dj}$——刀具的刚度，N/mm；

$\quad k_{gj}$——工件的刚度，N/mm。

将式(5.9)代入式(5.8)得工艺系统刚度的一般式为

$$k_t = \frac{1}{\dfrac{1}{k_{jc}} + \dfrac{1}{k_{jj}} + \dfrac{1}{k_{dj}} + \dfrac{1}{k_{gj}}} \tag{5.10}$$

式(5.10)表明，工艺系统的总刚度总是小于系统中刚度最差的部件刚度。所以，要提高工艺系统的总刚度，必须从刚度最差的部件着手。同时，在用式(5.10)求解某一系统刚度时，应针对具体情况进行分析，忽略一些变形很小的部件。例如外圆车削时，车刀本身在切削力的作用下的变形对加工误差的影响很小，可略去不计，这时计算式中可省去刀具刚度一项。

2. 切削力引起的工艺系统变形对加工精度的影响

在加工过程中，刀具相对于工件的位置是不断变化的。切削力的作用点位置或切削力的大小是在变化的。同时，工艺系统在各作用点位置上的刚度一般是不相同的。因此，工艺系统受力变形也随之变化，下面分别进行讨论。

（1）切削力作用点位置变化而引起的加工误差

假设在车床两顶尖间车削一根光轴，如图 5.9 所示，假定工件短而粗，车刀悬伸长度很短，即工件和刀具的刚度好，其受力变形相对机床的变形小到可以忽略不计，也就是说，此时工艺系统的变形只考虑机床的变形。又假定工件的加工余量很均匀，并且随机床变形而造成的背吃刀量（切削深度）变化对切削力的影响也很小，即假定车刀切削过程中切削力保持不变。当车刀以径向力 F_p 进给到图 5.9 所示的 x 位置，车床头架受作用力 F_A，相应的变形 $y_{tj} = \overline{AA'}$；尾座受作用力 F_B，相应的变形 $y_{wz} = \overline{BB'}$；刀架受作用力 F_p，相应的变形 $y_{dj} = \overline{CC'}$。这时工件轴心线 AB 移动到 $A'B'$，因而刀具切削点处工件轴线的位移 y_x 为

$$y_x = y_{tj} + \Delta x = y_{tj} + (y_{wz} - y_{tj}) \frac{x}{L}$$

式中: L——工件长度;

   x——车刀至头架的距离。

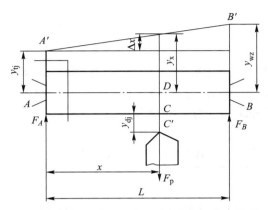

图 5.9 工艺系统变形随切削力位置变化而变化

考虑到刀架的变形 y_{dj} 与 y_x 的方向相反,所以机床的总变形

$$y_{jc} = y_x + y_{dj} \tag{5.11}$$

由工艺系统刚度的计算公式 [式(5.9)] 可得

$$y_{tj} = \frac{F_A}{k_{tj}} = \frac{F_p}{k_{tj}} \frac{L-x}{L}, \qquad y_{wz} = \frac{F_B}{k_{wz}} = \frac{F_p}{k_{wz}} \frac{x}{L}, \qquad y_{dj} = \frac{F_p}{k_{dj}}$$

式中: k_{tj}、k_{wz}、k_{dj} 分别为主轴箱(头架)、尾座和刀架的刚度。

代入式(5.11)得机床的总变形

$$y_{jc} = F_p \left[\frac{1}{k_{tj}} \left(\frac{L-x}{L} \right)^2 + \frac{1}{k_{wz}} \left(\frac{x}{L} \right)^2 + \frac{1}{k_{dj}} \right] = y_{jc}(x) \tag{5.12}$$

式(5.12)表明工艺系统的变形是 x 的函数。随着车刀位置(即切削力位置)的变化,工艺系统的变形也是变化的,这是由于工艺系统的刚度随切削力作用点的变化所导致的。

将 $x=0$(前顶尖处)、$x=\dfrac{L}{2}$(中间)、$x=L$(后顶尖处)分别代入式(5.12),可得工艺系统刚度在不同加工位置的实际刚度。

当 $x=0$ 时,$y_{jc} = F_p \left(\dfrac{1}{k_{tj}} + \dfrac{1}{k_{dj}} \right)$

当 $x=\dfrac{L}{2}$ 时,$y_{jc} = F_p \left(\dfrac{1}{4k_{tj}} + \dfrac{1}{4k_{wz}} + \dfrac{1}{k_{dj}} \right)$

当 $x=L$ 时,$y_{jc} = F_p \left(\dfrac{1}{k_{wz}} + \dfrac{1}{k_{dj}} \right) = y_{max}$

分析上述结果可知,刀尖处于中间时系统变形最小,刀尖处于工件两端时,系统变形大。变形小的地方切去较多的金属层,因此加工出来的工件呈两端粗、中间细的鞍形,其轴截面的形状如图 5.10 所示。

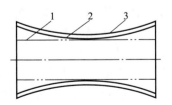

1—机床不变形的理想情况;

2—考虑主轴箱、尾座变化的情况;

3—考虑包括刀架变形在内的情况

图 5.10 工件在顶尖上车削后的形状

对式(5.12)求导，可以得出，当 $x = \dfrac{k_{wz}}{k_{tj}+k_{wz}}L$ 时的机床刚度最大，工件的变形最小，即

$$y_{jc} = y_{min} = F_p\left(\frac{1}{k_{tj}+k_{wz}} + \frac{1}{k_{dj}}\right) \tag{5.13}$$

再求得上述数据中最大值与最小值之差，就可得出车削时工件的圆柱度误差。

例 5.1 设 $k_{tj} = 6\times10^4$ N/mm，$k_{wz} = 5\times10^4$ N/mm，$k_{dj} = 4\times10^4$ N/mm，$F_p = 300$ N，工件长 $L = 600$ mm，则沿工件长度上系统的位移见表 5.1。根据表中数据，即可作出工件沿长度方向的变形曲线。

表 5.1   沿工件长度的变形   mm

x	0(主轴箱处)	$\frac{1}{6}L$	$\frac{1}{3}L$	$\frac{5}{11}L$	$\frac{1}{2}L$	$\frac{2}{3}L$	$\frac{5}{6}L$	L(尾座处)
y_x	0.012 5	0.011 1	0.010 4	0.010 2	0.010 3	0.010 7	0.011 8	0.013 5

工件的圆柱度误差为(0.013 5 ~ 0.010 2) mm = 0.003 3 mm。

在两顶尖间车削细长轴，由于工件细长、刚度小，在切削力作用下，其变形大大超过机床、夹具和刀具所产生的变形。因此，机床、夹具和刀具的受力变形可略去不计，工艺系统的变形完全取决于工件的变形。加工中车刀处于图示位置时，工件的轴线产生弯曲变形。根据材料力学的计算公式，其切削点的变形量为

$$y_w = \frac{F_p}{3EI}\frac{(L-x)^2 x^2}{L} \tag{5.14}$$

显然，当 $x=0$ 或 $x=L$ 时，$y_w = 0$；当 $x = L/2$ 时，工件刚度最小，变形最大：$y_{wmax} = \dfrac{F_pL^3}{48EI}$。因此，加工后的工件呈鼓形，如图 5.8a 所示。

（2）切削力大小的变化对加工精度的影响（误差复映）

误差复映

分析工艺系统刚度对加工精度的影响时是假设切削力大小不变，实际上由于工件的形状误差和位置误差均会引起切削余量不均匀、工件材料硬度不均匀等，将引起切削力大小的变化，因而工艺系统产生相应变形，使工件产生加工误差。为说明这一问题，现以车削具有椭圆形状误差毛坯（图 5.11）为例加以分析：若加工前将刀具调整到要求的尺寸，在工件每旋转一周的过程中，背吃刀量从最大 a_{p1} 减小到最小 a_{p2}，再增加到 a_{p1} 再减小到 a_{p2}，又增加到 a_{p1}；法向切削分力也将相应地由最大 F_{y1} 减到最小 F_{y2} 再增加到 F_{y1}；从而引

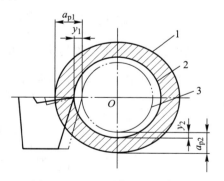

图 5.11   毛坯形状误差的复映

起工艺系统相应的变形也由最大 y_1 减小到最小 y_2 再增加到 y_1。这样，加工一个有椭圆形圆度误差 $\Delta_m = a_{p1} - a_{p2}$ 的毛坯，所得到的工件仍然是有较小椭圆形圆度误差 $\Delta_w = y_1 - y_2$，这称为误差复映规律。

用工件误差 Δ_w 与毛坯误差 Δ_m 之比值来衡量误差复映的程度。

$$\varepsilon = \frac{\Delta_w}{\Delta_m} \tag{5.15}$$

式中：ε 称为误差复映系数，$\varepsilon < 1$。

误差复映系数反映了加工后工件加工精度提高的程度。显然，ε 值愈小，加工后工件的精度愈高。误差复映系数 ε 的计算式可根据试验公式推导得出。切削力的计算公式如下：

$$F_p = C_{F_p} a_p^{x_{F_p}} f^{y_{F_p}} v_c^{n_{F_p}} K_{F_p} \tag{5.16}$$

式中：C_{F_p}、K_{F_p}——与切削条件有关的系数；

　　　f、a_p、v_c——进给量、背吃刀量和切削速度；

　　x_{F_p}、y_{F_p}、n_{F_p}——进给量、背吃刀量和切削速度的影响指数。

在一次走刀加工中，切削速度、进给量及其他切削条件设为不变，即

$$C_{F_p} f^{y_{F_p}} v_c^{n_{F_p}} K_{F_p} = C$$

C 为常数，在车削加工中，$x_{F_p} \approx 1$，所以

$$F_p = C a_p$$

即　　　　　　　　　　$$F_{p1} = C(a_{p1} - y_1), \quad F_{p2} = C(a_{p2} - y_2)$$

由于相对 a_{p1}、a_{p2} 而言，y_1、y_2 值很小，可忽略不计，即有

$$F_{p1} = C a_{p1}, \quad F_{p2} = C a_{p2}$$

$$\Delta_w = y_1 - y_2 = \frac{F_{p1}}{k_t} - \frac{F_{p2}}{k_t} = \frac{C}{k_t}(a_{p1} - a_{p2}) = \frac{C}{k_t}\Delta_m$$

所以　　　　　　　　　　　　$$\varepsilon = \frac{C}{k_t} \tag{5.17}$$

由上式可知，工艺系统的刚度 k_t 越大，复映系数 ε 越小，毛坯误差复映到工件上去的部分就越少。一般 $\varepsilon \ll 1$，经加工之后工件的误差比加工前的误差小，经多道工序或多次走刀加工之后，工件的误差就会减小到工件公差所许可的范围内。

当工件加工精度要求较高时，可以通过增加走刀次数来减小工件的复映误差。若经过 n 次走刀加工后，则误差复映为

$$\Delta_w = \varepsilon_1 \varepsilon_2 \cdots \varepsilon_n \Delta_m$$

总的误差复映系数

$$\varepsilon_z = \varepsilon_1 \varepsilon_2 \cdots \varepsilon_n$$

因为 $\varepsilon_i < 1$，所以 $\varepsilon_z \ll 1$。因此，增加走刀次数可减小误差复映，提高加工精度，但生产率降低了。因此，提高工艺系统刚度，对减小误差复映系数具有重要意义。

由以上分析可知，当工件毛坯有形状误差（如圆度、圆柱度、直线度等）或相互位置误差（如偏心、径向圆跳动等）时，加工后仍然会有同类型的加工误差出现。在成批、大量生产中用调整法加工一批工件时，如毛坯尺寸不一，那么加工后这批工件仍有尺寸不一的误差。

（3）切削过程中受力方向变化引起的加工误差

在车床或磨床类机床上加工轴类零件时，常用单爪拨盘带动工件旋转，如图 5.12 所示，传动力 F 在拨盘的每一转中，其方向是变化的，它在 y 方向的分力有时和切削力 F_p

同向，有时反向。该分力有时把工件推向刀具(图 5.12b)，使实际背吃刀量增大；有时把工件拉离刀具(在与图 5.12b 所示的相反位置)，使实际背吃刀量减小。从而在工件上靠近拨盘一端的部分产生呈心脏线形的圆度误差(图 5.12c)。为此，在加工精密零件时改用双爪拨盘或柔性连接装置带动工件旋转。

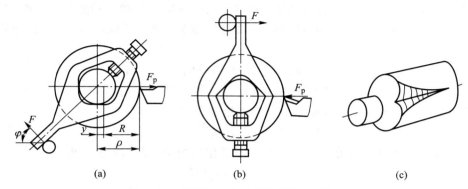

图 5.12　单爪拨盘传动力引起的加工误差

切削加工中高速旋转的零部件(含夹具、工件和刀具等)的不平衡会产生离心力 F_Q。F_Q 在每一转中不断地改变方向，因此它在 y 方向的分力大小的变化会引起工艺系统的受力变形的变化，从而产生误差，如图 5.13 所示。当车削一个不平衡工件，离心力 F_Q 与切削力 F_p 方向相反时，将工件推向刀具(图 5.13a)，使背吃刀量增加。当 F_Q 与切削力 F_p 方向相同时，工件被拉离刀具(图 5.13b)，背吃刀量减小，其结果导致工件的圆度误差增大。

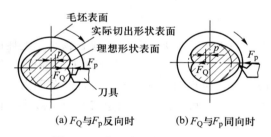

图 5.13　离心力引起的加工误差

为减小惯性力对加工精度的影响，可在工件与夹具不平衡质量对称的方位配置一平衡块，使两者的离心力互相抵消。必要时还可适当降低转速，以减小离心力的影响。

3. 其他力产生变形对加工精度的影响

(1) 夹紧力引起的加工误差

被加工工件在装夹过程中，由于刚度较低或夹紧力作用点位置不当，都会引起工件的变形，造成加工误差，特别是薄壁套、薄板等零件，易于产生加工误差。

(2) 机床部件和工件本身重量引起的加工误差

在工艺系统中，由于零部件的自重也会产生变形，如大型立车、龙门铣床、龙门刨床的刀架横梁等。由于主轴箱或刀架的重力而产生变形；摇臂钻床的摇臂在主轴箱自重的影响下产生变形，造成主轴轴线与工作台不垂直；镗床镗杆伸长，由于自重而下垂变形等。它们都会造成加工误差。

对于大型工件的加工，工件自重引起的变形有时会成为产生加工形状误差的主要原因。因此在加工大型工件时，恰当布置支承可减小工件自重引起的变形，从而减小加工误差。

三、减少工艺系统受力变形的措施

机械加工中，工艺系统受力变形所造成的加工误差是客观存在的。因此，应采取有效措施以减小工艺系统受力变形对加工精度的影响。常用方法主要有减小工艺系统受力，提高工艺系统的刚度，以及控制变形与加工误差间的关系等。

1. 提高工艺系统刚度

1）提高零件间配合表面质量，提高接触刚度。改善接触面质量或预加载荷，消除配合面间的间隙。

2）提高工件的刚度，减少受力变形。对刚度较低的工件，如叉架类、细长轴等，如何提高工件的刚度是提高加工精度的关键。其主要措施是减小支承间的长度，如安装跟刀架或中心架。

3）提高机床部件刚度，减少受力变形。在切削加工中，有时由于机床部件刚度低而产生变形和振动，影响加工精度和生产率的提高。图 5.14a 所示是在转塔车床上采用固定导向支承套；图 5.14b 所示是采用转动导向支承套，用加强杆和导向支承套提高部件的刚度。

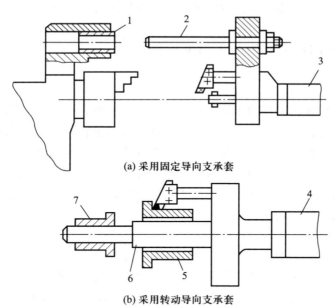

(a) 采用固定导向支承套

(b) 采用转动导向支承套

1—固定导向支承套；2、6—加强杆；3、4—六角刀架；5—工件；7—转动导向支承套

图 5.14　提高部件刚度的装置

2. 合理装夹工件，减少夹紧变形

对刚度较差的工件选择合适的夹紧方法，能减小夹紧变形，提高加工精度。如图 5.15 所示，薄壁套未夹紧前内、外圆都是正圆形，由于夹紧方法不当，夹紧后套筒呈三棱形（图 5.15a），镗孔后内孔呈正圆形（图 5.15b），松开卡爪后镗孔的内孔又变为三棱形（图 5.15c）。为减小夹紧变形，应使夹紧力均匀分布，可采用开口过渡环（图 5.15d）或专

薄壁零件变形

用卡爪(图 5.15e)。

在夹具设计或工件的装夹中应尽量使作用力通过支承面或减小弯曲力矩,以减小夹紧变形。

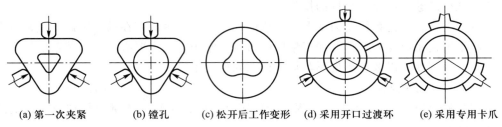

(a) 第一次夹紧   (b) 镗孔   (c) 松开后工作变形   (d) 采用开口过渡环   (e) 采用专用卡爪

图 5.15   零件夹紧力引起的误差

3. 控制受力的大小和方向

切削加工时,切削力的大小是可以控制的,通过合理选择切削参数、刀具角度来控制切削力或分力的大小,也可利用对称性抵消作用力;改变切削力的方向,避开误差敏感方向。选择切削用量时,应根据工艺系统的刚度条件,限制背吃刀量和进给量的大小;增大刀具的主偏角可以减小对变形敏感的背向力;采用浮动镗刀或双刃镗刀,可以使背向力自行封闭或抵消,从而消除不良影响。

对不平衡的转动件,必要时需设置平衡块,以消除离心力的作用。

5.1.4   工艺系统的热变形对加工精度的影响

一、概述

机械加工过程中常有大量的热传入工艺系统,使之产生复杂的变形,从而破坏工件与刀具相对运动的准确性,引起加工误差。工艺系统的热变形对加工精度的影响很大。据统计,在精密加工中,由于热变形引起的加工误差占总加工误差的 40%~70%,热变形不仅严重降低了加工精度,而且影响生产效率。随着高效、高精度、自动化加工技术的发展使工艺系统热变形问题变得更为突出,因此实际生产中,应采取有效措施减小和控制工艺系统热变形对加工精度的影响。

1. 工艺系统的热源

引起工艺系统热变形的热源分为内部热源和外部热源两大类。

内部热源主要是指切削热和摩擦热,它们产生于工艺系统的内部,其热量主要是以热传导的形式传递的。驱动机床的能量在使其完成切削运动和切削功能的过程中相当一部分转变为热能而形成工艺系统的内部热源。机床所消耗的功率中,有 30%~70% 转变为热,其中主要是在切削过程中变为切削热和在传动过程中变为摩擦热。在车削时,大量的切削热由切屑带走,传给工件的为 10%~30%,传给刀具的为 1%~5%。加工孔时,大量切屑滞留在孔中,使大量的切削热传入工件。磨削时,由于磨屑小,带走的热量很少,故大部分传入工件。

摩擦热主要是机床和液压系统中的运动部分产生的,如电动机、轴承、齿轮等传动副及导轨副、液压泵、阀等运动部分产生的摩擦热。摩擦热是机床热变形的主要热源。

外部热源主要是指工艺系统外部的、以对流传热为主要形式的环境温度(它与气温变化、空气对流和周围环境等有关)和各种辐射热(包括由阳光、照明、暖气设备等发出的辐射热)。这种热源来自周围环境,通过空气对流的热量以及日光、灯光、加热器等产生的辐射热,在有些情况下对机床热变形也有很大的影响。例如某厂加工精密大齿轮,需几昼夜连续加工才能完成,由于昼夜温差大,结果使齿面产生波纹度。当机床导轨顶面或侧面受到阳光照射时,也会使导轨顶部凸起或扭曲。

2. 工艺系统的热平衡

工艺系统受各种热源的影响,其温度会逐渐升高。同时,它们也通过各种传热方式向周围散发热量。当单位时间内传入和散发的热量相等时,工艺系统达到了热平衡状态,而工艺系统的热变形也就达到某种程度的稳定。

由于作用于工艺系统各组成部分的热源,其发热量、位置和作用的时间各不相同,各部分的热容量、散热条件也不一样,处于不同的空间位置上的各点在不同时间其温度也是不等的。物体中各点的温度分布称为温度场。当物体未达热平衡时,各点温度不仅是坐标位置的函数,也是时间的函数,这种温度场称为不稳态温度场。物体达到热平衡后,各点温度将不再随时间而变化,只是其坐标位置的函数,这种温度场称为稳态温度场。机床在开始工作的一段时间内,其温度场处于不稳定状态,其精度也是很不稳定的,工作一定时间后,温度才逐渐趋于稳定,其精度也比较稳定。因此,精密加工应在机床工作一段时间后达到热平衡状态时进行。

二、机床热变形对加工精度的影响

切削过程中,机床在热源的影响下,各部分温度将发生变化,由于热源分布不均匀以及机床结构和工作条件的复杂性,因此产生机床热变形的形式是多种多样的。机床热变形中,对加工精度有影响的主要是主轴部件、床身、导轨等的热变形。

车床热变形的热源主要是主轴箱轴承的摩擦热和主轴箱中油池的发热,它们使主轴箱及床身局部温度升高。温升使主轴抬高和倾斜,油池的温升通过箱底传到床身,使床身上、下表面产生温差,造成床身弯曲而中凸,并进一步使主轴抬高和倾斜。图 5.16 所示

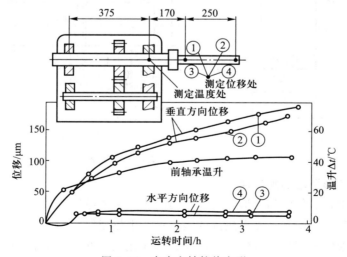

图 5.16　车床主轴箱热变形

为车床空运转时主轴的温升和位移的测量结果。主轴在水平面内的位移仅为 10 μm，而在垂直面内的位移可高达 180～200 μm。水平位移虽数值很小，但对卧式车床来说属误差敏感方向，故对加工精度的影响就不能忽视。而垂直方向的位移对卧式车床影响不大，但对刀具垂直安装的自动车床和转塔车床来说，对加工精度的影响就很严重。因此，对于机床热变形，最好控制在非误差敏感方向。

磨床类机床通常都有液压传动系统并配有高速磨头，它的主要热源为砂轮主轴轴承和液压系统的发热以及切削热，主要表现在砂轮架的位移、工件头架的位移和导轨的变形。其中，砂轮架的回转摩擦热影响最大，而砂轮架的位移直接影响被磨工件的尺寸。由此可见，影响加工尺寸一致性的主要因素是机床的热变形。

对大型机床如导轨磨床、外圆磨床、卧式车床、龙门铣床等的长床身部件，机床床身的热变形将是影响加工精度的主要因素。由于床身长，床身上表面与底面间的温差将使床身产生弯曲变形，当车间温度高于地面温度时，床身表面呈中凸状，反之则成中凹。另外，立柱和拖板也因床身的热变形而产生相应的位置变化。常见几种机床的热变形趋势如图 5.17 所示。

卧式车床
热变形

卧式铣床
热变形

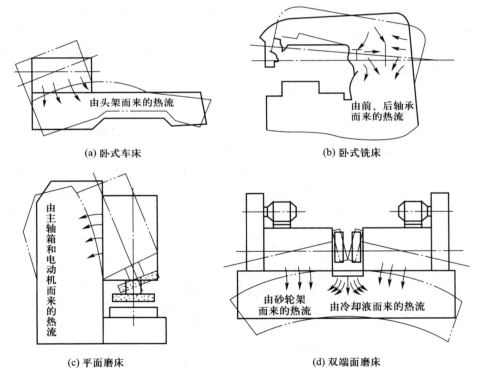

图 5.17   几种机床的热变形趋势

三、工件热变形引起的加工误差

在切削过程中，工件的热变形主要来自切削热，精密零件及某些大型工件还会因周围环境温度的变化和局部受到日光等热源的辐射热产生热变形。

工件的热变形因采用加工方法不同而异，如车削时，传给工件的热量小，故变形小；钻孔时，因传给工件的热量多，故变形大。此外，工件热变形还会因受热面积（尺寸）不同而不同,如薄壁件和实心件,即使是同样的热量,其温升和热变形也是不同的。

从工件的受热情况不同(即均匀受热与不均匀受热),引起的变形情况也是不相同的。

1. 工件均匀受热

对于一些形状简单、对称的零件,如轴、套筒等,加工时(如车削、磨削)切削热能较均匀地传入工件,工件热变形量可按下式估算:

$$\Delta L = \alpha L \Delta t \qquad (5.18)$$

式中:α——工件材料的热膨胀系数,单位为 ℃$^{-1}$;

$\quad L$——工件在热变形方向的尺寸,mm;

$\quad \Delta t$——工件温升,℃。

在精密丝杠加工中,工件的热伸长会产生螺距的累积误差。如在磨削 400 mm 长的丝杠螺纹时,每磨一次温度升高 1℃,则被磨丝杠的伸长量

$$\Delta L = 1.17 \times 10^{-5} \times 400 \times 1 \text{ mm} = 0.004\ 7 \text{ mm}$$

而 5 级丝杠的螺距累积误差在 400 mm 长度上不允许超过 5 μm。因此,热变形对工件加工精度影响很大。

在加工较长的轴类零件的过程中,开始切削时,工件温升为零,随着切削加工的进行,工件温度逐渐升高而使直径逐渐增大,增大量被刀具切除,因此加工完的工件冷却后将出现锥度误差。

2. 工件不均匀受热

在刨削、铣削、磨削加工平面时,工件单面受热,上、下平面间的温差引起热变形。如图 5.18 所示,在平面磨床上磨削长为 L、厚为 H 的板状工件,工件单面受热,上、下面间形成温差 Δt,导致工件向上凸起,凸起部分被磨去,冷却后磨削表面下凹,使工件产生平面度误差。因热变形引起工件凸起量 f 可做如下近似计算。由于中心角 ϕ 很小,其中性层的长度可近似认为等于原长 L,则

$$f = \frac{L}{2} \tan \frac{\phi}{4} \approx \frac{L}{8} \phi \qquad (5.19)$$

且

$$(R+H)\phi - R\phi = \alpha \Delta t L$$

$$\phi = \frac{\alpha \Delta t L}{H}$$

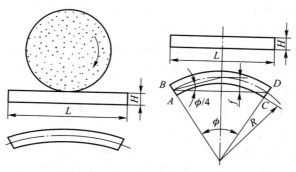

图 5.18 薄板磨削时的弯曲变形

所以
$$f = \frac{\alpha \Delta t L^2}{8H}$$
(5.20)

由式(5.20)可知，当工件不均匀受热时，工件凸起量与工件长度的平方成正比，且工件厚度越薄，工件凸起量就越大。由于 L、H、α 均为常量，要减小变形误差，必须控制温差 Δt。

四、刀具热变形引起的加工误差

刀具热变形主要是由切削热引起的。尽管传给刀具的热量不多，但由于刀具切削部分体积小，热容量小，因此刀具的工作表面被加热到很高的温度，刀具的热伸长影响加工精度。

图 5.19 所示为车削时车刀的热伸长量与切削时间的关系。连续车削时，车刀的热变形情况如曲线 A，经过 $10 \sim 20$ min，即可达到热平衡，车刀热变形影响很小；当车刀停止车削后，刀具冷却变形过程如曲线 B；当车削一批短小轴类工件时，加工时断时续(如装卸工件)，间断切削，变形过程如曲线 C。因此，在开始切削阶段，其热变形显著；在热平衡后，对加工精度的影响则不明显。

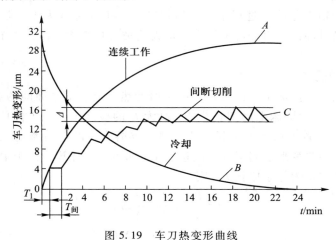

图 5.19   车刀热变形曲线

五、减小和控制工艺系统热变形的主要途径

1. 减少热源发热和隔离热源

1) 减少切削热或磨削热。通过控制切削用量，合理选择和使用刀具来减少切削热，零件精度要求高时，还应注意将粗加工和精加工分开进行。

2) 减少机床各运动副的摩擦热。从运动部件的结构和润滑等方面采取措施，如主轴部件采用静压轴承、低温动压轴承等，采用低黏度润滑油、润滑脂或循环冷却润滑、油雾润滑等措施，均有利于降低主轴轴承的温升。

3) 分离热源。凡能从机床分离出去的热源，如电动机、变速箱、液压系统、油箱等产生热源的部件尽可能置于机床主机之外。

对于不能分离的热源，如主轴轴承、丝杠螺母副、高速运动的导轨副等零部件，可从结构和润滑等方面改善其摩擦特性，减少发热。还可采用隔热材料将发热部件和机床大件(如床身、立柱等)隔离开来。

2. 改善散热条件

对发热量大的热源，既不便从机床内部移出，又不便隔热，则可采用有效的冷却措施，如增加散热面积或使用强制性的风冷、水冷、循环润滑等。

使用大流量切削液或喷雾等方法冷却，可带走大量切削热或磨削热。在精密加工时，为增加冷却效果，控制切削液的温度是很有必要的。如大型精密丝杠磨床采用恒温切削液冷却工件，机床的空心母丝杠也通入恒温油，以降低工件与母丝杠的温差，提高加工精度的稳定性。

目前，大型数控机床、加工中心普遍采用冷冻机，对润滑油、切削液进行强制冷却，机床主轴轴承和齿轮箱中产生的热量可由恒温的切削液迅速带走。

3. 均衡温度场

利用机床发出的热量来均衡机床重要部分温升较低的部位，使机床处于热平衡稳定状态，其热变形就会减小。图 5.20 为 M7150A 型平面磨床的热补偿油沟。热补偿油沟为均衡温度场的措施之一。该机床床身较长，加工时工作台纵向运动速度比较高，所以床身上部温升高于下部，使床身导轨向上凸起。其改进措施是将油池搬出主机并做成一个单独的油箱。另外在床身下部开出"热补偿油沟"，使一部分带有余热的回油流经床身下部，使床身下部的温度提高，这样可使床身上、下部分的温差降至 1~2 ℃，导轨的中凸量由原来的 0.026 5 mm 降为 0.005 2 mm。

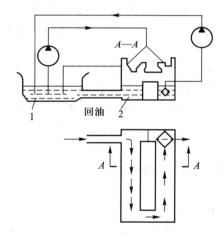

1—油池；2—热补偿油沟
图 5.20　M7150A 型平面磨床的热补偿油沟

4. 改进机床布局和结构设计

1) 采用热对称结构。在主轴箱的内部结构中，注意传动元件（轴、轴承及传动齿轮）安放的对称性可有效均衡箱壁的温升而减少其变形。当机床零部件温升均匀时，机床本身就呈现一种热稳定状态，从而使机床产生不影响加工精度的均匀热变形。

机床大型零部件的结构和布局对机床的热态特性有很大影响。以加工中心为例，在热源的影响下，单立柱结构会产生相当大的扭曲变形，而双立柱结构由于左右对称，仅产生垂直方向的热位移，很容易通过调整的方法予以补偿。因此，双立柱结构的机床主轴相对于工作台的热变形比单立柱结构小得多。

2) 合理选择机床零部件的安装基准。合理选择机床零部件的安装基准，使热变形尽量不在误差敏感方向。如图 5.21a 所示，车床主轴箱在床身上的定位点 H 置于主轴轴线的下方，主轴箱产生热变形时，使主轴孔在 Z 方向产生热位移，对加工精度影响较小。若采用如图 5.21b 所示的定位方式，主轴除了在 Z 方向产生热位移以外，还在误差敏感方向 Y 方向产生热位移。直接影响了刀具与工件之间的正确位置，故造成了较大的加工误差。

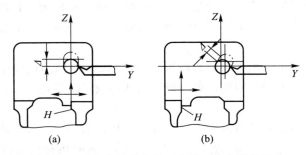

(a)   (b)

图 5.21   车床主轴箱定位面位置对热变形的影响

5. 采用恒温措施

控制环境温度的变化，从而使机床热变形稳定。主要方法是采用恒温措施，例如精密磨床、坐标镗床、螺纹磨床、齿轮磨床等精密机床都要安装在恒温车间内使用。恒温的精度根据加工精度的要求而定。精密机床的恒温精度一般控制在 ±1 ℃ 以内，精密级机床的恒温精度为 ±0.5 ℃，超精密级机床的恒温精度为 ±0.01 ℃。恒温室平均温度一般为 20 ℃，冬季可取 17 ℃，夏季取 23 ℃。对精加工机床应避免阳光直接照射，布置取暖设备也应避免使机床受热不均匀。

6. 使用热变形自动补偿系统

该方法是在加工过程中测量出热变形量的数值，然后采取加工中修正或程序数字控制的方式来补偿这一变形量，以保持加工精度不变。精密加工中心机床已采用这种热变形补偿系统。

5.1.5   工件残余应力对加工精度的影响

一、工件残余应力引起的变形

残余应力也称内应力，是指在没有外力作用下或去除外力后工件内存留的应力，是由于工件内部相邻组织发生了不均匀的体积变化而产生的，其原因主要来自冷、热加工。

1. 毛坯制造和热处理过程中产生的残余应力

在铸、锻、焊、热处理等加工过程中，由于各部分冷热收缩不均匀以及金相组织转变的体积变化，使毛坯内部产生了相当大的残余应力。毛坯的结构愈复杂，各部分的厚度愈不均匀，散热条件相差愈大，则毛坯内部产生的残余应力也愈大。如铸造床身，就因表、里冷却速度相差大而引起收缩不一致，造成表层产生压应力而内部残存拉应力（图 5.22），使得工件出现变形。

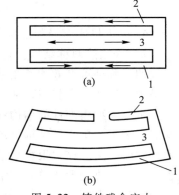

图 5.22   铸件残余应力

图 5.22a 所示为一个内、外壁厚相差较大的铸件，在浇注后的冷却过程中产生残余应力的情况。由于壁 1 和壁 2 比较薄，散热容易，冷却速度比壁 3 快。当壁 1 和壁 2 从塑性状态冷却到弹性状态时，壁 3 尚处于塑性状态。所以，壁 1 和壁 2 收缩时，壁 3 不起阻止变形作用，不会产生内应力。当壁 3 冷却到弹性状态时，壁 1 和壁 2 的温度已经降低很多，收缩速度比壁 3 的收缩速度慢得多，此时壁 3 的收缩受到壁 1 和壁 2 的阻碍。因此，壁 3 产生拉应力，壁 1 及壁 2 产生压应力，形成了相互平衡的状态。如果在壁 2 上开一个缺口，如图 5.22b 所示，则壁 2 的压应力消失。铸件在壁 3 和壁 1 的内应力作用下，壁 3 收缩，壁 1 伸长，产生弯曲变形，直至残余应力重新分布，达到新的平衡为止。

因此，对比较复杂的铸件，一般需进行时效处理，以消除或减少内应力。另外，工件在表面淬火处理时，其表面层金属由奥氏体转化为马氏体，体积增大；但内部仍为奥氏体，体积未变，故表层受压、里面受拉。

2. 机械加工带来的表层残余应力

切削过程中，由于切削力和切削热的作用，会使表层金属与基体产生不同的变形而产生残余应力。一般是切削加工时，由于是冷态塑性变形占主导，故表层往往为残余压应力，里层为残余拉应力；磨削加工时，由于是受热产生塑性变形占主导，故表层多为残余拉应力，里层多为残余压应力。

3. 冷校直带来的残余应力

冷校直带来的残余应力可以用图 5.23 来说明：弯曲的工件（无残余应力）要校直，必须使工件产生反向弯曲（图 5.23a），并使工件产生一定的塑性变形。当工件外层应力超过屈服强度而内层还未超过弹性极限，其应力分布如图 5.23b 所示；去除外力后，由于上部外层已产生压缩的塑性变形，下层已产生拉伸的塑性变形，故里层的弹性恢复受到阻碍。结果如图 5.23c 所示，上部外层产生残余拉应力，上部里层产生残余压应力；下部外层产生残余压应力，里层产生残余拉应力。

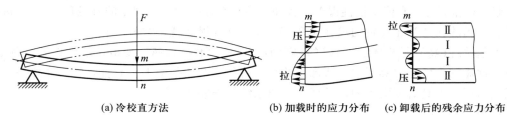

(a) 冷校直方法　　　　　(b) 加载时的应力分布　　　(c) 卸载后的残余应力分布

图 5.23　冷校直引起的残余应力

冷校直引起的残余应力

生产实践表明，具有残余应力的零件，其内部组织具有强烈的恢复到没有内应力状态的倾向；即使在常温下也会不断地、缓慢地进行这种变化，直至残余应力消失为止。这一过程称为内应力再分布。由此可知，内应力的特点是拉应力与压应力并存、处于暂时平衡状态。内应力再分布将引起工件变形，使原有的加工精度逐渐消失。因此，不允许有残余应力的重要零件进入产品装配。为减少或消除残余应力，可增加消除内应力的热处理工序，如退火、回火、时效处理等；合理安排工艺过程，如粗、精加工分开进行；改善零件结构，提高零件刚度等。

二、减小内应力的措施

1）合理设计零件结构。在设计零件时，尽量做到壁厚均匀，结构对称，以减小内应力。

2）增设消除内应力的热处理工序。铸件、锻件、焊接件在进入机械加工工艺之前，应进行退火、回火等热处理，加速内应力变形的进程；对箱体、床身、主轴等重要零件，在机械加工工艺中需适当安排时效处理工序。

3）合理安排工艺过程。粗加工和精加工宜分阶段进行，使工件在粗加工后有一定的时间来松弛内应力。

5.2　加工误差的统计分析

前面几节对影响加工精度的各种主要因素进行了分析，这些分析是局部的、单因素的。生产过程中，影响加工精度的因素往往是错综复杂的，有时很难用单因素法来分析，而要用数理统计方法来进行研究，才能得出正确的符合实际的结果。

5.2.1　加工误差的分类

按照加工一批工件时误差出现的规律，加工误差可分为系统性误差和随机性误差两大类。

1. 系统性误差

在相同的工艺条件下加工一批工件时，大小和方向保持不变，或者按一定规律变化的误差即为系统性误差。前者称为常值系统性误差，后者称为变值系统性误差。

加工原理误差，机床、刀具、夹具、量具的制造误差，一次调整误差，工艺系统受力变形引起的误差等都是常值系统性误差。例如，钻头直径尺寸大于规定的直径尺寸 0.01 mm，则所有钻出的孔径都比规定的尺寸大 0.01 mm，这种误差就是常值系统性误差。

工艺系统（特别是机床、刀具）的热变形、刀具的磨损均属于变值系统性误差。例如，车削一批短轴，由于刀具磨损，所加工的轴的直径一个比一个大，而且直径尺寸按一定规律变化。可见刀具磨损引起的误差属于变值系统性误差。

2. 随机性误差

在顺序加工一批工件时，若误差的大小和方向是无规律地变化，则这类误差称为随机性误差。随机性误差是工艺系统中随机因素所引起的加工误差，它是由许多相互独立的工艺因素随机变化和综合作用的结果。如毛坯误差（余量大小不一、硬度不均匀等）的复映、定位误差（基准面精度不一、间隙影响）、夹紧误差、内应力引起的误差、多次调整的误差等都是随机性误差。

应该指出，在不同的场合下，误差的表现性质也有不同。例如，机床在一次调整中加工一批零件时，机床的调整误差是常值系统性误差。但是，当多次调整机床时，每次调整时发生的调整误差不是常值，变化也无一定规律，因此对于经多次调整所加工出来的大批工件，调整误差所引起的加工误差又成为随机性误差。随机性误差从表面上看似乎没有什么规律，但应用数理统计方法，可以找出一批工件加工误差的总体规律。

5.2.2 加工误差的分布规律

采用调整法批量加工时，由于在加工过程中存在着随机误差，因此这一批零件的尺寸在数值上是不相同的，其加工误差按照不同规律分布。在生产实际中，常用数理统计学中的一些理论分布曲线来进行分析，这样可以使误差分析问题得到简化。机械加工中，零件的分布类型主要有正态分布、偏态分布、双峰分布、平顶分布。

1. 正态分布

概率论已经证明，相互独立的大量微小随机变量，其总和的分布符合正态分布。大量试验表明，在机械加工中，用调整法加工一批零件，当不存在明显的变值系统误差因素时，加工后零件的尺寸近似于正态分布。这时的分布曲线称为正态分布曲线（即高斯曲线）。正态分布曲线的形态如图 5.24 所示。

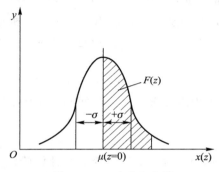

图 5.24　正态分布曲线

图 5.24 所示的正态分布曲线的概率密度函数表达式是

$$y = \frac{1}{\sigma\sqrt{2\pi}}\mathrm{e}^{-\frac{1}{2}\left(\frac{x-\mu}{\sigma}\right)^{2}} \tag{5.21}$$

式中：y——分布的概率密度；

$\quad\quad$ x——随机变量；

$\quad\quad$ μ——正态分布随机变量总体的算术平均值（分散中心）；

$\quad\quad$ σ——正态分布随机变量的标准偏差。

由式（5.21）及图 5.24 可以看出，当 $x=\mu$ 时，

$$y_{\max} = \frac{1}{\sigma\sqrt{2\pi}} \tag{5.22}$$

该点是曲线的最大值，也是曲线的分布中心。在它左右的曲线是对称的。

正态分布总体的 μ 和 σ 通常是不知道的，但可以通过它的样本平均值 $\overline{X}$ 和样本标准偏差 σ 来估计。成批加工一批工件时，通过抽检其中的一部分，即可判断整批工件的加工精度。

用样本的 $\overline{X}$ 代替总体的 μ，用样本的 σ 代替总体的 σ。

总体平均值 $\mu=0$，总体标准偏差 $\sigma=1$ 的正态分布称为标准正态分布。任何不同 μ 和

σ 的正态分布曲线，都可以通过令 $Z = \dfrac{x-\mu}{\sigma}$ 进行交换而变成标准正态分布曲线。

$$y(Z) = \frac{1}{\sqrt{2\pi}} e^{-\frac{z^2}{2}} \qquad\qquad (5.23)$$

由数理统计知识可知，正态分布曲线具有下列特性：

1）曲线以直线 $x = \mu$ 为左右对称，靠近 μ 的工件尺寸出现概率较大，远离 μ 的工件尺寸出现概率较小。

2）对 μ 的正偏差和负偏差，其概率相等。

3）分布曲线与横坐标所围成的面积包括了全部零件数（即 100%），故其面积等于 1；其中 $x-\mu = \pm 3\sigma$（即 x 在 $\mu \pm 3\sigma$ 范围内）的面积占了 99.73%，即 99.73% 的工件尺寸落在 $\pm 3\sigma$ 范围内，仅有 0.27% 的工件在范围之外（可忽略不计）。因此，一般取正态分布曲线的分布范围为 $\pm 3\sigma$。

$\pm 3\sigma$（或 6σ）的概念在研究加工误差时应用很广，是一个很重要的概念。6σ 的大小代表某加工方法在一定条件（如毛坯余量，切削用量，正常的机床、夹具、刀具等）下所能达到的加工精度，所以在一般情况下，应该使所选择的加工方法的标准偏差 σ 与公差带宽度 T 之间具有下列关系：

$$6\sigma \leqslant T$$

但考虑系统性误差及其他因素的影响，应当使 6σ 小于公差带宽度 T，才可以保证加工精度。

2. 偏态分布

当工艺系统存在显著的热变形时，由于热变形在开始阶段变化较快，然后逐渐减弱，直至达到热平衡状态，在这种情况下分布曲线呈现不对称状态。又如试切法加工时，由于主观不愿意产生不可修复的不合格产品，主观地（而不是随机地）使轴颈加工得宁大勿小，使孔径加工得宁小勿大，则它们的尺寸就是偏态分布，如图 5.25a 所示；当用调整法加工，刀具热变形显著时也呈偏态分布，如图 5.25b 所示。

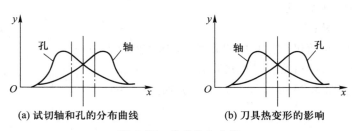

| (a) 试切轴和孔的分布曲线 | (b) 刀具热变形的影响 |

图 5.25   偏态分布曲线

3. 双峰分布

工件实际尺寸的分布情况有时并不符合正态分布。例如，将在两台机床上分别调整加工出的工件混在一起测定，由于每次调整时常值系统性误差是不同的，如常值系统性误差之值大于 2.2σ，就会得到如图 5.26 所示的双峰曲线。实际上这是两组正态分布曲线（如虚线所示）的叠加，也即随机性误差中混入了常值系统性误差。每组有各自的分散中心和标准偏差 σ。

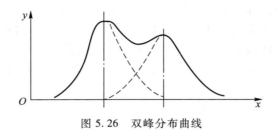

图 5.26　双峰分布曲线

4. 平顶分布

当刀具或砂轮磨损严重并且没有自动补偿时，零件的实际尺寸分布将成平顶分布，如图 5.27 所示。从图可以看出，在加工的每个瞬间，零件尺寸是按照正态分布曲线分布的，随着刀具或砂轮的磨损，不同瞬间尺寸分布曲线的平均尺寸是移动的。因此，总体分布曲线呈平顶形。

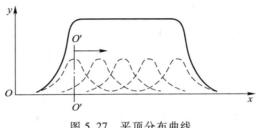

图 5.27　平顶分布曲线

5.2.3　加工误差的统计分析方法

加工误差的统计分析方法就是以生产现场对工件进行实际测量所得的数据为基础，应用数理统计的方法，分析一批工件的情况，从而找出产生误差的原因以及误差性质，以便提出解决问题的方法。在机械加工中，经常采用的统计分析方法主要有分布图分析法和点图分析法。

一、分布图分析法

1. 实际分布图

加工一批工件，由于随机性误差和变值系统性误差的存在，加工尺寸的实际数值是各不相同的，这种现象称为尺寸分散。

在一批零件的加工过程中，测量各零件的加工尺寸，把测得的数据记录下来，按尺寸大小将整批工件进行分组，每一组中的零件尺寸处在一定的间隔范围内。同一尺寸间隔内的零件数量称为频数，频数与该批零件总数之比称为频率。以工件尺寸为横坐标，以频数或频率为纵坐标，即可作出该工序工件加工尺寸的实际分布图——直方图。

在以频数为纵坐标作直方图时，如样本含量(工件总数)不同，组距(尺寸间隔)不同，那么作出的图形高矮就不一样，为了便于比较，纵坐标应采用频率密度。

$$频率密度 = \frac{频率}{组距} = \frac{频数}{样本容量 \times 组距}$$

直方图上矩形的面积 = 频率密度 × 组距 = 频率

由于所有各组频率之和等于 100%，故直方图上全部矩形面积之和应等于 1。

为了进一步分析该工序的加工精度情况，可在直方图上标出该工序的加工公差带位置，并计算该样本的统计数字特征：平均值 $\overline{X}$ 和标准偏差 σ。

样本的平均值 $\overline{X}$ 表示该样本的尺寸分散中心，它主要决定于调整尺寸的大小和常值系统性误差。

$$\overline{X} = \frac{1}{n} \sum_{i=1}^{n} x_i \qquad (5.24)$$

式中：n——样本含量；

x_i——各工件的尺寸。

样本的标准偏差 σ 反映了该批工件的尺寸分散程度，它是由变值系统性误差和随机性误差决定的。该误差大，σ 也大；误差小，σ 也小。

$$\sigma = \sqrt{\frac{1}{n} \sum_{i=1}^{n} (x_i - \overline{X})^2} \qquad (5.25)$$

下面通过实例来说明直方图的绘制步骤。

磨削一批轴径 $\phi 60^{+0.06}_{+0.01}$ mm 的工件，经实测后的尺寸误差见表 5.2，作直方图的步骤如下：

1）收集数据。在一定的加工条件下，按一定的抽样方式抽取一个样本（即抽取一批零件），样本容量（抽取零件的个数）一般取 100 件左右，见表 5.2，找出其中最大值 $x_{\max} = 54$ μm 和最小值 $x_{\min} = 16$ μm。

表 5.2   轴径尺寸实测误差   μm

44	20	46	32	20	40	52	33	40	25	43	38	40	41	30
22	46	38	30	42	38	27	49	45	45	38	32	45	48	28
40	42	38	52	38	36	37	43	28	45	36	50	46	33	30
22	28	34	30	36	32	35	22	40	35	36	42	46	42	50
32	46	20	28	46	28	54	18	32	33	26	45	47	36	38
34	38	47	53	38	42	42	16	38	42	42	16	51	32	34
38	49	52	44	38	36	49	36	38	40	30	20	18	36	40

注：表中数据为实测尺寸与基本尺寸之差。

2）分组。将抽取的样本数据分成若干组，一般用表 5.3 的经验数值确定，本例分组数 k 取 9。经验证明，组数太少会掩盖组内数据的变动情况，组数太多会使各组的高度参差不齐，从而看不出变化规律。通常确定的组数要使每组包含 4~5 个数据。

表 5.3   样本与组数的选择

数据的数量	分组数
50~100	6~10
100~250	7~12
250 以上	10~20

3）计算组距 h，即组与组的间距。

$$h = \frac{x_{\max} - x_{\min}}{k-1} = \frac{54-16}{9-1} \ \mu m = 4.75 \ \mu m$$

取 $h = 5 \ \mu m$。

4）计算各组的组界，即上、下界值。

$$x_{\min} + (j-1) \ h \pm h/2 \quad (j=1, \ 2, \ 3, \ \cdots, \ k)$$

计算上界值时，式中"±"取"+"，计算下界值时，式中"±"取"-"。例如第一组的上界值为 $x_{\min} + h/2 = (16+5/2) \mu m = 18.5 \ \mu m$，第一组的下界值为 $x_{\min} - h/2 = (16-5/2) \mu m = 13.5 \ \mu m$。其余类推。

5）计算各组的中心值。中心值是每组中间的数值，即

$$\frac{某组上限值 + 某组下限值}{2} = x_{\min} + (j-1) \ h$$

例如第一组的中心值为 $x_{\min} + (j-1) \ h = 16 \ \mu m$。

6）记录各组数据，整理成如表5.4所示的频数分布表。

7）计算 $\overline{X}$ 和 σ。

$$\overline{X} = \frac{1}{n} \sum_{i=1}^{n} x_i = 37.29 \ \mu m$$

$$\sigma = \sqrt{\frac{1}{n} \sum_{i=1}^{n} (x_i - \overline{X})^2} = 8.93 \ \mu m$$

表 5.4 频数分布表

组号	组界/μm	中心值	频数统计	频率/%	频率密度/($\mu m^{-1} \cdot$ %)
1	13.5~18.5	16	3	3	0.6
2	18.5~23.5	21	7	7	1.4
3	23.5~28.5	26	8	8	1.6
4	28.5~33.5	31	13	13	2.6
5	33.5~38.5	36	26	26	5.2
6	38.5~43.5	41	16	16	3.2
7	43.5~48.5	46	16	16	3.2
8	48.5~53.5	51	10	10	2.0
9	53.5~58.5	56	1	1	0.2

8）按表5.4所列数据以频率密度为纵坐标，组距（尺寸间隔）为横坐标，就可画出直方图，如图5.28所示；再由直方图的各矩形顶端的中心点连成折线，在一定条件下，此折线接近理论分布曲线（见图中曲线）。

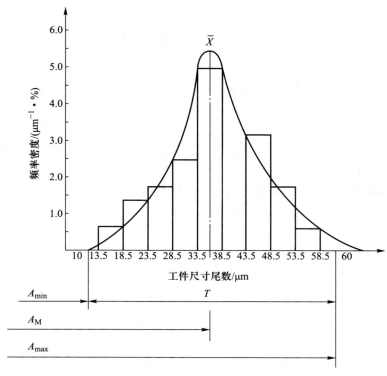

图 5.28   直方图

由直方图可知，该批工件的尺寸分散范围大部分居中，偏大、偏小者较少。要进一步分析研究该工序的加工精度问题，必须找出频率密度与加工尺寸间的关系，因此必须研究理论分布曲线。

2. 分布图的实际应用

分布图在机械加工的统计分析中有着广泛的应用。分布图的主要应用场合有判别加工误差的性质、确定各种加工方法所能达到的加工精度、判断工序的工艺能力能否满足加工能力要求、估算产品的不合格品率。

1）判别加工误差的性质。如果加工过程中没有变值系统性误差，那么它的尺寸分布应该服从正态分布，此时实际分布曲线与正态分布曲线基本相符，然后再根据是否与公差带中心重合来判断是否存在常值系统性误差。如果不重合，则说明存在着常值系统性误差。

2）确定各种加工方法所能达到的加工精度。由于各种加工方法在随机性因素的影响下所得的加工尺寸的分散规律符合正态分布，因而可以在多次统计的基础上，为每一种加工方法求得它的标准偏差 σ 值；然后，按分布范围等于 6σ 的规律，即可确定各种加工方法所能达到的精度。

3）判断工序的工艺能力能否满足加工能力要求。工艺能力是指某工序能否稳定地加工出合格产品的能力。由于加工时误差超出分散范围的概率极小，可以认为不会发生超出分散范围的加工误差，因此可以用该工序的尺寸分散范围来表示工艺能力。当加工尺寸分布接近正态分布时，工艺能力为 6σ。

把工件尺寸公差 T 与分散范围 6σ 的比值称为该工序的工艺能力系数 C_p，用以判断工序工艺能力的大小。C_p 按下式计算：

$$C_p = \frac{T}{6\sigma} \qquad (5.26)$$

式中：T——工件尺寸公差。

根据工艺能力系数 C_p 的大小，工艺能力共分为五级，见表 5.5。

一般情况下，工艺能力不应低于二级。

表 5.5 工艺能力系数与工艺能力等级

工艺能力系数	$C_p > 1.67$	$1.67 \geqslant C_p > 1.33$	$1.33 \geqslant C_p > 1.00$	$1.00 \geqslant C_p > 0.67$	$0.67 \geqslant C_p$
工艺能力等级	特级工艺	一级工艺	二级工艺	三级工艺	四级工艺
工艺能力判断	很充分	充分	够用但不充分	明显不足	非常不足

4) 估算产品的不合格品率。正态分布曲线与横坐标轴之间所包含的面积代表一批工件的总数 100%，如果尺寸分散范围大于零件的公差 T，则肯定出现不合格品，如图 5.29 所示的阴影部分。尺寸落在 A_{min}、A_{max} 范围内的概率即空白部分的面积就是加工工件的合格率，即

$$A_h = \frac{1}{\sigma\sqrt{2\pi}} \int_{A_{min}}^{A_{max}} e^{-\frac{(x-\bar{x})^2}{2\sigma^2}} dx \qquad (5.27)$$

令

$$z_1 = \frac{|A_{min} - \bar{X}|}{\sigma}, \quad z_2 = \frac{|A_{max} - \bar{X}|}{\sigma}$$

则

$$A_h = \frac{1}{\sqrt{2\pi}} \int_0^{z_1} e^{-\frac{z^2}{2}} dz + \frac{1}{\sqrt{2\pi}} \int_0^{z_2} e^{-\frac{z^2}{2}} dz \qquad (5.28)$$

$$= \Phi(z_1) + \Phi(z_2)$$

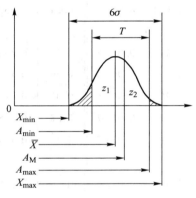

图 5.29 不合格品率计算

阴影部分的面积为不合格品率。左边的阴影部分面积为

$$S_{f\text{左}} = 0.5 - \Phi(z_1) \qquad (5.29)$$

由于这部分工件的尺寸小于工件要求的最小极限尺寸 A_{min}，当加工外圆表面时，这部分不合格品无法修复，为不可修复不合格品。当加工内孔表面时，这部分不合格品可以修复，因而称为可修复不合格品。

右边阴影部分的面积为

$$S_{f\text{右}} = 0.5 - \Phi(z_2) \qquad (5.30)$$

由于这部分工件尺寸大于要求的最大极限尺寸 A_{max}，当加工外圆表面时，这部分不合格品可以修复，为可修复不合格品。当加工内孔表面时，这部分不合格品不可修复，为不可修复不合格品。

对于不同的 z 值，对应的函数值 $\Phi(z)$ 可由表 5.6 查得。

表 5.6 $\Phi(z)$ 函数值

z	$\Phi(z)$	z	$\Phi(z)$	z	$\Phi(z)$	z	$\Phi(z)$	z	$\Phi(z)$
0.00	0.000 0	0.26	0.102 6	0.52	0.198 5	1.05	0.353 1	2.60	0.495 3
0.01	0.004 0	0.27	0.106 4	0.54	0.205 4	1.10	0.364 3	2.70	0.496 5
0.02	0.008 0	0.28	0.110 3	0.56	0.212 3	1.15	0.374 9	2.80	0.497 4
0.03	0.012 0	0.29	0.114 1	0.58	0.219 0	1.20	0.384 9	2.90	0.498 1
0.04	0.016 0	0.30	0.117 9	0.60	0.225 7	1.25	0.394 4	3.00	0.498 65
0.05	0.019 9	—	—	—	—	—	—	—	—
0.06	0.023 9	0.31	0.121 7	0.62	0.232 4	1.30	0.403 2	3.20	0.499 31
0.07	0.027 9	0.32	0.125 5	0.64	0.238 9	1.35	0.411 5	3.40	0.499 66
0.08	0.031 9	0.33	0.129 3	0.66	0.245 4	1.40	0.419 2	3.60	0.499 841
0.09	0.035 9	0.34	0.133 1	0.68	0.251 7	1.45	0.426 5	3.80	0.499 928
0.10	0.039 8	0.35	0.136 8	0.70	0.258 0	1.50	0.433 2	4.00	0.499 968
0.11	0.043 8	0.36	0.140 6	0.72	0.264 2	1.55	0.439 4	4.50	0.499 997
0.12	0.047 8	0.37	0.144 3	0.74	0.270 3	1.60	0.445 2	5.00	0.499 999
0.13	0.051 7	0.38	0.148 0	0.76	0.276 4	1.65	0.450 5	—	—
0.14	0.055 7	0.39	0.151 7	0.78	0.282 3	1.70	0.455 4	—	—
0.15	0.059 6	0.40	0.155 4	0.80	0.288 1	1.75	0.459 9	—	—
0.16	0.063 6	0.41	0.159 1	0.82	0.293 9	1.80	0.464 1	—	—
0.17	0.067 5	0.42	0.162 8	0.84	0.299 5	1.85	0.467 8	—	—
0.18	0.071 4	0.43	0.166 4	0.86	0.305 1	1.90	0.471 3	—	—
0.19	0.075 3	0.44	0.170 0	0.88	0.310 6	1.95	0.474 4	—	—
0.20	0.079 3	0.45	0.173 6	0.90	0.315 9	2.00	0.477 2	—	—
0.21	0.083 2	0.46	0.177 2	0.92	0.321 2	2.10	0.482 1	—	—
0.22	0.087 1	0.47	0.180 8	0.94	0.326 4	2.20	0.486 1	—	—
0.23	0.091 0	0.48	0.184 4	0.96	0.331 5	2.30	0.489 3	—	—
0.24	0.094 8	0.49	0.187 9	0.98	0.336 5	2.40	0.491 8	—	—
0.25	0.098 7	0.50	0.191 5	1.00	0.341 3	2.50	0.493 8	—	—

例 5.2　在车床上加工一批轴，要求外径 $d = \phi 10^{+0.08}_{-0.07}$ mm，抽样后测得 $\overline{X} = 9.99$ mm，$\sigma = 0.03$ mm，其尺寸分布符合正态分布，试分析该工序的加工质量。

解： 该工序尺寸分布如图 5.30 所示。

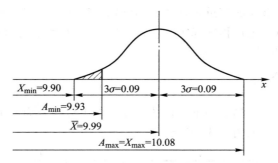

图 5.30　车削轴的工序尺寸分布

$$C_\mathrm{p}=\frac{T}{6\sigma}=\frac{0.15}{6\times0.03}=0.833<1$$

工艺能力系数 $C_\mathrm{p}<1$，查表 5.5 可知，属于三级工艺能力，说明该工序的工艺能力不足，因此出现不合格品是不可避免的。

工件最小尺寸 $d_\mathrm{min}=\overline{X}-3\sigma=9.90$ mm$<A_\mathrm{min}$（从图 5.30 中可知 $A_\mathrm{min}=9.93$ mm），故该工序会产生不可修复的不合格品。

偏小不合格品率　　　　　　　　　$Q=0.5-\Phi(z)$

$$z=\frac{|A_\mathrm{min}-\overline{X}|}{\sigma}=\frac{|9.93-9.99|}{0.03}=2$$

查表 5.6，$z=2$ 时，$\Phi(z)=0.477\,2$，故 $Q=0.5-\Phi(z)=0.5-0.477\,2=0.022\,8=2.28\%$，这些不合格品不可修复。

工件最大尺寸　　　　　　　　　$d_\mathrm{max}=\overline{X}+3\sigma=10.08$ mm

又由于 $A_\mathrm{max}=10.08$ mm，$d_\mathrm{max}=A_\mathrm{max}$，右边全部合格。

合格品率为　　　　　$\Phi(z)+0.5=0.477\,2+0.5=0.997\,2=97.72\%$

不可修复不合格品率为 $1-97.72\%=2.28\%$。

3. 分布图分析法的缺点

分布图分析法不能反映误差的变化趋势。加工中随机性误差和系统性误差同时存在，由于分析时没有考虑工件加工的先后顺序，故很难把随机性误差与变值系统性误差区分开来。

由于必须在工件加工完毕后，才能得出尺寸分布情况，因而不能在加工过程中起到及时提供控制加工质量的作用。采用下面介绍的点图分析法，可以弥补上述不足。

二、点图分析法

1. 工艺过程的稳定性

应用分布图分析工艺过程精度的前提是工艺过程必须是稳定的。在这个前提下，讨论工艺过程的精度指标（如工序能力系数 C_p、不合格率等）才有意义。

对于一个不稳定的工艺过程来说，要解决的问题是如何在工艺过程的进行中，不断地进行质量指标的主动控制，工艺过程一旦出现工件质量指标有超出规定的趋向，需能够及时调整工艺系统或采取其他工艺措施，使工艺过程得以继续进行。对于一个稳定的工艺过程，也应该进行质量指标的主动控制，当稳定的工艺过程一旦出现不稳定趋势时，能够及时发现并采取相应的措施，使工艺过程继续稳定地进行下去。

由于点图分析法能够反映质量指标随时间变化的情况，因此它是进行统计质量控制的有效方法。因此，分析工艺过程的稳定性通常采用点图分析法。点图有多种形式，本章仅介绍单值点图和 $\overline{X}$-R 点图。

2. 点图的基本形式

（1）单值点图

如果按照加工顺序逐个测量一批工件的尺寸，以工件序号为横坐标，工件尺寸为纵坐标，就可作出单值点图，如图 5.31 所示。

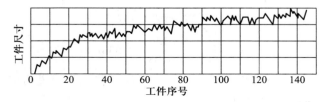

图 5.31   单值点图

上述点图反映了每个工件的尺寸（或误差）变化与加工时间的关系，故称为单值点图。假如把点图上的上、下极限点包络成两根平滑的曲线，如图 5.32 所示，就能较清楚地揭示加工过程中误差的性质及其变化趋势。平均值曲线 OO' 表示每一瞬时的分散中心，其变化情况反映了变值系统性误差随时间变化的规律。图中起始点 O 反映常值系统性误差的大小。上、下限 AA' 和 BB' 间的宽度表示每一瞬时尺寸的分散范围，反映了随机性误差的大小，其变化情况反映了随机性误差随时间变化的规律。

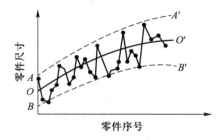

图 5.32   单值点图上反映误差变化

（2）$\overline{X}$-R 点图

为了能直接反映加工中系统性误差和随机性误差随加工时间的变化趋势，实际生产中常用 $\overline{X}$-R 点图来代替单值点图。$\overline{X}$-R 点图是由小样组的平均值 $\overline{X}$ 控制图和极差 R 的点图组成。其中，横坐标是按时间先后顺序采集的小样本组序号，纵坐标分别是为各小样组的平均值 $\overline{X}$ 和各小样组的极差 R。前者控制工艺过程质量指标的分布中心，后者控制工艺过程质量指标的分散程度。绘制 $\overline{X}$-R 点图是以小样本顺序随机抽样为基础的。在工艺过程的进行中，每隔一定时间，随机抽取几件为一组作为一个小样本。每组工件数（即小样本容量）$m = 2 \sim 10$，求出小样本的平均值 $\overline{X}_i$ 和极差 R_i。经过一段时间后，就可取得若干组（例如 k 组，通常取 $k = 25$）小样本。这样，以样组序号为横坐标，分别以 $\overline{X}_i$ 和 R_i 为纵坐标，就可分别作 $\overline{X}$ 点图和 R 点图（图5.33）。

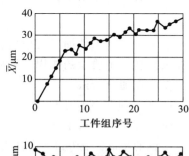

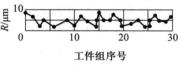

图 5.33   点图

设以顺次加工的 m 个工件为一组，那么每一样组的平均值 $\overline{X}$ 和极差 R 是

$$\overline{X} = \frac{1}{m} \sum_{i=1}^{m} x_i \tag{5.31}$$

$$R = x_{\max} - x_{\min} \tag{5.32}$$

式中：$x_{\max}$、$x_{\min}$ 分别为同一样组中工件的最大尺寸和最小尺寸。

3. 点图的分析与应用

点图分析法是全面质量管理中用以控制产品加工质量的主要方法之一，它是用于分析和判断工序是否处于稳定状态所使用的带有控制界线的图，又称管理图。$\overline{X}$-R 点图主要用于工艺验证、分析加工误差以及对加工过程的质量控制。

工艺验证就是判定现行工艺或准备投产的新工艺能否稳定地保证产品的加工质量。工艺验证的主要内容是通过抽样检查，确定其工艺能力和工艺能力系数，并判别工艺过程是否稳定。

生产过程中在同一生产条件下生产出来的同一种工件，其质量不可能做到完全一致，这是由于工艺系统中受到各种主要来自人、机器、原材料、方法、环境五个方面随机因素的影响，使得任何一批工件的加工尺寸都具有波动性，因而各样组的平均值 $\overline{X}$ 和极差 R 也都具有波动性。如果加工过程中主要受随机性误差因素的影响且波动的幅值不大，而系统性误差因素影响很小，则这种波动属于正常波动，该工艺过程是稳定的。如果加工过程中的系统性误差影响较大，或随机性误差的大小有明显变化，则这种波动属于异常波动，该工艺过程是不稳定的。

要判别加工过程的尺寸波动是否属于正常，必须分析 $\overline{X}$ 和 R 的分布规律。由概率论可知，当总体是正态分布时，其样本的平均值 $\overline{X}$ 的分布也服从正态分布，且 $\overline{X} \sim M\left(\mu, \frac{\sigma^2}{m}\right)$ （μ、σ 分别是总体的均值和标准偏差）。因此，$\overline{X}$ 的分散范围是（$\mu - 3\sigma/\sqrt{m}$，$\mu + 3\sigma/\sqrt{m}$）。R 虽不是正态分布，但当 $M < 10$ 时，其分布与正态分布也是比较接近的。因而，R 的分散范围也可取为（$-3\sigma_R$，$3\sigma_R$）（σ_R 是 R 分布的标准偏差），σ_x 和 σ_R 分别与总体标准偏差 σ 之间有如下的关系：

$$\sigma_x = \frac{\sigma}{\sqrt{m}}$$

$$\sigma_R = d\sigma$$

因此，在 $\overline{X}$-R 点图上可以确定出两条控制线（上、下控制线）和一条中心线，然后再根据点的具体波动情况来判别波动是否正常。

$\overline{X}$-R 点图上的控制界线分别为

$\overline{X}$ 的中心线 $\qquad\qquad \overline{\overline{X}} = \frac{1}{k} \sum_{i=1}^{k} \overline{X}_i \tag{5.33}$

$\overline{X}$ 的上控制线 $\qquad\qquad \overline{X}_s = \overline{\overline{X}} + A\overline{R} \tag{5.34}$

$\overline{X}$ 的下控制线 $\qquad\qquad \overline{X}_x = \overline{\overline{X}} - A\overline{R} \tag{5.35}$

R 的中心线 $\qquad\qquad \overline{R} = \frac{1}{k} \sum_{i=1}^{k} R_i \tag{5.36}$

R 的上控制线 $\qquad\qquad R_s = D_1\overline{R} \tag{5.37}$

R 的下控制线 $\qquad\qquad\qquad R_x = D_2\overline{R}$ $\qquad\qquad$ (5.38)

式中：k——小样本组的组数；

$\qquad$ x_i——第 i 个小样本组的平均值；

$\qquad$ R_i——第 i 个小样本组的极差值。

系数 A、D_1、D_2、d 值见表 5.7。

表 5.7   系数 A、D_1、D_2、d 的数值

m	2	3	4	5	6	7	8	9	10
A	1.880 6	1.023 1	0.728 5	0.576 8	0.483 3	0.419 3	0.372 6	0.336 7	0.308 2
D_1	3.268 1	2.574 2	2.281 9	2.114 5	2.003 9	1.924 2	1.864 1	1.816 2	1.776 8
D_2	0	0	0	0	0	0.075 8	0.135 9	0.183 8	0.223 2
d	0.852 8	0.888 4	0.879 8	0.864 1	0.848 0	0.833 0	0.820 0	0.080 8	0.079 7

根据工件抽样检测的质量数据在点图上作出中心线和控制线，可根据图中点的分布情况来判别工艺过程是否稳定（波动状态是否属于正常），表 5.8 表示判别正常波动与异常波动的标志。

必须指出，工艺过程稳定性与产品是否合格是两个不同的概念。工艺的稳定性用 $\overline{X}$-R 图来判断，而工件是否合格则用极限偏差来衡量，两者之间没有必然的联系。

表 5.8   正常波动与异常波动的标志

正常波动	异常波动
1. 连续 25 个点以上都在控制线以内； 2. 连续 35 个点中，只有一点在控制线之外； 3. 连续 100 个点中，只有 2 个点超出控制线； 4. 点的变化没有明显的规律性，或具有随机性	1. 有点超出控制线； 2. 点密集在平均线附近； 3. 点密集在控制线附近； 4. 连续 7 点以上出现在平均线一侧； 5. 连续 11 点中有 10 点出现在平均线一侧； 6. 连续 14 点中有 12 点以上出现在平均线一侧； 7. 连续 17 点中有 14 点以上出现在平均线一侧； 8. 连续 20 点中有 16 点以上出现在平均线一侧； 9. 点有上升或下降倾向； 10. 点有周期性波动

工艺过程出现异常波动，表明总体分布的数字特征 $\overline{X}$、σ 发生了变化，这种变化不一定就是坏事。例如发现点密集在中心线附近，说明分散范围变小了，这是好事，但应查明原因，使之巩固，以进一步提高工序能力（即减小 6σ 值）。再如刀具磨损会使工件平均尺寸的误差逐渐增加，使工艺过程不稳定。虽然刀具磨损是机械加工中的正常现象，但如果不适时加以调整，就有可能出现不合格品。工艺过程是否稳定，取决于该工序所采用的工艺过程中本身的误差情况，与产品是否合格是两个不同的概念。若某工序的工艺过程是稳定的，其工序能力系数 C_p 值也足够大，且样本平均值 $\overline{X}$ 与公差带中心 A_M 基本重合，那么只要在加工过程中不出现异常波动，就可以判定它不会产生不合格品。加工过程中不出现异常波动，说明该工序的工艺过程处于控制之中，可以继续进行加工，否则就应停机检

查，找出原因，采取措施消除使加工误差增大的因素，使质量管理从事后检验变为事前预防。

下面以磨削一批轴径为 $\phi 50^{+0.06}_{+0.01}$ mm 的工件为例，说明工艺过程稳定性验证的方法和步骤。

1）抽样并测量。按照加工顺序和一定的时间间隔随机地抽取 4 件为一组，共抽取 25 组，检验的质量数据列入表 5.9 中。

表 5.9　$\overline{X}-R$ 点图数据表　　　　　　μm

序号	x_1	x_2	x_3	x_4	$\overline{X}$	R
1	44	43	22	38	36.8	22
2	40	36	22	36	33.5	18
3	35	53	33	38	39.8	20
4	32	26	20	38	29.0	18
5	46	32	42	50	42.5	18
6	28	42	46	46	40.5	18
7	46	40	38	45	42.3	8
8	38	46	34	46	41.0	12
9	20	47	32	41	35.0	27
10	30	48	52	38	42.0	22
11	30	42	28	36	34.0	14
12	20	30	42	28	30.0	22
13	38	30	36	50	38.5	20
14	46	38	40	36	40.0	10
15	38	36	36	40	37.5	4
16	32	40	28	30	32.5	12
17	52	49	27	52	45.0	25
18	37	44	35	36	38.0	9
19	54	49	33	51	46.8	21
20	49	32	43	34	39.5	17
21	22	20	18	18	19.5	4
22	40	38	45	42	41.3	7
23	28	42	40	16	31.5	26
24	32	38	45	47	40.5	15
25	25	34	45	38	35.5	20
总计					932.5	409
平均					$\overline{\overline{X}}=37.3$	$\overline{R}=16.36$

注：表内数据均为实测尺寸与基本尺寸之差。

2）画 $\overline{X}$–R 点图。先计算出各样组的平均值 $\overline{X}_i$ 和极差 R_i，然后算出 $\overline{X}_i$ 的平均值 $\overline{\overline{X}}$、R_i 的平均值 $\overline{R}$，再计算 $\overline{X}$ 点图和 R 点图的上、下控制线位置。本例 $\overline{\overline{X}}=37.3$ μm，$\overline{X}_{\mathrm{s}}=49.24$ μm，$\overline{X}_{\mathrm{x}}=25.36$ μm；$\overline{R}=16.36$ μm，$R_{\mathrm{s}}=37.3$ μm，$R_{\mathrm{x}}=0$。据此画出 $\overline{X}$–R 图，如图 5.34 所示。

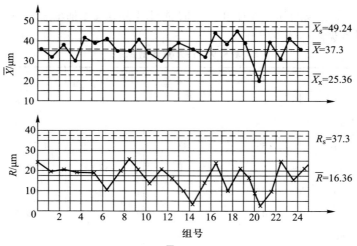

图 5.34　$\overline{X}$–R 点图实例

3）计算工艺能力系数及确定工艺能力等级。本例 $T=50$ μm，$\sigma=8.93$ μm，$C_{\mathrm{p}}=\dfrac{50}{6\times 8.93}=0.933$，属于三级工艺能力等级（见表 5.5）。

4）分析总结。由图可知，第 21 组工件样本的平均值超出下控制线，说明工艺过程发生了异常变化，可能有不合格品出现，该工艺过程的工艺能力系数也小于 1，这些都说明本工序的加工质量不能满足零件的精度要求，因此要查明原因，采取措施，消除使加工误差增大的因素。

点图可以提供该工序中误差的性质和变化情况等工艺资料，因此可用来估计工件加工误差的变化趋势，并据此判断工艺过程是否稳定，机床是否需要重新调整，以达到减少不合格品的目的。

📍 5.3　机械加工表面质量

实践表明，机械零件的破坏一般总是从表面层开始的。机械产品的使用性能如耐磨性、疲劳强度、耐蚀性等，尤其是它的可靠性和耐久性，除了与材料和热处理有关外，在很大程度上取决于零件加工后的表面质量。表面质量主要包括表面的几何形状特征（表面粗糙度、波纹度）和表面层的物理力学性能。研究机械加工表面质量的目的就是为了掌握机械加工中各种工艺因素对加工表面质量影响的规律，以便运用这些规律来控制加工过程，最终达到改善表面质量、提高产品使用性能的目的。

5.3.1 加工表面质量对产品使用性能的影响

一、加工表面质量

任何机械加工所得到的表面都不可能是绝对理想的光滑表面，总存在着一定的几何形状误差以及表面层物理力学性能的变化。加工表面质量主要包括以下两方面的内容：加工表面的几何形状误差和表面层金属的物理力学性能。

1. 表面层的几何形状误差

表面层的几何形状误差主要包括表面粗糙度、波纹度以及表面的纹理方向和伤痕等部分。

1）表面粗糙度 表面粗糙度是指表面的微观几何形状误差，是切削运动后刀刃在被加工表面上形成的峰谷不平的痕迹，其波长与波高之比 L_3/H_3 一般小于 50，如图 5.35 所示。

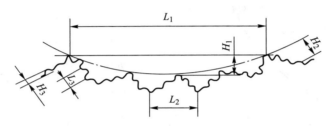

图 5.35 表面粗糙度和波纹度之间的关系示意图

2）波纹度 波纹度是指介于形状误差（$L_1/H_1 > 1\ 000$）和表面粗糙度之间的周期性几何形状误差（$L_2/H_2 = 50 \sim 1\ 000$），主要是由工艺系统的低频振动所引起的。

3）纹理方向 纹理方向是指表面刀纹的方向。它取决于表面形成过程中所采用的机械加工方法。

4）伤痕 伤痕是指在加工表面的某些位置上出现的缺陷，如砂眼、气孔、裂痕等。

2. 表面层金属的物理力学性能

表面层金属的物理力学性能主要有以下三个方面：

1）表面层金属因塑性变形而引起的加工硬化。工件表面层金属在机械加工过程中，都会有一定程度的加工硬化，使表面层金属的显微硬度有所提高。一般情况下，硬化层的深度可达 0.05~0.30 mm。若采用滚压加工，硬化层的深度可达几个毫米。

2）表面层金属因切削热引起的金相组织变化。在机械加工过程中，由于切削热的作用会引起表面层金属的金相组织发生变化。在磨削淬火钢时，磨削热的影响会引起淬火钢马氏体的分解或出现回火组织等。

3）表面层金属残余应力。由于切削力和切削热的综合作用，表面层金属晶格会发生不同程度的塑性变形或产生金相组织的变化，使表面层金属产生残余应力。

二、表面质量对产品使用性能的影响

表面质量对零件的使用性能，如耐磨性、耐疲劳性、耐蚀性、配合质量等，都有一定程度的影响。

1. 表面质量对耐磨性的影响

零件的耐磨性不仅与摩擦副的材料、热处理状况及润滑条件有关，而且还与摩擦副的表面质量密切相关。

（1）表面粗糙度对耐磨性的影响

表面粗糙度对耐磨性的影响曲线如图 5.36 所示。在一定条件下，摩擦副表面总是存在一个最佳表面粗糙度 Ra（为 0.32 ~ 1.25 μm），表面粗糙度值过大或过小都会使起始磨损量增大。

（2）表面层的加工硬化对零件耐磨性的影响

工件表面层的加工硬化使摩擦副表面层金属的显微硬度提高，塑性降低，一般有利于提高耐磨性。但是，并非硬化程度越高耐磨性越好，过度的加工硬化会使表面层金属组织变得疏松，甚至出现裂纹，在相对运动中可能产生金属剥落，在接触面形成小颗粒，从而加速零件磨损，降低耐磨性，如图 5.37 所示。

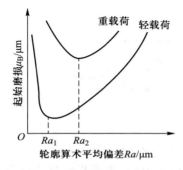

图 5.36   表面粗糙度对耐磨性的影响

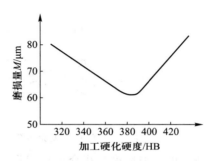

图 5.37   表面硬度与耐磨性的关系

2. 表面质量对耐疲劳性的影响

表面粗糙度对承受交变载荷零件的疲劳强度影响很大。在交变载荷作用下，表面粗糙度的凹谷部位容易引起应力集中，产生疲劳裂纹。图 5.38 所示为表面粗糙度对疲劳强度的影响，即对零件的耐疲劳性的影响。表面粗糙度值越小，表面缺陷越少，零件的耐疲劳性越好。反之，加工表面越粗糙，其抗疲劳破坏的能力越差。

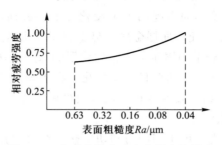

图 5.38   表面粗糙度对疲劳强度的影响

3. 表面质量对耐蚀性的影响

零件表面越粗糙，越容易积聚腐蚀性物质，凹谷越深，渗透与腐蚀作用越强烈。表面残余应力对零件的耐蚀性也有较大影响。因此，降低零件表面粗糙度值，可以提高零件的耐蚀性。

4. 表面质量对配合质量的影响

相配零件间的配合关系是用过盈量或间隙值来表示的。因此，对有配合要求的表面，必须规定较小的表面粗糙度值。对于间隙配合，表面粗糙度值越大，磨损越严重，导致配合间隙增大，配合精度降低。对于过盈配合，装配时表面粗糙度值较大部分的凸峰会被挤平，使实际的配合过盈少，降低配合表面的结合强度。

5.3.2 影响表面粗糙度的因素

一、切削加工中影响表面粗糙度的因素

1. 刀具的几何形状

在切削过程中，由于受刀具几何形状和进给量的影响，不能把加工余量完全切除，在加工表面上会留下残留面积，形成表面粗糙度，如图 5.39 所示。图中 Ⅰ 双点画线区域为上一时刻的切削位置，Ⅱ 实线区域为当前时刻的切削位置。切削层残留面积愈大，表面粗糙度值就愈大。影响表面粗糙度的主要因素有刀尖圆弧半径 r_ε、主偏角 κ_r、副偏角 κ_r' 及进给量 f 等。

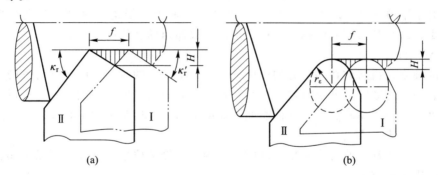

图 5.39　切削层残留面积

图 5.39a 所示为用尖刀切削的情况，切削层残留面积高度为

$$H = \frac{f}{\cot\kappa_r + \cot\kappa_r'} \tag{5.39}$$

图 5.39b 所示为当用圆弧刀刃切削的情况，切削层残留面积高度为

$$H = \frac{f^2}{8r_\varepsilon} \tag{5.40}$$

从式(5.39)和式(5.40)可知，进给量，主、副偏角和刀尖圆弧半径对切削加工表面粗糙度的影响比较明显。减小切削层残留面积的措施主要有减小进给量，减小刀具的主、副偏角，增大刀尖圆弧半径等。

2. 物理因素

表面粗糙度的主要影响因素有切削速度、被加工材料的性质和刃磨质量。切削加工后表面粗糙度的实际轮廓形状不同于纯几何因素所形成的理论轮廓，其原因是切削加工中发生了塑性变形。加工塑性材料时，刀具对金属挤压产生的塑性变形和刀具迫使切屑与工件分离的撕裂作用，使表面粗糙度值加大。工件材料韧性愈好，金属塑性变形愈大，加工表面愈粗糙。故对中碳钢和低碳钢材料的工件，为改善切削性能，减小表面粗糙度值，常在

粗加工或精加工前安排正火或调质处理。

　　加工脆性材料时，其切屑呈碎粒状，由于切屑的崩碎而在加工表面留下许多麻点，使表面粗糙。

　　为了减小加工表面的表面粗糙度值，可以采取以下各项措施：适当增大刀具的前角，可以降低被切削材料的塑性变形；减小刀具前面和后面的表面粗糙度值可以抑制积屑瘤的生成；增大刀具后角，可以减少刀具和工件的摩擦；合理选择冷却润滑液，可以减少材料的变形和摩擦，降低切削区的温度。

**　　二、磨削中影响表面粗糙度的因素**

　　工件的磨削表面是由砂轮上大量磨粒刻划出无数极细的刻痕形成的，工件单位面积上通过的砂粒数越多，则刻痕越多，刻痕的等高性越好，表面粗糙度值越小。

　　1. 砂轮粒度和砂轮修整

　　在相同的磨削条件下，砂轮的粒度号数越大，粒度越细，单位面积上参加磨削的磨粒越多，表面的刻痕越细密，表面粗糙度值就越小。

　　修整砂轮的纵向进给量对磨削表面的表面粗糙度影响较大。采用金刚石修整砂轮时，金刚石在砂轮的外缘上打出一道螺旋槽，其螺距等于砂轮转一周时金刚石笔的纵向进给量。砂轮的不平整在磨削时将被"复映"到被加工表面上。修整砂轮时，金刚石笔的纵向进给量越小，面磨粒的等高性越好，被磨工件的表面粗糙度值就越小。

　　2. 砂轮的硬度

　　砂轮的硬度是指磨粒在磨削力的作用下从砂轮上脱落的难易程度。砂轮太硬，磨粒不易脱落，磨钝了的磨粒不能及时被新磨粒替代，使表面粗糙度值增大。砂轮选得太软，磨粒容易脱落，磨削作用减弱，也会使表面粗糙度值增大。通常选用中软砂轮。

　　3. 砂轮的修整质量

　　砂轮的修整质量是改善表面粗糙度的重要因素。修整质量的好坏与所用工具和修整砂轮时的纵向进给量有关。

　　4. 工件材质方面

　　工件材质方面的性能包括材料的硬度、塑性和导热性等。工件材料(如铝、铜合金、耐热合金等)硬度越小、塑性大、导热性差，磨削性差，磨削后的表面粗糙度值大。

　　5. 加工条件方面

　　加工条件方面的性能包括磨削用量、冷却条件、机床的精度和抗振性等。提高砂轮速度有利于降低表面粗糙度值。工件速度、磨削深度和纵向进给量增大，会使表面粗糙度值增大。采用切削液可以降低磨削区温度，减少烧伤，有利于降低表面粗糙度值。但必须选择合适的冷却液和切实可行的冷却方法。

5.3.3　影响加工表面金属层物理力学性能的因素

　　机械加工中，工件受切削力和切削热的作用，其表面层金属的物理力学性能会发生很大变化，造成表面层与里层材料性能的差异。这些差异主要表现为表面层金属显微硬度的变化、产生残余应力和金相组织的变化。

一、表面层金属材料的加工硬化

1. 表面层加工硬化的产生

机械加工时，工件表面层金属受到切削力的作用产生强烈的塑性变形，使晶格扭曲，晶粒间产生剪切滑移，晶粒被拉长、纤维化甚至碎化，从而使表面层的硬度增加，这种现象称为加工硬化，又称强化。

同时，机械加工时产生的切削热使工件表层金属的温度提高，当温度高到一定程度时，已强化的金属会恢复到正常状态。回复作用的速度取决于温度的高低、温度持续的时间及硬化的程度。机械加工时表面层金属的加工硬化实际上是强化作用与回复作用综合造成的。

2. 影响表面层加工硬化的因素

1）刀具几何形状　切削刃钝圆半径增大，径向切削分力也随之增大，表面层金属的变形程度加剧，导致工件硬度增大。

2）切削用量　在进给量比较大时，进给量增大，切削力也增大，表层金属的塑性变形加剧，工件硬度增加。但在进给量很小时，若继续减小进给量，则表层金属的加工硬化程度反而会增强。

当切削速度增大时，刀具与工件的作用时间减少，使塑性变形的扩展深度减小，因而加工硬化层的厚度减小。

3）切削温度　切削温度越高，会使加工硬化作用减小。如切削速度增大，会使切削温度升高，加工硬化程度将会减弱。

4）材料性能　被加工工件材料的硬度愈低、塑性越大时，加工硬化现象愈严重。

二、表面层金属残余应力

机械加工过程中，表面层金属发生形状、体积或金相组织的变化时，将在表面层金属与基体之间产生相互平衡的应力，该应力称为表面层金属残余应力。产生表面层金属残余应力的主要原因有如下三个方面：

1. 冷态塑性变形

冷态塑性变形主要是由于切削力作用而产生的。切削过程中，加工表面受到切削刃钝圆部分与刀具后面的挤压与摩擦，产生塑性变形。由于塑性变形只在表面层产生，表面层金属比容增大，体积膨胀，但受到与它相连的里层金属的牵制，故表层金属产生残余压应力，里层产生残余拉应力。

2. 热态塑性变形

热态塑性变形主要是切削热作用引起的。工件在切削热作用下产生热膨胀。外层温度比内层的高，故外层的热膨胀较为严重，但内层温度较低，会阻碍外层的膨胀，从而产生热应力。外层为压应力，次外层为拉应力。当外层温度足够高，热应力超过材料的屈服极限时，就会产生热塑性变形，外层材料在压应力作用下相对缩短。当切削过程结束，工件温度下降到室温时，外层将因已发生热塑性变形，材料相对变短而不能充分收缩，又受到基体的限制，从而外层产生拉应力，次外层则产生压应力。

3. 金相组织变化

切削时的温度高到超过材料的相变温度时，会引起表面层的相变。不同的金相组织有不同的密度，故相变会引起体积的变化。由于基体材料的限制，表面层在体积膨胀时会产生压应力，缩小时会产生拉应力。磨削淬火钢时，如果表面层发生回火，则其金相组织由马氏体转化为索氏体或托氏体，表面层金属密度增大而体积缩小。表面层将产生残余拉应力，里层将产生残余压应力。

实际切削加工后表面层的残余应力是上述三方面原因的综合结果。切削加工时，冷态塑性变形起主导作用，表面层会产生残余压应力。磨削加工时，通常是热塑性变形或金相组织变化起主导作用，表面层会产生残余拉应力。

三、磨削烧伤与磨削裂纹及其控制措施

1. 磨削烧伤

切削加工中，由于切削热的作用，在工件的加工区及其邻近区域产生一定的温升。当温度超过金相组织变化的临界点时，金相组织就会发生变化。对于一般的切削加工，温度一般不会上升到相变临界温度。但在磨削加工时，磨粒的切削、刻划和滑擦作用，以及大多数磨粒的负前角切削和很高的磨削速度，使加工表面层有很高的温度，当温度达到相变临界点时，表层金属就发生金相组织变化，强度和硬度降低，产生残余应力，甚至出现微观裂纹。这种现象称为磨削烧伤。淬火钢在磨削时，根据磨削条件不同，产生的磨削烧伤有淬火烧伤、回头烧伤、退火烧伤三种形式。

（1）淬火烧伤

磨削时，当工件表面层温度超过相变临界温度时，马氏体转变为奥氏体。若此时有充分的冷却液，工件最外层金属会出现二次淬火马氏体组织。其硬度比原来的回火马氏体高，但很薄，只有几个微米厚，其下为硬度较低的回火索氏体和托氏体。由于二次淬火层极薄，表面层总的硬度是降低的，这种现象称为淬火烧伤。

（2）回火烧伤

磨削时，如果工件表面层温度只是超过马氏体转变温度而未超过相变临界温度，则表层原来的回火马氏体组织将产生回火现象而转变为硬度较低的回火组织（索氏体或托氏体），这种现象称为回火烧伤。

（3）退火烧伤

磨削时，如果工件表层温度超过相变温度，则马氏体转变为奥氏体。若此时无冷却液，表层金属空冷冷却比较缓慢而形成退火组织，硬度和强度均大幅度下降，这种现象称为退火烧伤。

磨削烧伤时，表面会出现黄、褐、紫、青等烧伤色，这是工件表面在瞬时高温下产生的氧化膜颜色。如果烧伤层较深，可在加工后期采用无进给磨削消除烧伤色，但烧伤层并未除掉，使工件的力学性能变差。

2. 磨削裂纹

在磨削过程中，当被磨削工件表面温度超过工件材料的相变温度时，金相组织就要发生变化，表面层显微硬度也将相应变化，并伴随产生表面残余应力。因为磨削温度很高，所以磨削表面的残余应力常常是由磨削温度引起的热应力和金相组织相变引起的体积应力占主导地位而产生的，而这种热应力通常为拉应力，如果这种拉应力超过了工件材料的抗拉强度极限，工件磨削表面就会产生裂纹。这种裂纹通常称为磨削裂纹。

一般情况下，磨削表面多呈残余拉应力。磨削淬火钢、渗碳钢及硬质合金工件时，常常在垂直于磨削的方向上产生微小龟裂，严重时发展成龟壳状微裂纹，有的裂纹不在工件

外表面，而是在表面层下，用肉眼根本无法发现。裂纹的方向常与磨削方向垂直或呈网状，并且与烧伤同时出现，其危害是降低零件的疲劳强度，甚至出现早期低应力断裂。

3. 磨削烧伤的控制措施

磨削烧伤使工件的力学性能变差，严重影响零件的使用性能，必须采取措施加以控制。磨削热是造成磨削烧伤的根源。控制磨削烧伤有两个途径：一是尽可能减少磨削热的产生；二是改善冷却条件，尽量减少传入工件的热量。另外，采用硬度稍软的砂轮，适当减小磨削深度和磨削速度，适当增加工件的回转速度和轴向进给量，采用高效冷却（如高压大流量冷却、喷雾冷却、内冷却）等措施，都能较好地降低磨削区温度，防止磨削烧伤。

图 5.40 是一个内冷却装置，经过过滤的冷却液通过中空主轴法兰引入砂轮中心腔 3 内，由于离心力的作用，冷却液通过砂轮内部的孔隙甩出，直接进入磨削区进行冷却，解决了外部浇注冷却液时冷却液进不到磨削区的难题。

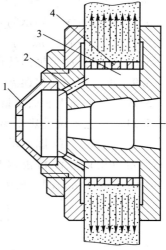

1—锥形盖；2—通道孔；
3—砂轮中心腔；4—薄壁套
图 5.40　内冷却装置

📍 本 章 小 结

本章介绍了加工精度及加工表面质量的概念，影响加工精度的因素，提高加工精度的方法与措施。介绍了工件加工误差的常用的统计分析方法，详细阐述了运用分布图分析法和点图分析法对工艺过程的加工精度进行统计分析的原理和方法。介绍了机械加工表面质量的概念及影响因素，并阐述了提高机械加工表面质量的措施。通过本章的学习，了解机械制造质量的相关知识，能对生产现场中出现的一些制造质量方面的问题做出解释，并掌握提高零件制造质量的工艺措施。

📍 思考题与练习题

5.1　试举例说明加工精度、加工误差、公差的概念以及它们之间的区别。

5.2　工艺系统的静态、动态误差各包括哪些内容？

5.3　何谓误差复映规律？如何利用这一规律测定机床的刚度？

5.4　何谓误差敏感方向？车床与镗床的误差敏感方向有何不同？

5.5　加工车床导轨时为什么要求导轨中部要凸起一些？磨削导轨时采取什么措施达到此目的？

5.6　车床床身导轨在垂直面内和水平面内的直线度对车削圆轴类零件的加工误差有什么影响？影响程度有什么不同？为什么？

5.7　试分析滚动轴承的外环内滚道及内环外滚道的形状误差所引起主轴回转轴线的运动误差对加工精度的影响。

5.8　何谓机床主轴回转误差？影响的因素有哪些？

5.9　试述机床几何误差对加工精度的影响。

5.10　机械加工表面质量包含哪些内容？

5.11　工艺系统受热变形的控制措施有哪些？

5.12　如题 5.12 图所示，在车床上用三爪自定心卡盘装夹一批薄铜套，工件以 $\phi50$ 外圆面定位用调整法精镗内孔，试分析影响镗孔的尺寸、几何形状及孔对已加工外圆 $\phi46h6$ 的同轴度误差的主要因素。

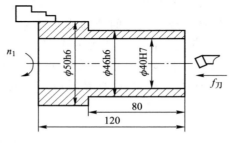

题 5.12 图

5.13　在车床上用两顶尖装夹工件车削细长轴时产生鼓形、鞍形、锥形三种形状误差的主要原因分别是什么？分别采用什么办法来减小或消除这些形状误差？

5.14　已知一工艺系统的误差复映系数为 0.25，工件在本工序前有圆柱度误差 0.45 mm。若本工序圆柱度公差为 0.01 mm，试问至少几次走刀方能使其圆柱度合格？

5.15　车削一批轴的外圆，其尺寸为 $d=(25\pm0.05)$ mm。已知此工序的加工误差分布曲线是正态分布，其标准偏差 $\sigma=0.025$ mm，曲线的顶峰位置偏于公差带中值的左侧 0.01 mm。试求工艺能力系数，零件的合格品率、不合格品率、返修率、废品率。工艺系统经过怎样的调整可使不合格品率降低？

第6章 机械加工工艺规程设计

机械加工工艺规程是规定产品或零部件机械加工工艺过程和操作方法等的工艺文件。生产规模的大小、工艺水平的高低以及解决各种工艺问题的方法和手段都要通过机械加工工艺规程来体现。因此，要求工艺规程设计者必须具备丰富的生产实践经验和广博的机械加工制造工艺基础理论知识。

6.1 概 述

6.1.1 机械加工工艺规程的作用

1）机械加工工艺规程是指导生产的重要技术文件。工艺规程是在结合本厂具体情况，总结实践经验的基础上，依据科学的理论和必要的工艺试验制订的，它反映了加工过程中的客观规律，工人必须按照工艺规程进行生产，才能保证产品质量，提高生产效率。

2）机械加工工艺规程是组织生产、安排管理工作的重要依据。在新产品投产之前，首先要按照工艺规程进行大量的有关生产的准备工作；计划和调度部门，要按照工艺规程确定各个零件的投料时间和数量，调整设备负荷，供应动力能源，调配劳动力等，使各科室、车间、工段和工作地紧密配合，以保证均衡地完成生产任务。

3）机械加工工艺规程是设计或改（扩）建工厂的主要依据。在设计或改（扩）建工厂时，必须根据工艺规程的有关规定，确定所需机床设备的品种、数量，车间布局、面积，生产工人的工种、等级和数量。

4）机械加工工艺规程有助于技术交流和先进经验的推广。经济合理的工艺规程是在一定的技术水平及具体的生产条件下制订的，是相对的，有时间、地点等条件的。

6.1.2 机械加工工艺规程的设计原则

1）可靠地保证零件图上所有技术要求的实现。在设计机械加工工艺规程时，如果发现图样上某一技术要求规定得不恰当，只能向有关部门提出建议，不得擅自修改图样，或不按图样上的要求去做。

2）在满足技术要求和生产纲领要求的前提下，一般要求工艺成本最低。

3）充分利用现有生产条件，尽可能做到平衡生产。

4）尽量减轻工人的劳动强度，保证安全生产，创造良好文明的劳动条件。

5）积极采用先进技术和工艺，减少材料和能源的消耗，并应符合环保要求。

6.1.3　制订机械加工工艺规程所需原始资料

1）产品的全套装配图及零件图；

2）产品的质量验收标准；

3）产品的生产纲领及生产类型；

4）零件毛坯图及毛坯生产情况；

5）本厂（车间）的生产条件；

6）各种相关手册、标准等技术资料；

7）国内外先进工艺及生产技术的发展与应用情况。

6.1.4　机械加工工艺规程的制订步骤与内容

1）分析装配图和零件图。了解产品的用途，零件在产品中的地位。

2）工艺审查。审查图样上的尺寸、视图和技术要求是否完整、正确、统一，分析主要技术要求是否合理、适当，审查零件结构工艺性。

3）确定毛坯。确定毛坯的主要依据是零件在产品中的作用和生产纲领、零件的结构特征与外形尺寸、零件材料工艺特性等。常见的毛坯种类见表 6.1。

表 6.1　毛 坯 种 类

毛坯种类	制造精度（IT）	加工余量	原材料	工件尺寸	工件形状	力学性能	适用生产类型
型材		大	各种材料	小型	简单	较好	各种类型
型材焊接件		一般	低碳钢	大、中型	较复杂	有内应力	单件
砂型铸造	13 级以下	大	铸铁、铸钢、青铜等	各种尺寸	复杂	差	单件、小批量
自由锻造	13 级以下	大	钢材为主	各种尺寸	较简单	好	单件、小批量
普通模锻	11~15	一般	钢、锻铝、铜等	中、小型	一般	好	中、大批量
钢模铸造	10~12	较小	铸铝为主	中、小型	较复杂	较好	中、大批量
精密锻造	8~11	较小	钢材、锻铝等	小型	较复杂	较好	大批量
压力铸造	8~11	小	铸铁、铸钢、青铜	中、小型	复杂	较好	中、大批量
熔模铸造	7~10	很小	铸铁、铸钢、青铜	小型为主	复杂	较好	中、大批量
冲压件	8~10	小	低碳钢	各种尺寸	复杂	好	大批量
粉末冶金件	7~9	很小	铁、铜、铝基材料	中、小尺寸	较复杂	一般	中、大批量
工程塑料件	9~11	较小	工程塑料	中、小尺寸	复杂	一般	中、大批量

4）选择定位基准。

5）拟订机械加工工艺路线。这是制订机械加工工艺规程的核心。

6）确定满足各工序要求的机床和工艺装备。

① 包括机床、夹具、刀具、量具和辅具等；

② 应与生产批量和生产节拍相适应，并充分利用现有条件，以降低生产准备费用；

③ 对需要改装或重新设计的专用工艺装备应提出具体设计任务书。

7）确定各主要工序技术要求和检验方法。

8）确定各工序加工余量，计算工序尺寸和公差。

9）确定切削用量。

10）确定时间定额。

11）编制数控加工程序（对于数控加工）。

12）评价工艺路线。对工艺方案进行技术经济分析，确定最优方案。

13）填写或打印工艺文件。

6.1.5 机械加工工艺规程的格式

通常，机械加工工艺规程被填写成表格（卡片）的形式。卡片形式，我国未做统一的规定，但各机械制造厂使用表格的基本内容是相同的。机械加工工艺规程的详细程度与生产类型、零件的设计精度和工艺过程的自动化程度有关。对应形式见表6.2。一般来说，采用普通加工方法的单件、小批量生产，只需填写简单的机械加工工艺过程卡片（表6.3）；大批量生产类型要求有严密、细致的组织工作，因此各工序都要填写机械加工工序卡片（表6.4）。对有调整要求的工序要有调整卡，检验工序要有检验卡。对于技术要求高的关键零件工序，即使是用普通加工方法的单件、小批量生产，也应制订较为详细的机械加工工艺规程（包括填写工序卡和检验卡等），以确保产品质量。若机械加工工艺规程中由数控工序或全部由数控工序组成，则不管生产类型如何，都必须对数控工序作出详细规定，填写数控加工工序卡、刀具卡等必要的、与编程有关的工艺文件，以利于编程。

表 6.2 机械加工工艺规程格式特点对比

	生产类型	详细程度	备注
机械加工工艺过程卡片	单件、小批量（普通加工方法）	简单	对于数控工序，则需做出详细规定，填写数控加工工序卡、刀具卡等必要的与编程有关的工艺文件，以利于编程
机械加工工序卡片	大批量（单件、小批量中技术要求高的关键零件的关键工序）	详细（＋调整卡、检验卡）	

表 6.3　机械加工工艺过程卡片

（工厂名）	机械加工工艺过程卡片		产品型号		零件图号				
			产品名称		零件名称		共　页		第　页
材料牌号		毛坯种类		毛坯外形尺寸		每毛坯可制件数		每台件数	备注

工序号	工序名称	工序内容	车间	工段	设备	工艺装备	工时	
							准备—终结	单件
描　图								
描　校								
底图号								
装订号								
						设计（日期）	审核（日期）	标准化（日期）	会签（日期）
标记	处数	更改文件号	签字	日期	标记	处数	更改文件号	签字	日期				

表 6.4　机械加工工序卡片

机械加工工艺过程卡片	产品型号		零件图号		共　页　第　页
	产品名称		零件名称		材料牌号

（画工序简图处）	车间	工序号	工序名称		每台件数
	毛坯种类	毛坯外形尺寸	每毛坯可制件数		同时加工件数
	设备名称	设备型号	设备编号		
	夹具编号	夹具名称			切削液
	工位器具编号	工位器具名称		工序工时 准终	单件

工步号	工步内容	工艺设备	主轴转数/ (r/min)	切削速度/ (m/min)	进给量/ (mm/r)	切削深度/ mm	进给次数	工步工时 机动	辅助

			设计 （日期）	审核 （日期）	标准化 （日期）	会签 （日期）
标记	处数	更改文件号	签字	日期		
标记	处数	更改文件号	签字	日期		

描图　描校　底图号　装订号

6.2 机械加工工艺规程设计

6.2.1 零件的结构工艺性分析

一、零件结构工艺性的概念

零件的结构工艺性是指所设计的零件在满足使用性能要求的前提下制造的可行性和经济性。所谓结构工艺性好，就是在现有的生产条件下，既能方便地制造出合格产品，又有较低的制造成本。

零件的结构工艺性包括零件各个制造过程中的工艺性，有零件结构的铸造、锻造、冲压、焊接、热处理、切削加工工艺性等，所以它具有综合性。在制订机械加工工艺规程时，主要进行零件切削加工工艺性的分析。

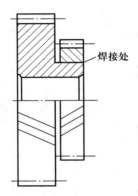

在不同的生产类型和生产条件下，同样结构零件的制造可行性和经济性可能不同，所以零件结构工艺性又具有相对性。例如，图 6.1 所示的双联齿轮，两齿圈间的轴向距离很小，因而小齿圈只能用插齿加工，但插斜齿需专用螺旋导轨，故它的结构工艺性不好。若工厂能采用电子束焊，先分别用滚齿加工两个齿圈，再将它们焊成一体，则这样的双联齿轮的结构工艺性就较好。

图 6.1　双联斜齿轮的结构

二、改善零件结构工艺性的途径

1. 合理标注零件的尺寸、公差和表面粗糙度

零件图上的尺寸、公差和表面粗糙度的标注对零件机械加工工艺性的影响较大。

零件图上的尺寸标注既要满足设计要求，又要便于加工。直接影响装配精度的尺寸，它的大小及公差应通过尺寸链求得并应从装配基准标注开始（即以装配基准为设计基准）。其余的尺寸则应按便于加工的要求标注，具体应考虑以下几方面：

1）按照加工顺序标注尺寸，避免多尺寸同时保证。如图 6.2 所示为齿轮轴零件的尺寸标注，端面 A、B 都要最终磨削。如按图 6.2a 标注，则磨削面 A、B 时均需同时保证两个尺寸，但直接获得的均只有一个尺寸，其余尺寸为间接获得，这将会增加零件的制造难度，故工艺性不好；若改成按图 6.2b 标注，则磨削面 A、B 时，均只保证一个尺寸，显然结构工艺性好。

2）由定位基准或调整基准标注尺寸，避免基准不重合误差。例如，图 6.3 是在多刀车床上加工阶梯轴时尺寸标注实例：图 6.3a 所示的尺寸标注是从作为定位基准的左端面开始标注；图 6.3b 则是从作为调整刀具位置的基准轴肩开始标注。这两种尺寸标注方式均可避免基准不重合误差。

3）由形状简单、实际存在的表面标注尺寸，避免尺寸换算。若零件上的轮廓要素是

平面或圆柱面，则应从这些表面标注尺寸；如果轮廓要素是由一些复杂的不规则表面组成的，则以孔的轴线为基准标注尺寸，图 6.4 所示为水泵盖零件尺寸的标注。

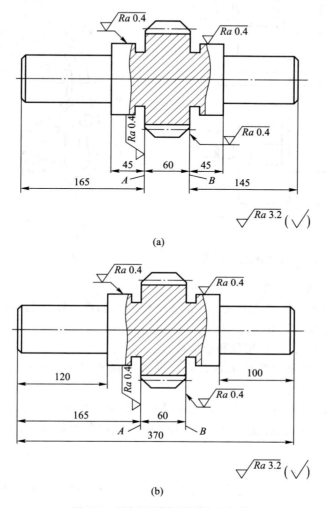

图 6.2　按加工顺序标注尺寸实例

4）零件上的尺寸公差、几何公差和表面粗糙度的标注应在保证零件功能的前提下力求经济合理。过高的要求会增加加工难度，过低的要求会影响工作性能，两者都不允许。

2. 零件结构要素的工艺性

组成零件的各机械加工表面称为结构要素。显然要素的工艺性会直接影响零件的工艺性。零件结构要素的切削加工工艺性归纳起来有以下三点要求：

1）各结构要素的形状力求简单、加工面积尽量小、规格力求标准和统一；

2）能采用普通设备和标准刀具进行加工，且刀具易进入、退出和顺利通过加工表面；

3）加工表面与非加工表面应明显分开，加工表面之间也应明显分开。

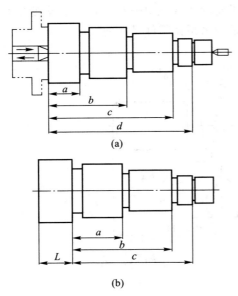

图 6.3　多刀加工阶梯轴尺寸标注实例

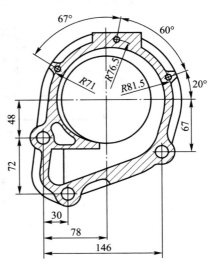

图 6.4　由孔轴线标注尺寸实例

3. 零件整体结构的工艺性

零件是由各要素、各尺寸组成，其整体结构的工艺性直接影响着机械加工工艺过程，具体有以下五点要求：

1）尽量采用标准件、通用件和相似件；

2）要有便于定位和夹紧的表面，否则应考虑设置工艺凸台或工艺孔，以便于工件装夹；

3）有位置要求或同方向的表面，力求能在一次装夹中加工出来；

4）零件要有足够的刚度，便于采用高速切削和强力切削，故一些零件常采用加强筋；

5）节省材料减轻重量。

表 6.5 列举出在常规工艺条件下零件结构工艺性分析实例，供设计零件时参考。

表 6.5　零件结构工艺性分析举例

序号	结构工艺性差（A）	结构工艺性好（B）	说明
1			双联齿轮中间必须设计有越程槽，保证小齿轮可以插削
2			原设计的两个键槽，需要在轴用虎钳上装夹两次，改进后只需要装夹一次

续表

序号	结构工艺性差(A)	结构工艺性好(B)	说明
3			结构 A 底座上的小孔离箱壁太近，钻头向下引进时，钻床主轴碰到箱壁。改进后底板上的小孔与箱壁留有适当的距离
4			钻孔过深，加工时间长，钻头耗损大，并且钻头宜偏斜。若钻孔的一端留空刀，则钻孔时间短，钻头寿命长且不易偏斜
5			结构凸台表面尽可能在一次走刀中加工完毕，以减少机床的调整次数
6			加工面减少，减少材料和切削刀具的消耗，节省工时，且易保证平面度要求
7			孔在内壁出口遇阶梯面，孔易钻偏，或钻头易折断。孔的内壁出口为平面，易加工，易保证孔轴线的位置度
8			减小孔的加工深度，避免深孔加工，同时也节约了材料
9			为方便加工，螺纹应有退刀槽

续表

序号	结构工艺性差（A）	结构工艺性好（B）	说明
10			为了减少刀具种类，轴上的退刀槽宽度尽可能一致
11			内螺纹的孔口应有倒角，以便顺利引入螺纹刀具
12			在磨削圆锥面时，结构 A 容易碰伤圆柱面，同时也不能对圆锥全长进行磨削，结构 B 则可方便磨削
13			结构 A 的加工表面设计在箱体里面，不易加工
14			在同一轴线上的孔，孔径要两边大、中间小或依次递减，不能出现两边小、中间大的情况
15			插键槽时，底部无退刀空间，易打刀。留出退刀空间，避免打刀
16			同一端面上的螺纹孔尺寸相近，需换刀加工，加工不方便，装配也不方便。尺寸相近的螺纹孔，改为同一尺寸螺纹孔，可方便加工和装配

续表

序号	结构工艺性差（A）	结构工艺性好（B）	说明
17	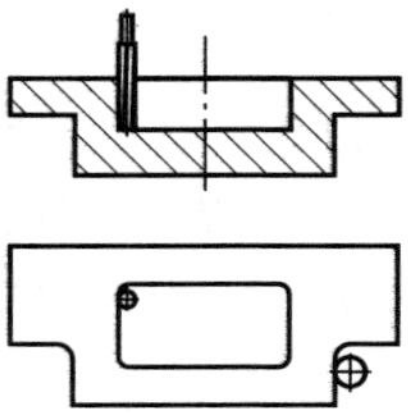	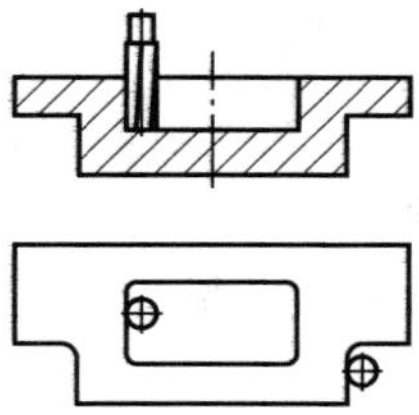	① 内形和外形圆角半径不同，需换刀加工。而内、外圆角半径相同，可减少换刀次数，提高生产率。② 内形圆角半径太小，刀具刚度差。增加圆角半径，可以用较大半径立铣刀加工，增大刀具刚度
18	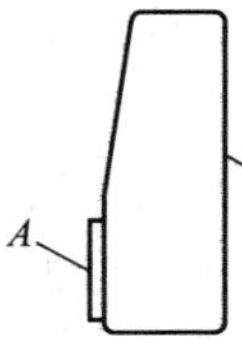	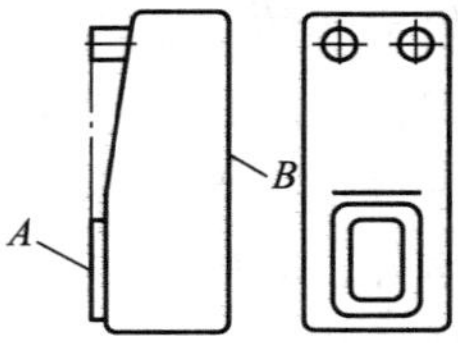	加工 B 面以 A 面为基准，由于 A 面太小，定位不可靠。而添加一个附加定位基准能保证 A、B 面平行。加工后将附加定位基准去掉
19	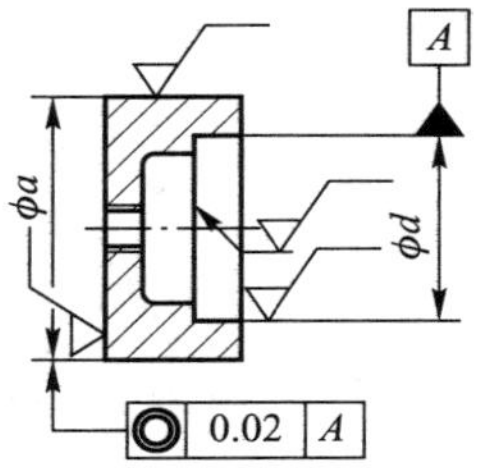	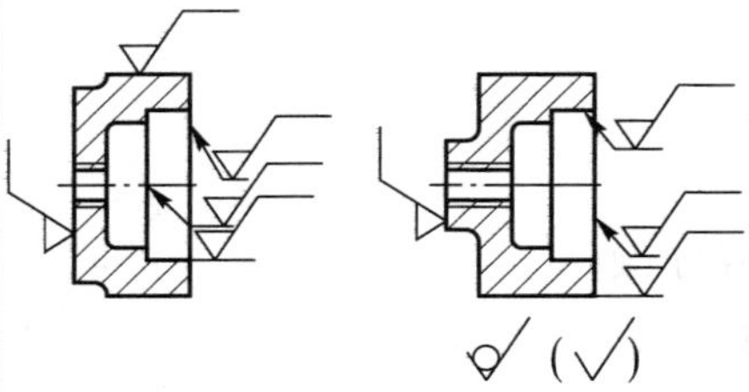	外圆和内孔有同轴度的要求，结构 A 外圆需在两次装夹下加工，同轴度不宜保证。结构 B 可在一次装夹下加工外圆和内孔，同轴度易得到保证

6.2.2　毛坯确定

　　毛坯的状况对切削加工工艺影响很大，所以在制订机械加工工艺规程时首先要确定毛坯。如果毛坯已经确定，则应对毛坯的状况进行审查。这包括以下两方面内容。

　　一、毛坯类型及制造方法的选择

　　目前常用的毛坯类型主要有铸件、锻件、冲压件、焊接件、型材和板材等。选择毛坯类型及制造方法时，要考虑下列因素：

　　1）零件的材料及对其力学性能的要求。当零件的材料选定后，毛坯的类型就大致确定了。例如，材料是铸铁、铸钢、铸铝等，就选铸造毛坯；材料是钢材且力学性能要求高时，可选锻件；当力学性能要求较低时，可选型材或板材，进行焊接或冲压。

　　2）零件形状和尺寸。形状复杂的毛坯常采用铸造方法；尺寸大的铸件宜采用砂型铸造，有些薄壁零件不宜用砂型铸造；精度较高的中小型铸件可采用精密铸造法；大尺寸钢件多采用自由锻造法；形状较复杂的中小型钢件可采用模锻法；直径相差不大的阶梯轴可用棒料。

3）生产类型。大批量生产应选用精度和生产率都较高的毛坯制造方法，如铸件应采用金属模机器造型或精密铸造、压力铸造、离心铸造等；锻件应采用模锻、冷轧、挤压等；单件、小批量生产则应采用木模手工造型或自由锻造，还可用型材、板材焊接。

4）生产条件。确定毛坯类型时必须结合具体生产条件，如设备情况和技术水平，以便掌握毛坯制造的实际水平和能力。

5）充分考虑利用新工艺、新技术、新材料的可能性。例如，以精密铸件、粉末冶金锻件、轧制件、挤压件等代替模锻件，以球墨铸铁件代替钢锻件，以工程塑料件代替金属件等。应用这些方法，可大大减小机械加工量，甚至不再进行机械加工，其经济效益非常显著。

二、毛坯形状与尺寸的确定

毛坯的形状和尺寸越接近成品零件，机械加工劳动量和材料消耗就越少。这样虽使机械加工的生产率提高、成本降低，但毛坯的制造费用却提高了。因此，确定毛坯时，要从机械加工和毛坯制造两方面综合考虑，以求得最佳经济效果。

确定毛坯形状和尺寸时还应考虑以下几点：各表面的加工余量；加工方法对毛坯的要求，如有的是一个毛坯加工出几个零件，有的是多个毛坯合为一个零件；是否要做出用于定位或夹紧的工艺基面；毛坯制造的结构工艺性要求，如铸件结构工艺性、锻件结构工艺性等。

6.2.3　定位基准的选择

一、定位基准选择的一般原则

1）选最大尺寸的表面为安装面（限 3 个自由度），选最长距离的表面为导向面（限 2 个自由度），选最小尺寸的表面为支撑面（限 1 个自由度）。

2）首先考虑保证零件的空间位置精度，再考虑保证尺寸精度。因为在加工中保证空间位置精度有时比保证尺寸精度困难得多。

3）应尽量选择零件的主要表面为定位基准，因为主要表面是决定该零件其他表面的设计基准，也就是主要设计基准。

4）定位基准应有利于夹紧，在加工过程中稳定可靠。

二、粗基准的选择

粗基准的选择对零件的加工会产生重要的影响，下面先分析一个简单的例子。

图 6.5 所示为零件的毛坯，在铸造时孔 3 和外圆 1 难免有偏心。加工时，如果采用不加工的外圆 1 作为粗基准装夹工件（夹具装夹，用自定心卡盘夹住外圆 1）进行加工，则加工面 2 与不加工外圆 1 同轴，可以保证壁厚均匀，但是加工面 2 的加工余量则不均匀，如图 6.5a 所示。

如果采用该零件的毛坯孔 3 作为粗基准装夹工件（直接找正装夹，用单动卡盘夹住外圆 1，按毛坯孔 3 找正）进行加工，则加工面 2 与该面的毛坯孔 3 同轴，加工面 2 的余量是均匀的，但是加工面 2 与不加工的外圆 1 不同轴，即壁厚不均匀，如图 6.5b 所示。

由此可见，粗基准的选择将影响加工面与不加工面的相互位置，或影响加工余量的分配。所以，正确选择粗基准对保证产品质量有重要影响。

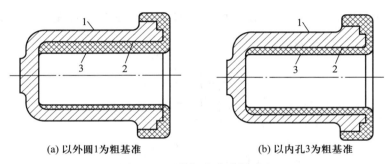

(a) 以外圆1为粗基准   (b) 以内孔3为粗基准

图 6.5   两种粗基准选择对比

在选择粗基准时，一般应遵循的原则如下：

1）保证相互位置要求。如果必须保证工件上加工面与不加工面之间的相互位置要求，则应以不加工面作为粗基准。如在图 6.5 中的零件，一般要求壁厚均匀，因此图 6.5a 所示的选择是正确的。

2）保证加工表面的加工余量合理分配。如果必须首先保证工件上某重要表面的余量均匀，则应选择该表面的毛坯面为粗基准，如图 6.5b 所示。例如在车床床身加工中，导轨面是最重要的加工面，它不仅精度要求高，而且要求导轨面有均匀的金相组织和较强的耐磨性，因此希望加工时导轨面的去除余量要小而且均匀。此时应先以导轨面为粗基准加工底面，然后再以底面为精基准加工导轨面（图 6.6a）。这样就可以保证导轨面的加工余量均匀。否则，若违反本条原则，必将造成导轨余量不均匀（图 6.6b）。

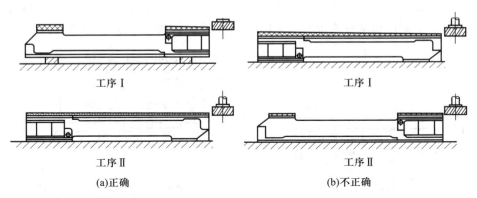

(a)正确   (b)不正确

图 6.6   床身加工粗基准选择正误对比

3）便于工件装夹。选择粗基准时，必须考虑定位准确，夹紧可靠以及夹具结构简单、操作方便等问题。为了保证定位准确，夹紧可靠，要求选用的粗基准面尽可能平整、光洁，且有足够大的尺寸，不允许有锻造飞边，铸造浇、冒口或其他缺陷。也不宜选用铸造分型面作为粗基准。

4）粗基准一般不得重复使用。如果能使用精基准定位，则粗基准一般不应被重复使用。这是因为若毛坯的定位面很粗糙，在两次装夹中重复使用同一粗基准，就会造成相当大的定位误差（有时可达几毫米）。例如，图 6.7 所示的零件为铸件，其内孔、端面及 3×ϕ7 mm 孔都需要加工。若工艺安排为先在车床上加工大端面，钻、镗 ϕ16H7 孔及 ϕ18 mm 退刀槽，再在钻床上钻 3×ϕ7 mm 孔，并且两次安装都选不加工面 ϕ30 mm 外圆为基准（都是粗基准），则 ϕ16H7 孔的中心线与 3×ϕ7 mm 的定位尺寸 ϕ48 mm 圆柱面轴线必然有较大偏心。如果第二次装夹用已加工出来的 $\phi16H7$ 孔和端面作精基准，就能较好地解决上述偏心问题。

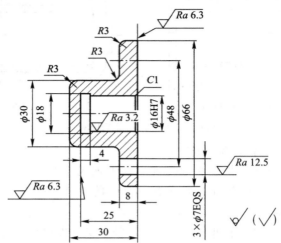

图 6.7   不重复使用粗基准举例

有的零件在前几道工序中虽然已经加工出一些表面，但对某些自由度的定位来说，仍无精基准可以利用，在这种情况下，使用粗基准来限制这些自由度，不属于重复使用粗基准。例如在图 6.8a 所示的零件中，虽然在第一道工序中已将 $\phi15H7$ 孔和大端面加工好了，但在钻 $2\times\phi6$ mm 孔时，为了保证钻孔与毛坯外形对称，除了用 $\phi15H7$ 孔和端面作精基准定位外，仍需用粗基准来限制绕 $\phi15H7$ 孔轴线回转的自由度(图 6.8b)。

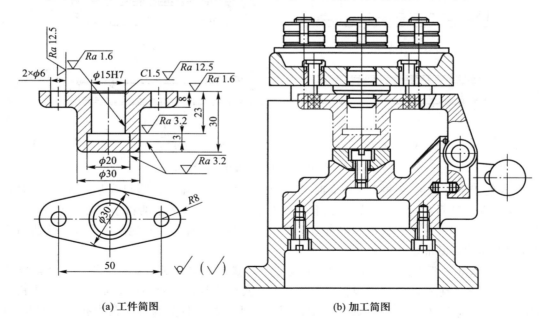

(a) 工件简图   (b) 加工简图

图 6.8   利用粗基准补充定位的例子

上述选择粗基准的四条原则，每一原则都只是说明一个方面的问题。在实际应用中，划线找正装夹可以兼顾这四条原则，而夹具装夹则不能同时兼顾，这就要根据实际情况，抓主要矛盾，解决主要问题。

三、精基准的选择

选择精基准时要考虑的主要问题是如何保证设计技术要求的实现以及装夹准确、可靠和方便。为此，一般应遵循以下五条原则。

1. 基准重合原则

采用设计基准作为定位基准称为基准重合。在对加工面位置尺寸有决定作用的工序中，特别是当位置公差要求很小时，一般不应违反此原则，否则将产生基准不重合误差，增大加工难度。如图 6.9 所示，车床主轴箱上主轴孔中心高 $H_1 = (205 \pm 0.1)\,\mathrm{mm}$ 的设计基准为底面 M。镗主轴孔时以 M 面为定位基准，直接得到尺寸 H_1，只要加工误差 $\Delta_{H_1} < 0.2\,\mathrm{mm}$，就可保证加工要求；当工件安装在夹具中用调整法加工，并

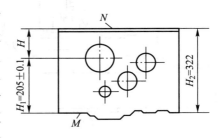

图 6.9 基准重合原则的分析

以顶面 N 为定位基准时，直接得到的尺寸是 H，而设计尺寸 H_1 是间接保证的，并受 H 的加工误差 Δ_H 和 H_2 的公差 T_{H_2} 的影响，此时保证 $H_1 = (205 \pm 0.1)\,\mathrm{mm}$ 的条件为 $\Delta_H + T_{H_2} < 0.2\,\mathrm{mm}$，即 $\Delta_H < 0.2 - T_{H_2}$，显然 $\Delta_H < \Delta_{H_1}$，不利于保证加工要求，原因是 T_{H_2} 的引入，而这正是由于定位基准与设计基准不重合的结果。

2. 统一基准原则

当工件以某一表面作精基准定位时，可以比较方便地加工大多数（或全部）其余表面，应尽早将这个基准面加工出来，并达到一定精度，以后大多数（或全部）工序均以它为精基准进行加工。这称为统一基准原则。

在实际生产中，经常使用的统一基准形式如下：

1）轴类零件常使用两顶尖孔作为统一基准；

2）箱体类零件常使用一面两孔（一个较大的平面和两个距离较远的销孔）作为统一基准；

3）盘套类零件常使用止口面（大端面和一短圆孔）作为统一基准；

4）套类零件用一长孔和一止推面（小平面）作为统一基准。

采用统一基准原则可以简化夹具设计，减少工件搬动和翻转次数。在自动化生产中广泛使用这一原则。

3. 互为基准原则

某些位置精度要求很高的表面，常采用互为基准反复加工的办法来达到位置精度要求，这称为互为基准原则。例如车床主轴前、后主轴颈与锥孔有很高的同轴度要求，于是反复以主轴颈定位加工锥孔，又以锥孔定位加工主轴颈，最后以主轴颈定位精磨锥孔。

4. 自为基准原则

旨在减小表面粗糙度值，减小加工余量和保证加工余量均匀的工序，常以加工面本身为基准进行加工，称为自为基准原则。

例如，图 6.10 所示为床身导轨面的磨削工序，用固定在磨头上的找正用百分表 3，找正工件上的导轨面。当工作台纵向移动时，调整工件 1 下部的四个调整用楔铁 2，使百分表的指针基本不动为止，夹紧工件，加工导轨面，即以导轨面自身为基准进行加工。工

件下面的四个楔铁只起支撑作用。再如拉孔、铰孔、浮动镗刀镗孔等都是自为基准加工的典型例子。

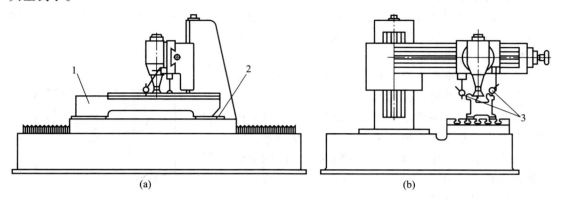

1—工件；2—调整用楔铁；3—找正用百分表
图 6.10　床身导轨面自为基准定位

5. 便于装夹原则

所选择的精基准应保证定位准确、可靠，夹紧机构简单、操作方便，这称为便于装夹原则。为此，常选择形状简单、面积大、精度高、表面粗糙度值小的表面作为精基准面。

在上述五条原则中，前四条都有它们各自的应用条件，唯有最后一条，即便于装夹原则是始终不能违反的。在考虑工件如何定位的同时必须认真分析如何夹紧工件，遵守夹紧机构的设计原则。

6.2.4　工艺路线的拟订

拟订工艺路线是机械加工工艺规程设计中的核心与关键，需要解决的主要问题有定位基准面的选择、加工方法的确定、工序的划分和工序顺序的安排等。

一、加工方法的选择

确定零件的加工方法时，在保证零件质量和技术要求的前提下，要兼顾生产率和经济性。因此，加工方法的选择是以所需加工精度和其相应的表面粗糙度为依据的。加工方法的选择原则如下：

1）所选加工方法的加工经济精度范围要与加工表面精度、表面粗糙度要求相适应。

2）保证加工面的几何形状精度、表面相互位置精度的要求。

3）与零件材料的可加工性相适应，如淬火钢宜采用磨削加工。

4）与生产类型相适应，大批量生产时，应采用高效的机床设备和先进的加工方法；单件、小批量生产时，多采用通用机床和常规的加工方法。

例如：① 有 $\phi50$ mm 的外圆，材料是 45 钢，尺寸公差等级是 IT6，表面粗糙度 $Ra = 0.8$ μm，其终加工工序应选择精磨。② 有色金属材料宜选择切削加工方法，不宜选择磨削加工方法，因为有色金属宜堵塞砂轮工作面。③ 为满足大批量生产的需要，齿轮内孔通常多采用拉削加工方法加工。表 6.6、表 6.7 与表 6.8 介绍了各种加工方法的加工经济精度，供选择加工方法时参考。

表 6.6　外圆加工中各种加工方法的加工经济精度及表面粗糙度

加工方法	加工情况	加工经济精度(IT)	表面粗糙度 Ra/μm	加工方法	加工情况	加工经济精度(IT)	表面粗糙度 Ra/μm
车	粗车	12~13	10~80	抛光			0.008~1.25
	半精车	10~11	2.5~10	研磨	粗研	5~6	0.16~0.63
	精车	7~8	1.25~5		精研	5	0.04~0.32
	金刚石车(镜面车)	5~6	0.02~1.25		精密研	5	0.008~0.08
铣	粗铣	12~13	10~80	超精加工	精	5	0.08~0.32
	半精铣	11~12	2.5~10		精密	5	0.01~0.16
	精铣	8~9	1.25~5	砂带磨	精磨	5~6	0.02~0.16
车槽	一次行程	11~12	10~20		精密磨	5	0.01~0.04
	二次行程	10~11	2.5~10	滚压		6~7	0.16~1.25
外磨	粗磨	8~9	1.25~10				
	半精磨	7~8	0.63~2.5				
	精磨	6~7	0.16~1.25				
	精密磨(精修整砂轮)	5~6	0.08~0.32				
	镜面磨	5	0.008~0.08				

注:加工有色金属时,表面粗糙度 Ra 取小值。

表 6.7　孔加工中各种加工方法的加工经济精度及表面粗糙度

加工方法	加工情况	加工经济精度(IT)	表面粗糙度 Ra/μm	加工方法	加工情况	加工经济精度(IT)	表面粗糙度 Ra/μm
钻	φ15 mm 以下	11~13	5~80	镗	粗镗	12~13	5~20
	φ15 mm 以上	10~12	20~80		半精镗	10~11	2.5~10
扩	粗扩	12~13	5~20		精镗(浮动镗)	7~9	0.63~5
	一次扩孔(铸孔或冲孔)	11~13	10~40		金刚镗	5~7	0.16~1.25
	精扩	9~11	1.25~10	内磨	粗磨	9~11	1.25~10
铰	半精铰	8~9	1.25~10		半精磨	9~10	0.32~1.25
	精铰	6~7	0.32~5		精磨	7~8	0.08~0.63
	手铰	5	0.08~1.25		精密磨(精修整砂轮)	6~7	0.04~0.16
拉	粗拉	9~10	1.25~5	研磨	粗研	5~6	0.16~0.63
	一次拉孔(铸孔或冲孔)	10~11	0.32~2.5		精研	5	0.04~0.32
	精拉	7~9	0.16~0.63		精密研	5	0.008~0.08
推	半精推	6~8	0.32~1.25	珩	粗珩	5~6	0.16~1.25
	精推	6	0.08~0.32		精珩	5	0.04~0.32
				挤	滚珠、滚柱扩孔器、挤压头	6~8	0.01~1.25

注:加工有色金属时,表面粗糙度 Ra 取小值。

表 6.8   平面加工中各种加工方法的加工经济精度及表面粗糙度

加工方法	加工情况	加工经济精度（IT）	表面粗糙度 $Ra/\mu m$	加工方法	加工情况		加工经济精度（IT）	表面粗糙度 $Ra/\mu m$
周铣	粗铣	11~13	5~20	平磨	粗磨		8~10	1.25~10
	半精铣	8~11	2.5~10		半精磨		8~9	0.63~2.5
	精铣	6~8	0.63~5		精磨		6~8	0.16~1.25
端铣	粗铣	11~13	5~20		精密磨		6	0.04~0.32
	半精铣	8~11	2.5~10	刮	25 mm× 25 mm 内点数	8~10		0.63~1.25
	精铣	6~8	0.63~5			10~13		0.32~0.63
车	半精车	8~11	2.5~10			13~16		0.16~0.32
	精车	6~8	1.25~5			16~20		0.08~0.16
	细车（金刚石车）	6	0.008~1.25			20~25		0.04~0.08
插		8~13	2.5~20	研磨	粗研		6	0.16~0.63
刨	粗刨	11~13	5~20		精研		5	0.04~0.32
	半精刨	8~11	2.5~10		精密研		5	0.008~0.08
	精刨	6~8	0.63~5	砂带磨	精磨		5~6	0.04~0.32
	宽刀精刨	6~7	0.008~1.25		精密磨		5	0.01~0.04
拉	拉（铸造或冲压表面）	10~11	5~20	滚压			7~10	0.16~2.5
	精拉	6~9	0.32~2.5					

注：加工有色金属时，表面粗糙度 Ra 取小值。

二、加工阶段的划分

当零件的精度要求比较高时，若将加工面从毛坯面开始到最终的精加工或超精密加工都集中在一个工序中连续完成，则难以保证零件的精度要求，或浪费人力、物力资源。将零件的加工过程进行划分的主要目的如下：

1）保证加工质量。粗加工阶段切削用量大，产生的切削力和切削热较大，所需夹紧力也较大，故零件残余内应力和工艺系统的受力变形、热变形、应力变形都较大，所产生的加工误差可通过半精加工和精加工逐步消除，从而保证加工精度。

2）合理地使用设备。粗加工要求功率大、刚度好、生产率高的设备，精度要求往往不高；精加工则要求精度高的设备。划分加工阶段后，就可充分发挥粗、精加工设备的长处，做到合理使用设备。

3）便于安排热处理工序，使冷、热加工工序配合得更好。例如，粗加工后零件残余应力大，可安排时效处理，消除残余应力。热处理引起的变形又可在精加工中得以消除。

4）便于及时发现毛坯缺陷。毛坯的各种缺陷如气孔、砂眼和加工余量不足等，在粗加工后即可发现，便于及时修补或决定是否报废，避免后续工序完成后才发现，造成工时浪费，增加生产成本。

5）精加工和光整加工的表面安排在最后加工，可保护零件少受磕碰、划伤等损坏。

因此，通常根据精度要求不同，可将高精度零件的工艺过程划分为粗加工阶段、半精加工阶段、精加工阶段、光整加工阶段、超精密加工阶段五个加工阶段。

1. 粗加工阶段

切除各加工面或主要加工面的大部分加工余量，并加工出精基准，因此一般选用生产率较高的设备。

2. 半精加工阶段

切除粗加工后可能产生的缺陷，为主要表面的精加工做准备，即要达到一定的加工精度，保证适当的加工余量，并完成一些次要表面的加工。

3. 精加工阶段

应确保达到或基本达到零件图样上的尺寸、形状和位置精度以及表面粗糙度的要求，一般可完成零件的全部加工。

4. 光整加工阶段

目的是提高零件的尺寸精度，降低表面粗糙度值或强化加工表面，一般不能提高位置精度。主要用于表面粗糙度值要求很小（IT6 以上，表面粗糙度 $Ra \leqslant 0.32\ \mu m$）的表面加工。

5. 超精密加工阶段

超精密加工是以超稳定、超微量切除等原则的亚微米级加工，其加工精度在 0.2 ~ 0.03 μm，表面粗糙度 $Ra \leqslant 0.03\ \mu m$。

高精度零件的中间热处理工序自然地把工艺过程划分为几个加工阶段。

三、工序的集中与分散

在选定了各表面的加工方法和划分加工阶段之后，就可以拟订零件的加工工序。同一个工件，同样的加工内容，可以安排两种不同形式的工艺规程：一种是工序集中，另一种是工序分散。

工序集中是指每道工序加工的内容较多，工艺路线短，零件的加工被最大限度地集中在少数几个工序中完成。其特点如下：

1）减少了零件安装次数，有利于保证表面间的位置精度，还可以减小工序间的运输量，缩短加工周期；

2）工序数少，有利于采用高效机床和工艺装备，生产率高；

3）减少了设备数量、占地面积以及操作者人数，节省人力、物力；

4）所用设备的结构复杂，专业化程度高，一次性投入高，调整维修较困难，生产准备工作量大。

工序分散是指每道工序的加工内容很少，工艺路线很长，甚至一道工序只含一个工步。其特点如下：

1）设备和工艺装备比较简单，便于调整，生产准备工作量少，易于平衡工序时间，组织流水生产；

2）可以采用最合理的切削用量，减少机动时间；

3）对操作者的技术要求较低；

4）所需设备和工艺装备的数目多，占地面积大，操作者多。

在实际生产中，要根据生产类型、零件的结构特点和技术要求、机械设备等实际条件进行综合分析，决定采用工序集中还是工序分散原则来安排工艺过程。传统的流水线、自动线生产多采用工序分散的组织形式。这种组织形式可以实现高生产率生产，但是适应性较差，特别是那些工序相对集中、专用组合机床较多的生产线，转产比较困难。

采用数控机床（包括加工中心、柔性制造系统）以工序集中的形式组织生产，除了具有上述特点以外，生产适应性强，转产容易，特别适合于多品种、小批量生产的成组加工。

一般情况下，大批量生产时，可以采用多刀、多轴等高效、自动机床，在工序集中后，也可以在工序分散后组织流水线生产。单件、小批量生产时宜采用工序集中，在一台普通机床上加工出尽量多的表面。而重型零件，为了减少零件装卸和运输的劳动量，工序应适当集中。对于刚度小且精度高的精密零件，则工序应适当分散，例如汽车连杆零件加工采用工序分散。但由于市场需求的多变性，对生产过程的柔性要求越来越高，加之加工中心等先进设备的采用，工序集中将越来越成为生产的主流方式。

四、工艺顺序的安排

零件上的全部加工表面应安排在一个合理的加工顺序中加工，这对保证零件质量、提高生产率、降低加工成本都至关重要。

1. 工艺顺序的安排原则

1) 先加工基准面，再加工其他表面（基准先行）。这条原则有两个含义：① 工艺路线开始安排的加工面是选作定位基准的精基准面，然后再以精基准定位，加工其他表面。例如精度要求较高的轴类零件（机床主轴、丝杠、汽车发动机曲轴等），其第一道机械加工工序就是铣端面，打中心孔，然后以顶尖孔定位加工其他表面。再如，箱体类零件（车床主轴箱，汽车发动机中的气缸体、气缸盖、变速器壳体等）也都是先安排定位基准面的加工（多为一个大平面，两个销孔），再加工其他平面和孔系。② 为保证一定的定位精度，当加工面的精度要求很高时，精加工前一般应先精修一下精基准。

2) 先安排粗加工工序，后安排精加工工序（先粗后精）。对于精度和表面粗糙度要求较高的零件，其粗、精加工应该分开。

3) 先加工主要表面，后加工次要表面（先主后次）。主要表面是指设计基准面和主要工作面，如装配基面、工作表面等，而次要表面是指键槽，油孔，紧固用的光孔、螺纹孔等其他表面。主要表面和次要表面之间往往有相互位置要求，常常要求在主要表面加工后，以主要表面定位进行次要表面加工。

4) 先加工平面，后加工孔（先面后孔）。这条原则的含义是：① 当零件上有较大的平面可以作定位基准时，先将其加工出来作定位面，再以面定位，加工孔，可以保证定位准确、稳定，装夹工件往往也比较方便。② 在毛坯面上钻孔或镗孔，容易使钻头引偏或打刀，先将此面加工好，再加工孔，则可避免上述情况的发生。

2. 热处理和表面处理工序的安排

为改善工件材料切削性能而进行的热处理工序（如退火、正火等），应安排在切削加工之前进行。

为消除内应力而进行的热处理工序（如退火、人工时效等），最好安排在粗加工之后。

为了改善工件材料的力学性能，在半精加工后、精加工前通常安排淬火、渗碳淬火等热处理工序。对于整体淬火的零件，淬火前应将所有需要加工的表面切削加工完，因为淬硬之后，再切削就有困难了。其中渗碳淬火一般安排在切削加工后，磨削加工前。而对于那些变形小的热处理工序（如高频表面淬火、渗氮等）和表面化学处理（如氮化、氰化等），允许安排在精加工后进行。

对于高精度精密零件（如量块、量规、铰刀、样板、精密丝杠、精密齿轮等），在淬火后安排冷处理(使零件在低温介质中继续冷却到零下 80 ℃)以稳定零件的尺寸。

为了提高零件表面耐磨性或耐蚀性而安排的热处理工序,以及以装饰为目的的热处理工序或表面处理工序(如镀铬、镀锌、氧化、发黑、发蓝处理等),一般放在工艺过程的最后。

3. 其他工序的安排

检查、检验工序,去毛刺,平衡,清洗工序等也是工艺规程的重要组成部分。

检查、检验工序是保证产品质量合格的关键工序之一。每个操作工人在操作过程中和操作结束以后都必须自检。在工艺规程中,下列情况下应安排检查工序:

1)零件加工完毕之后;

2)从一个车间转到另一个车间的前后;

3)工时较长或重要的关键工序的前后。

五、典型表面的加工路线

外圆、内孔和平面的加工量大而面广,习惯上把这些表面称作典型表面。根据这些表面的精度要求选择一个最终的加工方法,然后辅以先导工序的预加工方法,就组成一条加工路线。

1. 外圆表面的加工路线

零件的外圆表面主要采用下列四条基本加工路线(图 6.11)来加工。

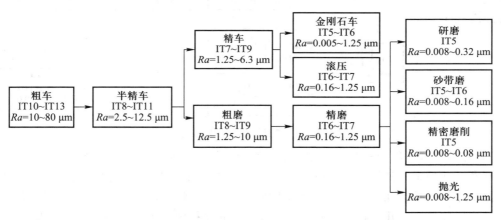

图 6.11 外圆表面的加工路线框图

1)粗车—半精车—精车 这是应用最广的一条路线。只要工件材料可以切削加工、公差等级 ≤IT7、表面粗糙度 $Ra \geq 0.8$ μm 的外圆表面都可以在这条加工路线中加工。如果加工精度要求较低,可以只取粗车,也可以只取粗车—半精车。

2)粗车—半精车—粗磨—精磨 当钢件或铸件的外圆面要求的精度更高,表面粗糙度值更小时,需将磨削分为粗磨和精磨才能达到要求,可采用此方案。对于黑色金属材料,特别是对半精车后有淬火要求、公差等级 ≤IT6、表面粗糙度 $Ra \geq 0.16$ μm 的外圆表面,一般可安排在这条加工路线中加工。

3)粗车—半精车—精车—金刚石车 这条加工路线主要适用于工件材料为有色金属(如铜、铝)、不宜采用磨削加工方法加工的外圆表面。

金刚石车是在精密车床上用金刚石车刀进行切削。精密车床的主运动系统多采用液体静压轴承或空气静压轴承，进给运动系统多采用液体静压导轨或空气静压导轨，因而主运动平稳，进给运动比较均匀，少爬行，可以得到比较高的加工精度和比较小的表面粗糙度值。目前，这种加工方法已用于尺寸精度为 0.01 μm 和表面粗糙度 $Ra=0.005$ μm 的超精密加工中。

4）粗车—半精车—粗磨—精磨—研磨、砂带磨、抛光以及其他超精加工方法   这是在前面加工路线 2）的基础上又加进其他精密、超精密加工或光整加工工序。这些加工方法多以减小表面粗糙度值，提高尺寸精度、形状精度为主要目的，如抛光、砂带磨等则以减小表面粗糙度值为主。

2. 孔的加工路线

图 6.12 所示的是常见孔的加工路线框图，可以分为四条基本的加工路线。

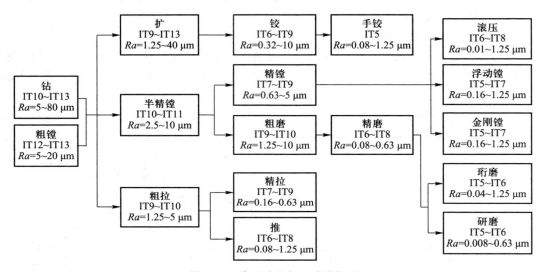

图 6.12   常见孔的加工路线框图

1）钻或粗镗—粗拉—精拉   这条加工路线多用于大批量生产盘套类零件的圆孔、单键孔和花键孔加工。其加工质量稳定、生产效率高。当工件上没有铸出或锻出毛坯孔时，第一道工序需安排钻孔；当工件上已有毛坯孔时，第一道工序需安排粗镗孔，以保证孔的位置精度。如果模锻孔的精度较好，也可以直接安排拉削加工。拉刀是定尺寸刀具，经拉削加工的孔一般为 IT7 级精度的基准孔（H7）。

2）钻或粗镗—扩—铰—手铰   这是一条应用最为广泛的加工路线，在各种生产类型中都有应用，多用于中、小孔加工。其中扩孔有纠正位置精度的能力，铰孔只能保证尺寸、形状精度和减小孔的表面粗糙度值，不能纠正位置精度。当对孔的尺寸精度、形状精度要求比较高，表面粗糙度值要求又比较小时，往往安排一次手铰加工。有时，用端面铰刀手铰，可用来纠正孔的轴线与端面之间的垂直度误差。铰刀也是定尺寸刀具，所以经过铰孔加工的孔一般也是 IT7 级精度的基准孔（H7）。

3）钻或粗镗—半精镗—精镗—浮动镗或金刚镗   下列情况下的孔，多在这条加工路线中加工：

① 单件、小批量生产中的箱体孔系加工；

② 位置精度要求很高的孔系加工；

③ 在各种生产类型中，直径比较大的孔，如 $\phi80$ mm 以上，毛坯孔上已有位置精度比较低的铸孔或锻孔；

④ 材料为有色金属，需要由金刚镗来保证其尺寸、形状和位置精度以及表面粗糙度的要求。

在这条加工路线中，当工件上已有毛坯孔时，第一道工序需安排粗镗，无毛坯孔时第一道工序安排钻孔。后面的工序视零件的精度要求，可安排半精镗，亦可安排半精镗—精镗或安排半精镗—精镗—浮动镗、半精镗—精镗—金刚镗。

4）钻或粗镗—半精镗—粗磨—精磨—研磨或珩磨　　这条加工路线主要用于淬硬零件加工或精度要求高的孔加工。

3. 平面的加工路线

图 6.13 所示为常见平面的加工路线框图，可按如下五条基本加工路线来介绍。

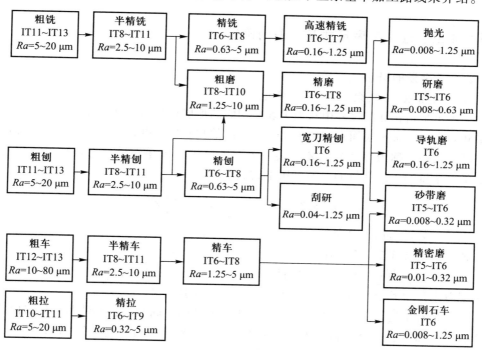

图 6.13　常见平面的加工路线框图

1）粗铣—半精铣—精铣—高速精铣　　在平面加工中，铣削加工用得最多。主要是因为铣削生产率高。近代发展起来的高速精铣，其公差等级比较高（IT7～IT6），表面粗糙度值也比较小（$Ra = 0.16 \sim 1.25$ μm）。在这条加工路线中，视被加工面的精度和表面粗糙度的技术要求不同，可以只安排粗铣，或安排粗铣、半精铣，粗铣、半精铣、精铣以及粗铣、半精铣、精铣、高速精铣。

2）粗刨—半精刨—精刨—刮研或宽刀精刨　　刨削适用于单件、小批量生产，特别适合于窄长平面的加工。

刮研是获得精密平面的传统加工方法。由于刮研的劳动量大，生产率低，所以在批量生产的一般平面加工中，常被磨削加工取代。

同铣平面的加工路线一样，可根据平面精度和表面粗糙度要求，选定终工序，截取前半部分作为加工路线。

3）粗铣（刨）—半精铣（刨）—粗磨—精磨—研磨、导轨磨、砂带磨或抛光　如果被加工表面有淬火要求，则可以在半精铣（刨）后安排淬火。淬火后需要安排磨削工序，视平面精度和表面粗糙度要求，可以只安排粗磨，亦可只安排粗磨—精磨，还可以在精磨后安排研磨或精密磨等。

4）粗拉—精拉　这条加工路线，生产率高，适用于有沟槽或有台阶面的零件。例如，某些内燃机气缸体的底平面、连杆体和连杆盖半圆孔以及分界面等就是在一次拉削中直接完成的。由于拉刀和拉削设备昂贵，因此这条加工路线只适合在大批量生产中采用。

5）粗车—半精车—精车—金刚石车　这条加工路线主要用于有色金属零件的平面加工，这些零件有时就是外圆或孔的端面。如果被加工零件是黑色金属，则精车后可安排精密磨、砂带磨或研磨、抛光等。

6.2.5　加工余量、工序尺寸及公差的确定

一、加工余量的概念

1. 加工总余量（毛坯余量）与工序余量

加工余量是指在加工过程中从加工表面切除的那层材料的厚度。加工余量又可分为工序余量和总余量。某一表面在同一道工序中切除的材料层厚度，在数量上等于相邻两道工序公称尺寸之差，称为工序余量 Z_i。某一表面毛坯尺寸与零件尺寸之差称为加工总余量 Z_0。加工总余量和工序余量的关系可用下式表示：

$$Z_0 = Z_1 + Z_2 + \cdots + Z_n = \sum_{i=1}^{n} Z_i \tag{6.1}$$

式中：Z_0——某表面加工总余量；

　　　Z_i——该表面第 i 个工序余量；

　　　n——该表面机械加工工序数目。

加工总余量及其公差可从有关手册中查得或凭经验确定。

工序余量有单边余量和双边余量之分。根据零件的不同结构，零件非对称结构的非对称表面，如平面（或非对称面），加工余量单向分布，称为单边余量（图 6.14a）。

单边余量可表示为

$$Z_b = l_a - l_b \tag{6.2}$$

式中：Z_b——本工序余量；

　　　l_a——前工序尺寸；

　　　l_b——本工序尺寸。

零件对称结构的对称表面，其加工余量为双边余量（图 6.14b），则有

$$2Z_b = l_a - l_b \tag{6.3}$$

回转体外圆表面，其加工余量为双边余量（图 6.14c），则有

$$2Z_b = d_a - d_b \tag{6.4}$$

回转体内圆表面，其加工余量为双边余量（图 6.14d），则有

$$2Z_b = D_b - D_a \tag{6.5}$$

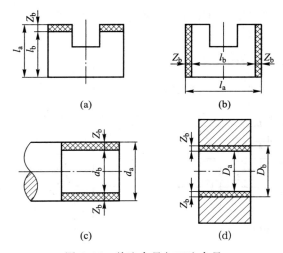

图 6.14　单边余量与双边余量

由于工序尺寸有公差，所以加工余量也必然在某一公差范围内变化。其公差大小等于本道工序的工序尺寸公差与上道工序的工序尺寸公差之和。因此，如图 6.15 所示，工序余量有公称余量（简称余量）、最大余量和最小余量之别。从图中可以知道：被包容面的余量 Z_b 包含上道工序的工序尺寸公差。

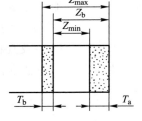

余量公差可表示为

$$T_z = Z_{max} - Z_{min} = T_b + T_a \qquad (6.6)$$

式中：T_z——工序余量公差；

　　　Z_{max}——工序最大余量；

　　　Z_{min}——工序最小余量；

　　　T_b——加工面在本道工序的工序尺寸公差；

　　　T_a——加工面在上道工序的工序尺寸公差。

图 6.15　被包容面的
加工余量及公差

一般情况下，工序尺寸的公差按"入体原则"标注。即对被包容尺寸（轴的外径，实体长、宽、高），其最大加工尺寸就是公称尺寸，上极限偏差为零。对包容尺寸（孔的直径、槽的宽度），其最小加工尺寸就是公称尺寸，下极限偏差为零。毛坯尺寸公差按双向对称极限偏差形式标注。图 6.16a、b 分别表示了被包容面（轴）和包容面（孔）的工序尺寸、工序尺寸公差、工序余量和毛坯余量之间的关系。其中，加工面安排了粗加工、半精加工和精加工。$d_{坯}(D_{坯})$、$d_1(D_1)$、$d_2(D_2)$ 和 $d_3(D_3)$ 分别为毛坯、粗、半精、精加工工序尺寸，$T_{坯}/2$、T_1、T_2 和 T_3 分别为毛坯、粗、半精、精加工工序尺寸公差，Z_1、Z_2 和 Z_3 分别为粗、半精、精加工工序余量，Z_0 为毛坯余量。

2. 工序余量的影响因素

工序余量的大小对于零件的加工质量和生产率有较大的影响。余量太小时，保证不了加工质量；余量太大时，既浪费材料，又浪费人力物力。因此，合理确定工序余量，对确保加工质量、提高生产率和降低成本都有很重要的意义。

工序余量的影响因素比较复杂，除前述第一道粗加工工序余量与毛坯制造精度有关以外，其他工序的工序余量主要有以下几个方面的影响因素：

1）上道工序的尺寸公差 T_a。如图 6.16 所示，本工序的加工余量包含上道工序的工序尺寸公差，即本工序应切除上道工序可能产生的尺寸公差。

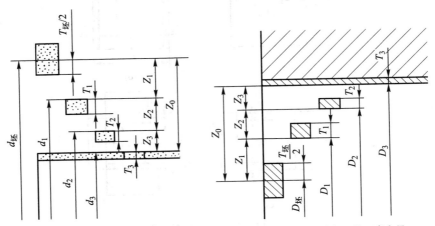

(a) 被包容面粗、半精、精加工的工序余量　　(b) 包容面粗、半精、精加工的工序余量

图 6.16　工序余量示意图

2）上道工序产生的表面粗糙度 Rz（轮廓最大高度）和表面缺陷层深度 H_a。如图 6.17 所示，本工序加工时要去除上道工序留下的 Rz 和 H_a。

3）上道工序留下的空间误差 e_a。这里所说的空间误差包括轴线、平面本身的形状误差（如弯曲、偏斜）及其相互位置误差（如平行度、垂直度、同轴度等）。如图 6.18 所示的轴，由于前一工序轴线有直线度误差 e_a，本工序加工余量需增加 $2e_a$ 才能保证该轴在加工后无弯曲。

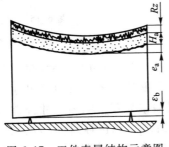

图 6.17　工件表层结构示意图

图 6.18　轴线弯曲造成的余量不均

4）本工序的装夹误差 ε_b。由于这项误差会直接影响加工面与切削刀具的相对位置，所以加工余量中应包括这项误差。

由于空间误差和装夹误差都是有方向的，所以要采用矢量相加的方法取矢量和的模进行余量计算。

综合上述各影响因素，可有以下余量计算公式。

① 对于单边余量：

$$Z_{min} = T_a + Rz + H_a + |e_a + \varepsilon_b| \tag{6.7}$$

② 对于双边余量：

$$Z_{min} = T_a/2 + Rz + H_a + |e_a + \varepsilon_b| \tag{6.8}$$

二、加工余量的确定

确定加工余量的方法有计算法、查表法和经验法三种。

1. 计算法

在影响因素清楚的情况下，计算法比较准确。必须具备一定的测量手段和必要的统计分析资料，才能进行余量的计算，计算法较复杂，故很少应用。

2. 查表法

此法主要以工厂生产实践和试验研究积累的经验所制成的表格为基础，并结合实际加工情况加以修正，确定加工余量。这种方法方便、迅速，生产上应用广泛。

3. 经验法

由一些有经验的工程技术人员或工人根据经验确定加工余量的大小。由于主观上怕出废品，所以经验法确定的加工余量往往偏大。这种方法多用于人工操作的单件、小批量生产。

三、工序尺寸与公差的确定

生产上绝大部分加工面都是在基准重合（工艺基准和设计基准重合）的情况下进行加工的。所以，掌握基准重合的情况下工序尺寸与公差的确定过程非常重要。具体步骤如下：

1）确定各工序加工余量；

2）从最终加工工序开始，即从设计尺寸开始，逐次加上（对于被包容面）或减去（对于包容面）每道工序的加工余量，可分别得到各工序的公称尺寸；

3）除最终加工工序取设计尺寸公差外，其余各工序按各自采用的加工方法所对应的加工经济精度确定工序尺寸公差和表面粗糙度；

4）除最终工序外，其余各工序按"入体原则"标注工序尺寸公差；

5）毛坯余量通常由毛坯图给出。

例 6.1 加工某轴径，要求直径 ϕ50 mm，精度 IT5，表面粗糙度 $Ra = 0.04$ μm，并要求高频淬火，毛坯为锻件。其工艺路线为粗车—半精车—高频淬火—粗磨—精磨—研磨。试计算各工序的工序尺寸及公差。

解：（1）先用查表法确定加工余量

由工艺手册查得：研磨余量为 0.01 mm，精磨余量为 0.1 mm，粗磨余量为 0.3 mm，半精车余量为 1.1 mm，粗车余量为 4.5 mm，由式（6.1）可得加工总余量为 6.01 mm，取加工总余量为 6 mm，把粗车余量修正为 4.49 mm。

（2）计算各加工工序公称尺寸

研磨后工序公称尺寸为 50 mm（设计尺寸）其他各工序公称尺寸依次为：

精磨　　50 mm+0.01 mm=50.01 mm

粗磨　　50.01 mm+0.1 mm=50.11 mm

半精车　50.11 mm+0.3 mm=50.41 mm

粗车　　50.41 mm+1.1 mm=51.51 mm

毛坯　　51.51 mm+4.49 mm=56 mm

（3）确定各工序的加工经济精度和表面粗糙度

由表 6.6 查得：研磨后精度为 IT5，$Ra = 0.04$ μm（零件的设计要求）；精磨后精度选定为 IT6，$Ra = 0.16\ \mu m$；粗磨后精度选定为 IT8，$Ra = 1.25\ \mu m$；半精车后精度选定为 IT11，$Ra = 5\ \mu m$；粗车后精度选定为 IT13，$Ra = 16\ \mu m$。

根据上述经济加工精度查公差表，将查得的公差数值按"入体原则"标注在工序公称尺寸上。查工艺手册可得锻造毛坯公差为 ±2 mm。

为清楚起见，把上述计算和查表结果汇总于表 6.9 中，供参考。

表 6.9   工序尺寸、公差、表面粗糙度及毛坯尺寸的确定

工序名称	工序间余量/mm	工序		工序公称尺寸/mm	标注工序尺寸公差/mm
		经济精度/mm	表面粗糙度 $Ra/\mu m$		
研磨	0.01	h5 ($_{-0.011}^{0}$)	0.04	50	$\phi 50 (_{-0.011}^{0})$
精磨	0.1	h6 ($_{-0.016}^{0}$)	0.16	50+0.01=50.01	$\phi 50.01 (_{-0.016}^{0})$
粗磨	0.3	h8 ($_{-0.039}^{0}$)	1.25	50.01+0.1=50.11	$\phi 50.11 (_{-0.039}^{0})$
半精车	1.1	h11 ($_{-0.16}^{0}$)	5	50.11+0.3=50.41	$\phi 50.41 (_{-0.16}^{0})$
粗车	4.49	h13 ($_{-0.39}^{0}$)	16	50.41+1.1=51.51	$\phi 50.51 (_{-0.39}^{0})$
毛坯（锻造）		±2		51.51+4.49=56	$\phi 56 \pm 2$

在工艺基准无法同设计基准重合的情况下，确定了工序余量之后，需通过工艺尺寸链进行工序尺寸和公差的换算。具体换算方法将在工艺尺寸链中介绍。

6.2.6   工艺尺寸链及其应用

一、尺寸链的基本内容

在设计机器时，除了需要进行运动、强度和刚度等计算外，还需要进行几何量分析计算，以确定机器零件的尺寸公差、几何公差等。其目的是保证机器能顺利地进行装配，并能满足预定的功能要求，为此提出尺寸链的问题。

1. 尺寸链的概念

在零件的加工或产品的装配过程中，经常遇到一些相互联系且按一定顺序排列着的、封闭的尺寸组合，就形象地将这种尺寸组合称为尺寸链（图 6.19）。

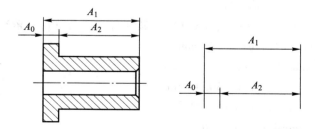

图 6.19   尺寸链关系图

2. 尺寸链的分类

1）按应用场合分为工艺尺寸链和装配尺寸链；

2）按尺寸链之间的联系方式分为并联尺寸链、串联尺寸链和混合尺寸链；

3）按尺寸链在空间的位置分为线性尺寸链、平面尺寸链和空间尺寸链；

4）按尺寸链的不同计量单位分为长度尺寸链和角度尺寸链。

3. 尺寸链的组成及画法

为简便起见，把尺寸链中的每一个尺寸称为尺寸链中的一个环。"环"又分为封闭环和组成环。以图 6.19 为例进行说明。先按尺寸 A_1 加工左、右两侧端面，再按尺寸 A_2 加工台阶，而 A_0 由 A_1 和 A_2 所确定，即 $A_0 = A_1 - A_2$。那么，这些相互联系的尺寸 A_1、A_2 和 A_0 就构成一个封闭的尺寸组合，即尺寸链。

（1）封闭环

在零件的加工或产品的装配过程中，间接形成的、其精度是被间接保证的环，称为封闭环。在图 6.19 所示的条件下，封闭环 A_0 是在所述加工顺序条件下最后形成的尺寸。

（2）组成环

组成环是尺寸链中除封闭环以外的其他所有环。组成环的尺寸是直接保证的，它影响封闭环的尺寸。根据组成环对封闭环的影响不同，组成环又可分为增环和减环。

1）增环　在其他组成环不变的条件下，此环增大时，封闭环随之增大，则此组成环称为增环，用 A_p 表示。在图 6.19 中尺寸 A_1 为增环。

2）减环　在其他组成环不变的条件下，此环增大时，封闭环随之减小，则此组成环称为减环，用 A_q 表示。在图 6.19 中尺寸 A_2 为减环。

（3）尺寸链图的画法（封闭性规律）

将尺寸链中的尺寸按其连接顺序首尾相接构成的封闭尺寸图形称为尺寸链图。尺寸链图是解尺寸链的依据，为画出尺寸链图必须查明尺寸链，其中关键是确定封闭环和查找组成环以及判断增、减环。

当尺寸链环数较多、结构复杂时，增环及减环的判别也比较复杂。为了便于判别，可按照各尺寸首尾相接的原则，顺着一个方向在尺寸链中各环的字母上画箭头。凡组成环的箭头与封闭环的箭头方向相同者，此环为减环，反之则为增环。如图 6.20 所示，尺寸链由 4 个环组成，按尺寸走向顺着一个方向画各环的箭头，其中 A_1、A_3 的箭头方向与 A_0 的箭头方向相反，则 A_1、A_3 为增环；A_2 的箭头方向与 A_0 的箭头方向相同，则 A_2 为减环。需要注意的是：所建立的尺寸链必须使组成环数最少，这样可以更容易满足封闭环的精度或者使各组成环的加工更容易，更经济。

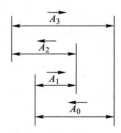

图 6.20　组成环增减性的判别

画尺寸链图应注意以下几点：

1）画尺寸链图时不必画出零件的结构，也不必严格按比例画出各尺寸大小，但各尺寸的顺序连接关系绝不允许改变。

2）对于对称中心有相互位置关系的对称尺寸，画尺寸链图时其对称尺寸只画一半即可。

3）当公称尺寸为零、其公差带是双向对称分布时，该尺寸画成增环或减环均可。

4. 计算尺寸链的基本任务

为了正确地确定有关尺寸的公差和极限偏差，尺寸链的计算方法分为以下三种：

1）正计算。已知各组成环的公称尺寸和极限偏差，求封闭环的公称尺寸和极限偏差。主要用于审核设计图样、验算设计和计算的正确性，其计算结果是唯一确定的。

2）反计算。已知封闭环的公称尺寸及极限偏差和各组成环的公称尺寸，求各组成环的极限偏差，有时也包括求一个组成环的公称尺寸。主要用于设计机器时，合理地给定各零件的极限偏差。

3）中间计算。已知封闭环和其他组成环的公称尺寸及极限偏差，求尺寸链中某一环的公称尺寸及极限偏差。主要用于工艺设计中，如基准转换时工序尺寸及其公差的确定。

5. 关于反计算的问题

尺寸链的反计算问题，实际上是如何将封闭环的公差对各组成环进行合理分配以及确定各组成环公差带的分布位置，使各组成环公差累积后的总和以及分布位置与封闭环公差值及分布位置的要求相一致。

（1）封闭环公差的分配原则

1）等公差原则，即各组成环的公差都相等，均等于平均公差值 $T_{A_{av}}$：

$$T_{A_{av}} = \frac{T_{A_0}}{n-1} \tag{6.9}$$

这种方法计算简便，但未考虑各组成环加工的难易、尺寸的大小，显然不够合理。

2）等公差等级原则，即各组成环的公差取相同的公差等级，公差值的大小取决于公称尺寸的大小。由于标准公差的计算公式为 $IT = ai$，所以按等公差级的分配原则，就是各组成环应取相同的平均公差等级系数 a_{av}：

$$a_{av} = \frac{\dfrac{T_{A_0}}{n-1}}{\displaystyle\sum_{j=1}^{n-1} i_j} \tag{6.10}$$

从标准公差计算表中选取与之接近（略低）的一个公差等级，再从标准公差数值表中查得各组成环的公差值。此法虽考虑了尺寸大小的影响，但仍未考虑加工难易程度的影响。

3）复合原则，即先按等公差原则求出其平均公差值 $T_{A_{av}}$，再根据尺寸大小、加工难易程度和设计要求等具体情况调整各组成环的公差值。此法应用较广泛。

（2）各组成环公差带位置确定原则

1）入体原则。相当于包容尺寸（如孔）可标注成上极限偏差为正、下极限偏差为零的形式；相当于被包容尺寸（如轴）可标注成上极限偏差为零、下极限偏差为负的形式。

2）对于台阶类长度尺寸，可标注成上极限偏差为正、下极限偏差为零的形式，或标注成上、下极限偏差绝对值相等、符号相反的双向对称分布的形式。

3）孔中心距之类的尺寸，可标注成上、下极限偏差绝对值相等、符号相反的双向对称分布形式。

4）配合尺寸的公差值及公差带的分布位置，按配合性质查表确定。

5）必须保留一个尺寸作为协调环，其公差值大小和公差带分布位置不能按上述原则确定，而需通过尺寸链的计算确定。选作协调环的应是能用通用刀具加工、通用量具检验的组成环，但不能是标准件或参加两个以上尺寸链的公共环。

应当指出，当组成环是标准件时，其公差大小和公差带分布位置已由相应标准规定，不得变更；当组成环是公共环时，其公差大小和公差带分布位置应根据对其有严格公差要求的那个尺寸链来确定。如可能，应使各组成环的公差大小和分布位置符合国家标准的规定。

6. 解尺寸链的方法

（1）完全互换法

完全互换法又称极值法。采用完全互换法时，只要尺寸链中各组成环零件为合格品，则无须进行挑选或修配就能装到机器上，且能达到封闭环的精度要求。按极限尺寸来计算尺寸链。

（2）概率法

完全互换法是按各环的极限尺寸来计算的，但由概率论原理和生产实践可知，在成批和大量生产中，大多数零件的实际尺寸分布于公差带的中间区域（如果调整中心接近于公差带中心的话），靠近极限值的是少数，在成批产品装配中，尺寸链的各组成环恰好是极限尺寸相结合的情况就更少了。可以利用这一规律，将组成环公差放大，不但使零件易于加工，而且不改变技术条件规定的封闭环公差，从而获得更大的技术经济效益。

二、工艺尺寸链

1. 工艺尺寸链的概念及特点

在工艺过程中，由同一零件上的与工艺相关的尺寸所形成的尺寸链称为工艺尺寸链。在工艺尺寸链中，直线尺寸链和空间尺寸链用得最多。

工艺尺寸链的主要特征是：① 封闭性，即互相关联的尺寸必须按一定顺序排列成封闭的形式；② 关联性，指某个尺寸及精度的变化必将影响其他尺寸和精度的变化，即它们的尺寸和精度互相联系、互相影响。

2. 工艺尺寸链的计算公式（极值法）

在工艺尺寸链中，全部组成环平行于封闭环的尺寸链称为直线尺寸链。下面将以直线尺寸链为例进行详细介绍。

一个具有 m 个增环的 n 环尺寸链可以用图 6.21 所示的尺寸链图来表示。根据尺寸链的联系性，可以写出尺寸链的基本计算公式。

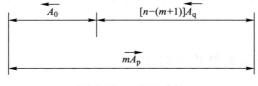

图 6.21　n 环尺寸链

（1）封闭环的公称尺寸

根据尺寸链的封闭性，封闭环的公称尺寸等于所有增环公称尺寸之和减去所有减环公称尺寸之和，即

$$A_0 = \sum_{i=1}^{m} A_{p_i} - \sum_{j=m+1}^{n-1} A_{q_j} \tag{6.11}$$

（2）封闭环的极限尺寸

根据增、减环的定义，如果组成环中的增环均为最大极限尺寸，减环均为最小极限尺寸，则封闭环的尺寸必然是最大极限尺寸，即

$$A_{0\max} = \sum_{i=1}^{m} A_{p_i\max} - \sum_{j=m+1}^{n-1} A_{q_j\min} \qquad (6.12a)$$

同理

$$A_{0\min} = \sum_{i=1}^{m} A_{p_i\min} - \sum_{j=m+1}^{n-1} A_{q_j\max} \qquad (6.12b)$$

即封闭环的最大极限尺寸等于所有增环最大极限尺寸之和减去所有减环的最小极限尺寸之和，封闭环的最小极限尺寸等于所有增环最小极限尺寸之和减去所有减环最大极限尺寸之和。

（3）封闭环的上、下极限偏差

根据上、下极限偏差的定义，利用式（6.12a）、式（6.12b）可推导出：

$$ES_{A_0} = \sum_{i=1}^{m} ES_{A_{pi}} - \sum_{j=m+1}^{n-1} EI_{A_{qj}} \qquad (6.13a)$$

$$EI_{A_0} = \sum_{i=1}^{m} EI_{A_{pi}} - \sum_{j=m+1}^{n-1} ES_{A_{qj}} \qquad (6.13b)$$

式中：$ES_{A_{pi}}$、$EI_{A_{pi}}$——增环的上、下极限偏差；

$ES_{A_{qj}}$、$EI_{A_{qj}}$——减环的上、下极限偏差。

（4）封闭环的公差

用式（6.12a）减去式（6.12b），或用式（6.13a）减去式（6.13b），可得：

$$A_{0\max} - A_{0\min} = \Big(\sum_{i=1}^{m} A_{p_i\max} - \sum_{i=1}^{m} A_{p_i\min} \Big) + \Big(\sum_{j=m+1}^{n-1} A_{q_j\max} - \sum_{j=m+1}^{n-1} A_{q_j\min} \Big)$$

即

$$T_{A_0} = \sum_{i=1}^{m} T_{A_{pi}} + \sum_{j=m+1}^{n-1} T_{A_{qj}} = \sum_{k=1}^{n-1} T_{A_k} \qquad (6.14)$$

式中：T_{A_0}——封闭环公差；

$T_{A_{pi}}$ 和 $T_{A_{qj}}$——增、减环公差；

T_{A_k}——组成环公差。

即封闭环公差等于所有组成环公差之和。上面的公式是用极值法计算尺寸链时所用的基本公式。

6.2.7   直线尺寸链在工艺过程中的应用

一、工艺基准与设计基准不重合时工艺尺寸的计算

1. 定位基准和设计基准不重合

例 6.2   图 6.22 表示某零件高度方向的设计尺寸。生产上，按大批量生产采用调整法加工 A、B、C 面。其工艺安排是前面工序已将 A、B 面加工好（互为基准加工），现以底面 A 为定位基准加工台阶面 C。试确定本道工序的工序尺寸。

解：因为 C 面的设计基准是 B 面，定位基准与设计基准不重合，所以需进行尺寸换算。

画尺寸链图如图 6.22b 所示。在这个尺寸链中，因为调整法加工可直接保证的尺寸是 A_2，所以 A_0 就只能间接保证了。A_0 是封闭环，A_1 是增环，A_2 是减环。

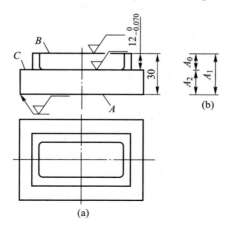

图 6.22 定位基准和设计基准不重合举例

在设计尺寸中，A_1 未注公差（公差等级低于 IT13，允许不标注公差），A_2 需经计算才能得到。为了保证 A_0 的设计要求，首先必须将 A_0 的公差分配给 A_1 和 A_2。这里按等公差原则进行分配。

令 $T_{A_1}=T_{A_2}=\dfrac{T_{A_0}}{2}=0.035$ mm，按入体原则标注 A_1（或 A_2）的公差得 $A_1=30_{-0.035}^{\ 0}$ mm，由式 (6.11)、式 (6.13a) 和式 (6.13b) 计算 A_2 的公称尺寸和极限偏差得 $A_2=18_{\ 0}^{+0.035}$ mm。

加工时，只要保证了 A_1 和 A_2 的尺寸都在各自的公差范围之内，就一定能满足 $A_0=12_{-0.070}^{\ 0}$ mm 的设计要求。

从本例可以看出，A_1 和 A_2 本没有公差要求，但由于定位基准和设计基准不重合，就有了公差的限制，增加了加工的难度。封闭环公差越小，加工的难度就越大。本例若采用试切法，则 A_0 的尺寸可直接得到，不需要求解尺寸链。但同调整法相比，试切法生产率低。

2. 测量基准与设计基准不重合

例 6.3 如图 6.23 所示的零件，因尺寸 A_0 不好测量，改测尺寸 A_2，试确定 A_2 的大小和公差。

解法一：1）画尺寸链图，如图 6.23 所示。

2）判断增、减环。A_2 是测量直接得到的尺寸，是组成环（减环）；A_0 是间接保证的，是封闭环；A_1 是增环。

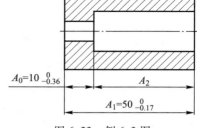

图 6.23 例 6.3 图

3）计算尺寸链可得到：

根据公式 $A_0=\sum_{i=1}^{m}A_{p_i}-\sum_{j=m+1}^{n-1}A_{q_j}$，可得 $A_2=A_1-A_0=(50-10)$ mm $=40$ mm。

根据公式 $ES_{A_0}=\sum_{i=1}^{m}ES_{A_{pi}}-\sum_{j=m+1}^{n-1}EI_{A_{qj}}$，可得 $0=0-EI_{A_2}$，即 $EI_{A_2}=0$。

根据公式 $EI_{A_0} = \sum\limits_{i=1}^{m} EI_{A_{pi}} - \sum\limits_{j=m+1}^{n-1} ES_{A_{qj}}$，可得 $-0.36 = -0.17 - ES_{A_2}$

$$ES_{A_2} = +0.19$$

由上述式子得 $A_2 = 40^{+0.19}_{0}$ mm。

思考关于假废品的问题：

1）若测得 $A_2 = 40.36$ mm，即向上超差 0.17 mm，表面上判断，此零件应为废品。先不急下结论，让我们来验算一下。此时，若 $A_1 = 50$ mm（最大值），可以得到：$A_0 = (50-40.36)$ mm $= 9.64$ mm，实际结果为合格品。

2）若测得 $A_2 = 39.83$ mm，即向下超差 0.17 mm，表面上判断，此零件应为废品。先不急下结论，让我们来验算一下。此时，若 $A_1 = 49.83$ mm（最小值），可以得到：$A_0 = (49.83-39.83)$ mm $= 10$ mm，实际结果为合格品。

发现 A_2 超差时，如果 A_1 同向变动取极值，则表面看来为废品的零件实际上却是合格品，即假废品。

改善方法：采用专用检具可减小假废品出现的可能性，如图 6.24 所示。此时，通过测量尺寸 A_4 来间接保证尺寸 A_0。

解法二：1）新建尺寸链图，如图 6.24 所示。

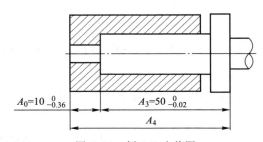

$A_0 = 10^{0}_{-0.36}$　　$A_3 = 50^{0}_{-0.02}$

A_4

图 6.24　例 6.3 改善图

2）判断增、减环。A_0 为封闭环，A_3 为减环，A_4 为增环。

3）计算尺寸链。

$$A_0 = A_4 - A_3$$
$$0 = ES_{A_4} - (-0.02)$$
$$-0.36 = EI_{A_4} - 0$$

由上述式子得 $A_4 = 60^{-0.02}_{-0.36}$ mm。

说明：依然可以证明，如 A_4 的测量超差在 T_{A_3} 公差范围之内，仍然保证 A_0 符合要求，零件为合格品。但正是 A_3 的尺寸为专用检具的尺寸，其精度很高，如此例中公差为 0.02 mm，所以只在超差很小（0.02 mm）的范围内为假废品，一旦超出此公差范围，则必然为真废品了。

注意用此例的超差公差和上例子的超差公差对比，可得出结论：采用专用检具，可减小假废品出现的可能性。

例 6.4　如图 6.25 所示，某车床主轴箱轴Ⅲ和轴Ⅳ的中心矩为（127±0.07）mm，该尺寸不便直接测量，拟用游标卡尺直接测量两孔内侧距离来间接保证中心距的尺寸要求。已知轴Ⅲ孔直径 $\phi 80^{+0.004}_{-0.018}$ mm，轴Ⅳ孔直径为 $\phi 65^{+0.030}_{0}$ mm，现决定采用外卡尺测量两孔内侧母线之间的距离，求测量尺寸。

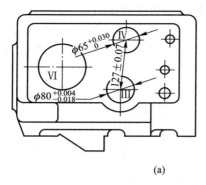 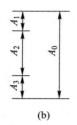

图 6.25 例 6.4 图

解：1）建立尺寸链图，如图 6.25b 所示。

2）判断增、减环。

封闭环：$A_0 = (127 \pm 0.07)\,\text{mm}$

增环：$A_1 = 32.5_{0}^{+0.015}\,\text{mm}$；$A_3 = 40_{-0.009}^{+0.002}\,\text{mm}$。待求尺寸 A_2。

3）计算尺寸链：

$$A_0 = A_1 + A_2 + A_3$$
$$+0.07 = +0.015 + \text{ES}_{A_2} + 0.002$$
$$-0.07 = 0 + \text{EI}_{A_2} + (-0.009)$$

由上述式子得 $A_2 = 54.5_{-0.061}^{+0.053}\,\text{mm}$。

只要测得结果在 A_2 的公差范围之内，就一定能够满足（保证）轴 III 和轴 IV 的中心距的设计要求。

思考：如果实测 $A_2 = (54.5 - 0.087)\,\text{mm} = 54.413\,\text{mm}$，超出了 A_2 的下极限尺寸，那么此时是否为废品呢？

按上面的计算结果，表面看来零件应为废品。但是，若刚好两个孔的直径尺寸都做到公差的上限，即半径尺寸：$A_1 = 32.515\,\text{mm}$，$A_3 = 40.002\,\text{mm}$，此时 $A_1 + A_2 + A_3 = 126.93\,\text{mm}$，恰好为中心距设计尺寸的下极限尺寸，即出现了假废品。观察一下，$54.5 - 0.087$ 为下极限尺寸，再小则出现废品。来看 -0.087 和 A_2 的下极限偏差 -0.061 的关系：

$$(|-0.087| - |-0.061|)\,\text{mm} = 0.026\,\text{mm} = T_{A_1} + T_{A_3} = (0.015 + 0.011)\,\text{mm} = 0.026\,\text{mm}$$

结论：当实测尺寸与计算尺寸的差值小于尺寸链其他组成环公差之和时，可能为假废品。

验证：若实测结果为 $A_2 = (54.5 + 0.079)\,\text{mm} = 54.579\,\text{mm}$，而两孔直径尺寸都做到下极限尺寸，$A_1 = 32.5\,\text{mm}$，$A_3 = (40 - 0.009)\,\text{mm} = 39.991\,\text{mm}$，则 $A_1 + A_2 + A_3 = 127.07\,\text{mm}$ 恰好为中心距设计尺寸的上限尺寸。

产生假废品的根本原因在于测量基准和设计基准不重合。组成环环数愈多，公差范围愈大，出现假废品的可能性愈大。因此，在测量时应尽量使测量基准和设计基准重合。

生产上为了避免假废品的产生，在出现实测尺寸超差时，应实测其他组成环的实际尺寸，然后在尺寸链中重新计算封闭环（不一定是封闭环）的实际尺寸，若重新计算结果超差，则为废品，否则仍为合格品。

二、一次加工满足多个设计尺寸要求的工艺尺寸计算

例 6.5   图 6.26 所示为一个带有键槽的内孔，其加工过程如下：① 镗内孔至 $\phi 49.8^{+0.046}_{0}$ mm；② 插键槽；③ 淬火处理；④ 磨内孔，保证内孔直径 $\phi 50^{+0.030}_{0}$ mm 和键槽深度 $53.8^{+0.30}_{0}$ mm 两个设计尺寸的要求。

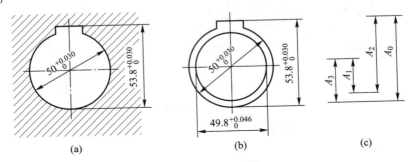

图 6.26   例 6.5 图

显然，插键槽工序可采用已镗孔的下切线为基准，用试切法保证键槽深度。这里，键槽深度尚未可知，需经计算求出。磨孔工序应保证磨削余量均匀（可按已镗孔找正夹紧），因此其定位基准可以认为是孔的中心线。这样，孔 $\phi 50^{+0.030}_{0}$ mm 的定位基准与设计基准重合，而键槽深度 $53.8^{+0.30}_{0}$ mm 的定位基准与设计基准不重合。因此，磨孔可直接保证孔的设计尺寸要求，而键槽深度就只能间接保证了。具体解题步骤如下所示。

解：1）建立尺寸链图，如图 6.26c 所示。

2）判断增、减环。$A_0 = 53.8^{+0.30}_{0}$ 是间接保证的尺寸，因而是封闭环；$A_3 = 25^{+0.015}_{0}$，A_2 为增环；$A_1 = 24.9^{+0.023}_{0}$，为减环。

3）计算该尺寸链。

$$A_0 = A_3 + A_2 - A_1$$
$$+0.30 = ES_{A_2} + 0.015 - 0$$
$$0 = EI_{A_2} + 0 - 0.023$$

由上述式子可得 $A_2 = 53.7^{+0.285}_{+0.023}$ mm，按入体原则改写为 $A_2 = 53.723^{+0.262}_{0}$ mm。

从本例可以看出：

1）把镗孔中心线看作是磨孔的定位基准是一种近似，因为磨孔和镗孔是在两次装夹下完成的，存在同轴度误差。只是，当该同轴度误差很小时，即同其他组成环的公差相比，小于一个数量级，才允许做上述近似计算。若该同轴度误差不是很小，则应将同轴度也作为一个组成环画在尺寸链图中。

2）正确画出尺寸链图，并正确地判定封闭环是求解尺寸链的关键。画尺寸链图时，应按工艺顺序从第一个工艺尺寸的工艺基准出发，逐个画出全部组成环，最后用封闭环封闭尺寸链图。

例 6.6   在上例中，因磨孔和镗孔是在两次装夹下完成的，存在同轴度误差。如设磨孔和镗孔的同轴度公差为 0.05 mm，进行求解。

解：1）画尺寸链图，如图 6.27 所示。

2）判断增、减环。

$A_0 = 53.8^{+0.30}_{0}$，是间接保证的尺寸，因而是封闭环；

$A_3 = 25^{+0.015}_{0}$，A_2 为增环；

$A_1 = 24.9^{+0.023}_{0}$，$A_4 = 0 \pm 0.025$，为减环。

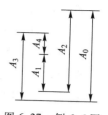

图 6.27　例 6.6 图

3）计算该尺寸链。

$$A_0 = A_2 + A_3 - A_1 - A_4$$
$$+0.30 = ES_{A_2} + 0.015 - 0 - (-0.025)$$
$$0 = EI_{A_2} + 0 - 0.025 - 0.023$$

由此可得 $A_2 = 53.7^{+0.260}_{+0.048}$ mm，按入体原则改写为 $A_2 = 53.748^{+0.212}_{0}$ mm。

提示 1：因是工序尺寸，故需按入体原则标注。

提示 2：此例中，若把 A_4 的同轴度公差迭加到尺寸链的组成环 A_3 上，即 A_4 由减环变成了增环，但不会影响结果。因为同轴度的公称尺寸一般是 0，而公差为对称分布，在尺寸链计算中，既不会影响公称尺寸，也不会影响上、下极限偏差的计算，故可以大胆地建立尺寸链。

对比以上两例可以发现：

1）正是由于尺寸链中多了一个同轴度组成环，使得插键槽工序的键槽深度的公差减小，减小的数值正好是同轴度公差。

2）按设计要求，键槽深度的公差范围是 0～0.30 mm，但是插键槽工序只允许按 0.023～0.285 mm（不含同轴度公差）或 0.048～0.260 mm（含同轴度公差）的公差范围来加工，原因仍然是工艺基准和设计基准不重合。因此，在考虑工艺安排的时候，应尽量使得工艺基准与设计基准重合，否则会增加制造难度。

三、表面淬火、渗碳层深度及镀层、涂层厚度工艺尺寸链

例 6.7　图 6.28 所示为偏心轴零件，表面 P 要求渗碳处理，渗碳层深度规定为 0.5～0.8 mm。为了保证对该表面提出的加工精度和表面粗糙度的要求，其工艺安排如下：① 精车 P 面，保证直径 $\phi 38.4^{0}_{-0.1}$ mm；② 渗碳处理，控制渗碳层深度；③ 精磨 P 面保证直径尺寸 $\phi 38^{0}_{-0.016}$ mm，同时保证渗碳层深度为 0.5～0.8 mm。问：渗碳处理时渗碳层的深度应控制在多大范围内？

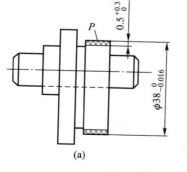
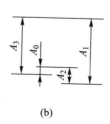

图 6.28　例 6.7 图

解：1）画尺寸链图，如图 6.28b 所示。

2）判断增、减环。

封闭环：$A_0 = 0.5^{+0.3}_{0}$ mm；

增环：$A_3 = 19^{0}_{-0.008}$ mm，待求尺寸 A_2；

减环：$A_1 = 19.2^{0}_{-0.05}$ mm。

3）计算尺寸链。

$$A_0 = A_3 + A_2 - A_1$$
$$+0.3 = 0 + \mathrm{ES}_{A_2} - (-0.05)$$
$$0 = \mathrm{EI}_{A_2} + (-0.008) - 0$$

由此求得：$A_2 = 0.7^{+0.25}_{+0.008}$ mm。

从这个例子可以看出，这类问题的分析和前述一次加工需保证多个设计尺寸要求的分析类似。在精磨 P 面时，P 面的设计基准和工艺基准都是轴线，而渗碳层深度 A_2 的设计基准是磨后 P 面的外圆母线，设计基准与定位基准不重合，才有了上述工艺尺寸计算问题。

有的零件表层要求涂（或镀）一层耐磨或装饰材料，涂（或镀）后不再加工，但有一定的精度要求。

例 6.8   如图 6.29 所示为轴套类零件的外表面要求镀铬，镀层厚度规定为 0.025～0.04 mm，镀后不再加工，并且外径的尺寸为 $\phi 28^{0}_{-0.045}$ mm，求镀前磨削工序的工序尺寸及公差。

解：1）画尺寸链图，如图 6.29b 所示。

2）判断增、减环。

轴套半径 $A_0 = 14^{0}_{-0.0225}$ mm 为封闭环；

增环：$A_2 = 0.025^{+0.015}_{0}$ mm，待求尺寸（镀前轴套半径工序尺寸）A_1。

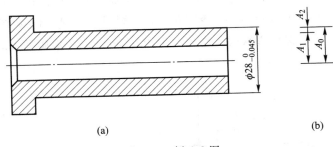

(a)   (b)

图 6.29   例 6.8 图

3）计算尺寸链。

$$A_0 = A_1 + A_2$$
$$0 = \mathrm{ES}_{A_1} + 0.015$$
$$-0.0225 = \mathrm{EI}_{A_1} + 0$$

由上述式子得出：$A_1 = 13.975^{-0.015}_{-0.0225}$ mm，故镀前轴套直径工序尺寸为 $2A_1 = \phi 27.95^{-0.03}_{-0.045}$ mm，即镀前磨削工序的工序尺寸为 $\phi 27.95^{-0.03}_{-0.045}$ mm。

四、余量校核

确定工序尺寸后应校核加工余量，以确定余量是否合理，以便对加工余量进行必要的调整。

五、工序尺寸与加工余量计算图表法

当零件在同一方向上的加工尺寸较多，并需多次转换工艺基准时，建立工艺尺寸链、进行余量校核都会遇到困难，并且容易出现错误。计算图表法能准确地查找出全部工艺尺寸链，并且能把一个复杂的工艺过程用箭头直观地在表内表现出来，列出有关计算结果。因此，该法清晰、明了、信息量大。

余量校核实例

计算图表法实例

6.2.8 时间定额和提高生产率的工艺途径

一、时间定额

1. 时间定额的概念

时间定额是指在一定生产条件下，规定生产一件产品或完成一个工序所消耗的时间。它是安排作业计划、进行成本核算、确定设备数量、人员编制以及规划生产面积的重要根据。

时间定额定得过紧，会影响工人的生产积极性，容易诱发忽视产品质量的倾向；定得过松，就起不到促进生产的作用。因此，合理地制订时间定额对保证产品质量、提高劳动生产率、降低生产成本都是十分重要的。

2. 时间定额的组成

（1）基本时间 $t_\text{基}$

基本时间 $t_\text{基}$ 是指直接改变生产对象的尺寸、形状、相对位置，以及表面状态或材料性质等的工艺过程所消耗的时间。

对于切削加工来说，基本时间是切去金属所消耗的机动时间。机动时间可通过计算的方法来确定。不同的加工面，不同的刀具或者不同的加工方式、方法，其计算公式不完全一样。但计算公式中一般都包括切入、切削加工和切出时间。例如图 6.30 所示的车削加工，其计算公式为

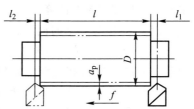

图 6.30 切削基本时间组成图

$$t_\text{基} = \frac{l + l_1 + l_2}{fn} i \tag{6.15}$$

$$i = \frac{Z}{a_\text{p}} \tag{6.16}$$

$$n = \frac{1\ 000 v_\text{c}}{\pi D} \tag{6.17}$$

式中：l——加工长度，mm；

l_1——刀具的切入长度，mm；

l_2——刀具的切出长度，mm；

i——进给次数；

Z——加工余量，mm；

a_p——背吃刀量，mm；

f——进给量，mm/r；

n——机床主轴转速，r/min；

v_c——切削速度，m/min；

D——加工直径，mm。

各种不同情况下机动时间的计算公式可参考有关手册，针对具体情况予以确定。

（2）辅助时间 $t_辅$

辅助时间 $t_辅$ 是指为实现工艺过程而必须进行的各种辅助动作所消耗的时间。这里所说的辅助动作包括装、卸工件，开动和停止机床，改变切削用量，测量工件尺寸以及进刀和退刀动作等。若这些动作是由数控系统控制机床自动完成，则辅助时间可与基本时间一起，通过程序的运行精确得到。若这些动作是由人工操作完成，辅助时间确定的方法有两种：① 在大批量生产中，可先将各种辅助动作分解，然后查表确定各分解动作所消耗的时间，并进行累加。② 在中、小批量生产中，可按基本时间的百分比进行估算，并在实际中修改百分比，使其趋之合理。

上述基本时间和辅助时间的总和称为操作时间。

（3）布置工作时间 $t_布置$

布置工作时间 $t_布置$ 是指为使加工正常进行，工人照管工作地（如更换刀具、润滑机床、清理切屑、收拾工具等）所消耗的时间，又称工作地点服务时间，一般按操作时间的 2%～7%来计算。

（4）休息时间 $t_休$

休息时间 $t_休$ 是指工人在工作班内，为恢复体力和满足生理需要所消耗的时间，一般按操作时间的 2%来计算。

（5）准备与终结时间 $t_{准终}$

准备与终结时间 $t_{准终}$ 是指工人为了生产一批产品和零、部件，进行准备和结束工作所消耗的时间。准备和终结工作包括在加工进行前熟悉工艺文件、领取毛坯、安装刀具和夹具、调整机床和刀具等必须准备的工作，加工一批工件终了后需要拆下和归还工艺装备、发送成品等结束工作。如果一批工件的数量为 n，则每个零件所分摊的准备和终结时间为 $t_{准终}/n$。可以看出，当 n 很大时，$t_{准终}/n$ 就可以忽略不计。

3. 单件时间和单件工时定额计算公式

（1）单件时间的计算公式

$$T_{单件}=t_基+t_辅+t_布置+t_休 \tag{6.18}$$

（2）单件工时定额的计算公式

$$T_{定额}=T_{单件}+t_{准终}/n \tag{6.19}$$

在大批量生产中，单件工时定额可忽略 $t_{准终}/n$，即

$$T_{定额}=T_{单件} \tag{6.20}$$

二、提高生产率的工艺途径

欲提高机械加工劳动生产率，实际上就是要设法缩短单件工时定额。

1. 缩短基本时间

由基本时间计算式可知，采取下述措施可有效缩短基本时间，提高生产率。

1）提高切削用量，如采用高速切（磨）削、强力切（磨）削等，以减少基本时间。

2）减小或重合切削行程长度，如利用多把刀具或复合刀具对工件的同一表面或几个表面同时进行加工，或者利用宽刃刀具、成形刀具作横向走刀同时加工多个表面，实现复合工步，都能减小每把刀的切削长度或使切削行程长度部分或全部重合，减少基本时间。

3）采用多件加工。顺序多件加工可减少刀具的切入和切出长度；平行多件加工可使工件的基本时间重合；平行顺序多件加工兼具上述两种形式的优点，缩短基本时间效果显著。

4）采用先进的毛坯制造方法，减小加工余量，为发展少切屑、无切屑加工创造条件。

2. 缩短辅助时间

1）直接减少辅助时间，如采用先进机床以提高机床操作的机械化与自动化水平，采用先进夹具以减少装卸工件的时间。

2）使辅助时间与基本时间重合，如采用多工位机床或夹具使装卸工件的辅助时间与基本时间重合；采用主动测量或数字显示自动测量装置，使测量工件时间与基本时间重合。

3）缩短布置工作时间，这部分服务时间主要是消耗在更换和调整刀具上，因此要设法提高刀具或砂轮的耐用度；采用快速换刀装置或可转位刀片，以减少换刀时间或换刀次数；采用刀具微调机构、专用对刀样板或样件，以缩短调整刀具时间。

4）缩短准备与终结时间，主要方法是扩大零件的批量和减少调整机床、刀具和夹具的时间。目前应用相似原理采用成组加工以及零、部件的通用化是扩大生产批量的有效方法。

6.2.9　工艺方案的技术经济分析

通常有两种方法来分析工艺方案的技术经济问题。其一是对同一加工对象的几种工艺方案进行比较；其二是计算一些技术经济指标，再加以分析。

一、工艺方案比较

当用于同一加工内容的几种工艺方案均能保证所要求的质量和生产率指标时，一般可通过经济评比加以选择。

零件生产成本的组成见表 6.10。其中与工艺过程有关的那一部分成本称为工艺成本，而与工艺过程无直接关系的那一部分成本，如行政人员工资等，在工艺方案经济评比中可不予考虑。

表 6.10　零件生产成本的组成表

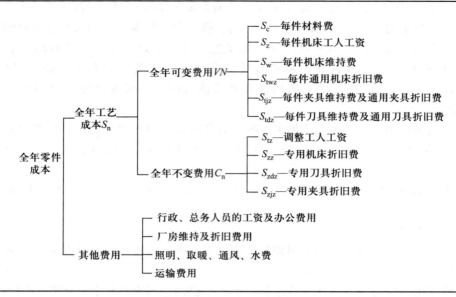

注：有些费用是随生产批量而变化的，如调整费、用于在制品占用资金等，在一般情况下不予单列。

在全年工艺成本中包含两种类型的费用，如式(6.21)所示。一种是与年产量(年生产纲领) N 同步增长的费用，称为全年可变费用 VN，如材料费、通用机床折旧费等；另一种是不随年产量变化的全年不变费用 C_n，如专用机床折旧费等。这是由于专用机床是专为某零件的某加工工序所用，它不能被用于其他工序的加工，当产量不足，负荷不满时，就只能闲置不用。由于设备的折旧年限(或年折旧费用)是确定的，因此专用机床的全年费用不随年产量变化。

零件(或工件)的全年工艺成本 S_n 为

$$S_n = VN + C_n \qquad (6.21)$$

式中：V——每年每件零件的可变费用，元/件；

$\quad\ N$——零件的年生产纲领，件；

$\quad\ C_n$——全年的不变费用，元。

图 6.31a 的直线 Ⅰ、Ⅱ与Ⅲ分别表示三种加工方案。方案 Ⅰ 采用通用机床加工，方案Ⅱ采用数控机床加工，方案Ⅲ采用专用机床加工。三种方案的全年不变费用 C_n 依次递增，而每个零件的可变费用 V 则依次递减。

单个零件(或单个工序)的工艺成本 S_d 应为

$$S_d = V + \frac{C_n}{N} \qquad (6.22)$$

其图形为一双曲线，如图 6.31b 所示。

对加工内容相同的几种工艺方案进行经济评比时，一般可分为下列两种情况：

1) 当需评价的工艺方案均采用现有设备，或其基本投资相近时，可直接比较其工艺成本。各方案的取舍与加工零件的年产纲领有密切关系，如图 6.31a 所示。

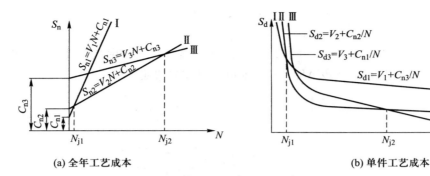

(a) 全年工艺成本　　　　　　　(b) 单件工艺成本

Ⅰ—通用机床；Ⅱ—数控机床；Ⅲ—专用机床

图 6.31　工艺成本与年产量的关系

临界年产量 N_j 计算如下：

$$S_n = V_1 N_j + C_{n1} = V_2 N_j + C_{n2}$$

$$N_j = \frac{C_{n1} - C_{n2}}{V_1 - V_2} \tag{6.23}$$

显然，当 $N < N_{j1}$ 时，宜采用通用机床；而当 $N > N_{j2}$ 时，宜采用专用机床；而数控机床介于两者之间。

当工件的复杂程度增加时，例如具有复杂型面的零件，不论年产量多少，采用数控机床加工在经济上都是合理的，如图 6.32 所示。当然，在同一用途的各数控机床之间，仍然需要进行经济上的比较和分析。

2）当需评比的工艺方案基本投资额相差较大时，单纯地比较工艺成本就不够了，此时还应考虑不同方案基本投资额的回收期。回收期是指第二方案多花费的投资，需多长时间才能通过降低工艺成本收回来。投资回收期的计算公式如下：

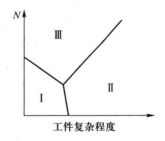

Ⅰ—通用机床；Ⅱ—数控机床；Ⅲ—专用机床

图 6.32　工件复杂程度与机床选用

$$\tau = \frac{K_2 - K_1}{\Delta S_n} = \frac{\Delta K}{\Delta S_n} \tag{6.24}$$

式中：τ——投资回收期，年；

ΔK——基本投资差额（又称追加投资），元；

ΔS_n——全年生产费用节约额（又称追加投资年度补偿额），元/年。

投资回收期必须满足以下条件：

① 投资回收期应小于所采用设备和工艺装备的使用年限。

② 投资回收期应小于产品的生命周期。

③ 投资回收期应小于企业预定的回收期目标。此目标可参考国家或行业标准。如采用新机床的标准回收期常定为 4~6 年，采用新夹具的标准回收期常定为 2~3 年。

因此，考虑投资回收期后的临界年产量 N_j' 计算如下：

$$S_n = V_1 N_j' + C_{n1} = V_2 N_j' + C_{n2} + \Delta S_n$$

$$N_j' = \frac{(C_{n2} + \Delta S_n) - C_{n1}}{V_1 - V_2} \tag{6.25}$$

对比式（6.23）与式（6.25），并结合图 6.33 可以看出，当考虑追加投资时，相当于在纵坐标轴的 C_{n2} 上再增加一线段 ΔS_n，其长度由式（6.24）决定。

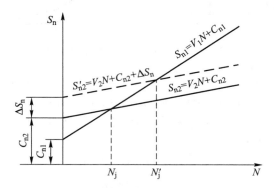

图 6.33　临界和追加投资临界年产量

二、技术经济指标

当新建或扩建车间时，在确定了主要零件的工艺规程、工时定额、设备需要量和厂房面积等以后，通常要计算车间的技术经济指标。例如：单位产品所需劳动量（工时及台时）、单位工人年产量（台数、重量、产值或利润）、单位设备的年产量、单位生产面积的年产量等。在车间设计方案完成后，总是要将上述指标与国内外同类产品的加工车间的同类指标进行比较，以衡量其设计水平。

有时，在现有车间制订工艺规程时也计算一些技术经济指标。例如：劳动量（工时及台时）、工艺装备系数（专用工、夹、量具与机床数量比）、设备构成比（专用机床、通用机床及数控机床的构成比）、工艺过程的分散与集中程度（用一个零件的平均工序数目来表示）等。

📍 6.3　典型零件的工艺分析

6.3.1　连杆加工

一、连杆的工艺特点

连杆是柴油发动机的重要零件。它的作用是连接曲轴和活塞，把作用在活塞顶面的膨胀气体所作的功传给曲轴，推动曲轴旋转，从而将活塞的往复直线运动转变为曲轴的旋转运动，又受曲轴的驱动而带动活塞压缩气缸中的气体。

连杆在工作时进行复杂的摆动运动，同时还承受活塞传来的气体压力和往复运动及本身摆动运动时产生的惯性力的作用，且这些作用力的大小和方向是不断变化的。因此，要求连杆应具有足够的强度、刚度和冲击韧度，同时为减轻惯性力的影响，应尽量减轻重量。

图 6.34 所示为 4125A 型柴油发动机的连杆零件图。连杆是由连杆大头、杆身和连杆小头三部分组成。连杆大头与曲轴的曲柄销相连，为便于装配，连杆大头常做成剖分式，被分开部分称为连杆盖和连杆体。连杆盖和连杆体用螺栓、螺母连接形成大头孔与曲轴轴颈装配在一起。连杆大头的轮廓尺寸小于气缸内径，以便在连杆盖拆开的情况下能将活塞连杆组从气缸中抽出或插入。连杆小头与活塞销相连，一般采用环形整体式结构。为减少磨损，便于修理，连杆小头孔内常压入用铝青铜或锡青铜制成的衬套；连杆大头孔内装入具有钢质基底的耐磨合金轴瓦。连杆杆身是连杆大头和小头之间的连接部分，一般做成"工"字形截面，且上小下大，以达到既减轻重量又保证具有足够的抗弯强度和刚度。为了机械加工时定位基准统一，连杆大、小头侧面设计有定位凸台。

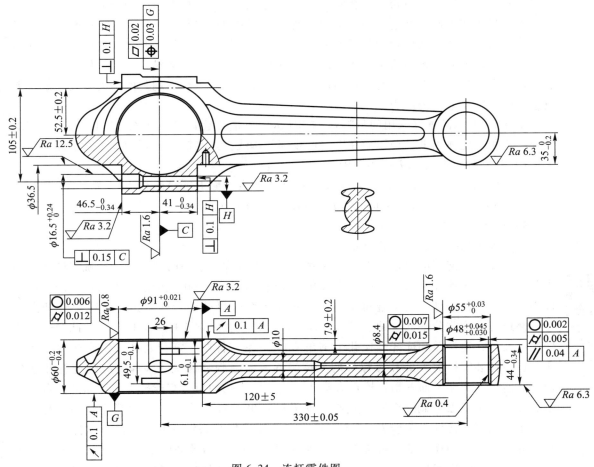

图 6.34　连杆零件图

连杆的工艺特点是：外形复杂，不易定位；连杆的大、小头是由细长的杆身连接，故刚度差，易弯曲、变形；尺寸精度、形位精度和表面质量要求高。

连杆的主要加工表面有连杆大、小头孔；连杆大、小头端面；连杆大头剖分平面及连杆螺栓孔等。其机械加工的主要技术要求如下：

1）连杆小头孔尺寸精度为 IT7，$Ra \leqslant 1.6\ \mu m$，圆柱度公差为 0.015 mm。小头铜套孔

尺寸精度为 IT6，$Ra \leqslant 0.4~\mu m$，圆柱度公差为 0.005 mm。

2）连杆大头孔尺寸精度为 IT6，$Ra \leqslant 0.8~\mu m$，圆柱度公差为 0.012 mm。

3）连杆小头孔及小头铜套孔中心线对大头孔中心线的平行度在竖直面内的平行度公差为 0.04 mm，其在水平面内的平行度公差为 0.06 mm。

4）连杆大、小头孔中心距极限偏差为 ±0.05 mm。

5）连杆大头孔两端面对大头孔中心线的垂直度公差为 0.1 mm，$Ra \leqslant 3.2~\mu m$。

6）两螺栓孔中心线对连杆大头孔剖分面的垂直度公差为 0.15 mm，用两个尺寸为 $\phi 16^{-0.002}_{-0.006}$ 的检验心轴插入连杆体和连杆盖的 $\phi 16^{+0.027}_{0}$ 孔中时，剖分面的间隙应小于 0.05 mm。

二、连杆的材料和毛坯

连杆采用的材料一般是优质碳素钢或合金钢，如 45 钢、55 钢、40Cr、40MnB 等。近年来也有采用球墨铸铁及粉末冶金制造连杆，大大降低了连杆毛坯的制造成本。

大批量生产钢制连杆毛坯一般采用模锻。锻坯按连杆盖与连杆体是否一体分为整体锻件和剖分锻件。整体锻件较剖分锻件节省材料，加工量少，且能同时加工连杆盖和连杆体的端面，所以连杆毛坯多采用整体锻造，并将毛坯的大头孔锻成椭圆形，以保证加工切开后粗镗孔余量均匀。锻造好的连杆毛坯需调质处理，以得到细致均匀的回火索氏体组织来改善性能，减少毛坯内应力。

图 6.34 所示的连杆采用的材料是 45 钢（碳的质量分数 w_C 为 0.42%~0.47%），并调质处理。它采用整体模锻，分模面在工字形腰部的母线上。其锻件主要的技术要求如下：

1）热处理：调质 217~289 HBW。

2）连杆杆身壁厚差不大于 2 mm，R42.5 处的定位面上不允许有凹凸。

3）错差：纵向不大于 1 mm，横向不大于 0.75 mm。

4）杆体弯曲不大于 1 mm。

三、连杆的机械加工工艺过程

大批量生产连杆的机械加工工艺规程：粗铣连杆大、小头两端平面—精铣连杆大、小头两端平面—扩连杆小头孔—连杆小头孔倒角—拉连杆小头孔—铣连杆大头定位凸台和连杆小头凸台—自连杆上切下连杆盖—锪连杆盖上装螺母的凸台—粗扩、半精扩连杆大头孔—磨连杆大头剖分平面—钻、扩、铰连杆两个螺栓孔—锪连杆装螺栓头部的凸台—扩连杆螺栓孔—在连杆盖和连杆螺栓孔上倒角 C0.5—钻连杆两个定位销孔—拉连杆两个螺栓孔—锪连杆装螺栓的头部和装螺母的支撑平面—去毛刺和清洗—检验—装配连杆和连杆盖—磨连杆大头端平面—精镗连杆大头孔—连杆大头孔倒角—车连杆大头侧面的凸台—拧紧螺母、打字、去毛刺—金刚镗连杆大头孔—珩磨连杆大头孔—金刚镗连杆小头孔—检验—压入铜套—连杆小头铣 R3.5 圆弧槽—金刚镗连杆小头铜套孔—清洗和吹净油孔—检验—拆开连杆体和连杆盖—铣连杆体和连杆盖上的轴瓦槽及 $\phi 16$ 孔壁的缺口—清理、去毛刺—清洗、吹净和称重量—检验—连杆体和连杆盖的配对—装配连杆体和连杆盖。

6.3.2 齿轮加工

一、概述

齿轮是传递运动和动力的重要零件，齿轮传动具有传动比恒定、结构紧凑、传递功率大、寿命长及效率高等特点，广泛应用于机床、汽车、拖拉机、飞机、轮船及精密仪器等行业中，且数量大、品种多，在机械制造中占有极为重要的位置。

随着生产和科学技术的发展，要求机械产品的工作精度越来越高，传递的功率越来越大，转速越来越高。因此，对齿轮及其传动精度提出了更高的要求。

1. 齿轮的工艺特点

齿轮的形状根据使用要求有不同的结构形式。从机械加工的角度看，齿轮是由齿圈和轮体构成。按照齿圈的几何形状，齿轮可分为圆柱齿轮（直齿、斜齿、人字齿）、锥齿轮（直齿、斜齿、曲线齿）、准双曲面齿轮（圆弧形、长幅外摆线形）；按照齿体的外形特点，又可分为盘形齿轮、套筒齿轮、轴齿轮和齿条等。其中标准直齿圆柱齿轮最为常见。

齿轮的技术要求主要包括四个方面：① 齿轮精度和齿侧间隙；② 齿坯基准表面（包括定位基面、度量基面和装配基面等）的尺寸精度和相互位置精度；③ 表面粗糙度；④ 热处理。

齿轮的精度包括传动的准确性、传动的平稳性、载荷分布均匀性、传动的侧隙。GB/T 10095.1—2008 对圆柱齿轮及齿轮副精度规定了 13 个精度等级。第 0 级精度最高，第 12 级精度最低。通常认为 2~5 级为高精度等级，6~8 级为中等精度等级，9~12 级为低精度等级。

在齿轮加工和装配的过程中，必须控制齿轮内孔、顶圆和端面的加工。内孔是齿轮的设计基准、定位基准和装配基准，加工精度一般不得低于 IT9 级；齿顶圆是齿形的测量基准和加工时的调整基准，其直径公差和径向跳动量均应控制在一定范围内。齿面的表面粗糙度应控制在 $Ra=0.63~10~\mu m$；基面的表面粗糙度应控制在 $Ra=0.63~2.5~\mu m$，且应与齿形精度相适应。

2. 齿轮毛坯及其材料

齿轮的毛坯一般根据齿轮形状、结构形状、尺寸大小、使用条件以及生产批量等因素来确定。

对于钢质齿轮，除了尺寸较小且不太重要的齿轮直接采用轧制棒料外，一般均采用锻造毛坯。生产批量较小或尺寸较大的齿轮采用自由锻造，生产批量较大的中小齿轮采用模锻。

对于直径很大且结构较复杂、不便锻造的齿轮，可采用铸钢毛坯。铸钢齿轮的晶粒较粗，力学性能较差，加工性能不好，加工前应进行正火处理，使硬度均匀并消除内应力，以改善加工性能。

齿轮的毛坯材料对齿轮的内在质量和使用性能都有很大的影响。对速度较高的齿轮传动，齿面容易产生疲劳点蚀，应选用齿面硬度较高而硬质层较厚的材料；对有冲击载荷的齿轮传动，轮齿容易折断，应选用韧性较好的材料；对低速重载的齿轮传动，轮齿易折断，齿面易磨损，应选用机械强度大、齿面硬度高的材料。

根据齿轮的工作条件和失效形式，常选用以下材料制造：

（1）优质中碳结构钢

采用 45 钢进行调质或表面加热淬火。经热处理后，综合力学性能较好，但切削性能较差，齿面的表面粗糙度值较大，适于制造低速、载荷不大的齿轮。

（2）中碳合金结构钢

采用 40Cr 进行调质或表面加热淬火。经热处理后，综合力学性能较 45 钢好，热处理变形小，用于制造速度较高、精度较高、载荷较大的齿轮。

（3）渗碳钢

采用 38CrMnTi 等材料进行渗碳或碳氮共渗。经渗碳淬火后齿面硬度可达 58～63 HRC，心部有较高韧性，既耐磨损，又耐冲击，适于制造高速、中等载荷或承受冲击载荷的齿轮。渗碳处理后的齿轮变形较大，需进行磨齿加以纠正，成本较高。采用碳氮共渗处理变形较小，由于渗层较薄，承载能力不如渗碳。

（4）渗氮钢

采用 38CrMoAl 进行渗氮处理，变形较小，可不再磨齿，齿面耐磨性较高，适合制造高速齿轮。

3. 齿轮的热处理

1）齿坯的热处理。齿坯粗加工前、后常安排预先热处理，其目的是改善材料的加工性能，减小锻造引起的内应力，防止淬火时出现较大变形。齿坯的热处理常采用正火或调质。经过正火的齿轮，淬火后变形较大，但加工性能较好，拉孔和切齿时刀具磨损较轻，加工表面的表面粗糙度值较小。齿轮正火一般安排在粗加工之前，调质则多安排在齿坯粗加工之后。

2）轮齿的热处理。轮齿的齿形加工后，为提高齿面的硬度及耐磨性，常安排渗碳或表面淬火等热处理工序。表面淬火采用高频感应加热淬火（适于小模数齿轮）、超高频感应加热淬火（适于小模数薄齿轮）和中频感应加热淬火（适于中、小模数齿轮）。表面加热淬火齿轮的齿形变形较小，内孔直径通常要缩小 0.01～0.05 mm，淬火后应予以修正。

4. 齿轮的检验

（1）齿坯精度的检验

1）外径和齿圈精度的检验。由于它们的公差较大，主要用卡规检验。

2）内径检验。用流速式水柱气动量仪进行检验。

3）端面对内孔圆跳动检验。用锥度心轴在平台上打表检验。

4）轴向尺寸检验。用专用夹具检验。

（2）齿圈精度检验

1）用公法线千分尺卡规检验公法线长度。

2）用万能渐开线检查仪检验齿形公差 f_f。

3）用螺旋线检查仪检查齿向公差 F_β。

4）用齿圈径向跳动检查仪检查齿圈径向跳动量 F_r。

5）用轮廓仪检验齿面的表面粗糙度 Ra。

（3）齿轮副接触斑点的检验

在齿轮机上进行，先在齿轮表面涂上一层红丹粉，与标准齿轮啮合后，在轻微制动下作正、反两方向回转，观察其接触区，长度方向应大于 60%，高度方向应大于 45%。

二、齿轮加工的加工工艺

齿轮加工的工艺过程是根据毛坯的类型、材质和热处理要求以及齿轮的结构和精度要求、生产类型和现有的生产条件确定的。一般可归纳为毛坯制造→齿坯热处理→齿坯加工→齿形的粗加工→齿形热处理→齿轮主要表面精加工→齿形的精整加工。

合理地制订齿轮的加工工艺规程,不断解决加工过程中出现的问题,以工艺为突破口,提高齿轮加工的精度和生产率,满足车辆在舒适性、安全性等方面的要求。

图 6.35 所示为某拖拉机变速器四挡滑动齿轮零件图,其技术要求如下:

1)渗碳层深度为 1.1~1.6 mm,淬火表面硬度为 56~63 HRC,心部硬度为 28~43 HRC,渗碳深度自轮齿的外表面计量到退火的磨面上的组织含有 50%铁素体(体积分数)和 50%珠光体(体积分数)处为止。

2)花键槽位置用保证配合零件互换性的量规测量。

3)A 端面对 ϕ50 mm 轴线的端面圆跳动在半径 40 mm 上不大于 0.1 mm。

4)齿轮成品与分度圆弧齿厚为 7.49 mm($z=17$)和 7.974 mm($z=25$)的检验齿轮无齿侧啮合时,中心距应小于名义尺寸,并在下列范围内变化:① 整批各齿轮各转过一圈后,中心距的变化由 0 到 0.2 mm;② 单个齿轮转过一圈后,中心距变化不大于 0.14 mm,转过一个齿时,中心距变化不大于 0.05 mm。

5)用检验齿轮进行印色检验时(无间隙啮合回转)接触印痕应在牙齿侧表面的中部,斑痕高度不小于齿高的 60%,高度不小于齿宽的 50%。

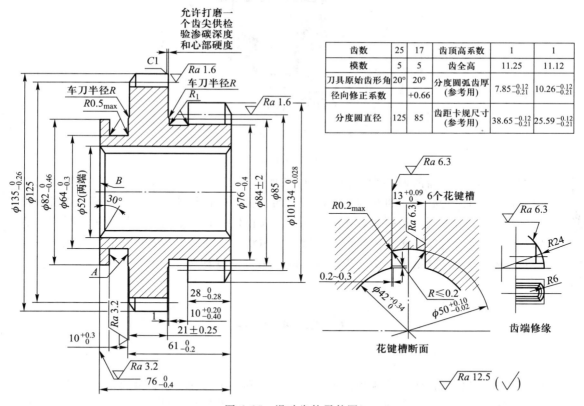

齿数	25	17	齿顶高系数	1	1
模数	5	5	齿全高	11.25	11.12
刀具原始齿形角	20°	20°	分度圆弧齿厚 (参考用)	$7.85_{-0.21}^{-0.12}$	$10.26_{-0.21}^{-0.12}$
径向修正系数		+0.66	齿距卡规尺寸 (参考用)	$38.65_{-0.21}^{-0.12}$	$25.59_{-0.21}^{-0.12}$
分度圆直径	125	85			

图 6.35　滑动齿轮零件图

图 6.36 是图 6.35 所示齿轮的锻件图,涂黑部分为加工余量。其技术要求如下:

1)未注圆角 R5 mm。

2)热处理:正火 207~236 HBW。

3）毛刺：① 分模面毛刺不大于 2 mm；② $\phi140$ 处纵向毛刺不大于 3 mm；③ $\phi38$ 出口处不大于 3 mm；④ A 处不大于 5 mm。

4）表面缺陷和压入毛刺深度不大于实际余量的 50%。

5）壁厚差不大于 1.5 mm。

6）错差不大于 1 mm。

7）尺寸按交叉点标注。

8）未注公差尺寸不检查。

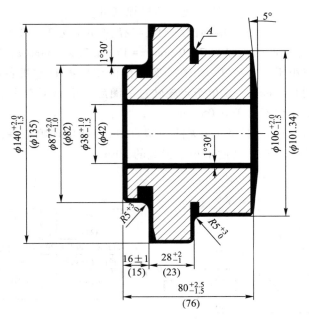

图 6.36   齿轮的锻件图

变速器四挡滑动齿轮的机械加工工艺过程

大批量生产变速器的四挡滑动齿轮的机械加工工艺过程：扩齿轮孔—粗拉齿轮花键孔—压入、压出齿轮心轴—粗车齿轮外圆和端面—精车齿轮外圆、端面和切槽—在齿轮花键孔两端倒角—去毛刺—精拉齿轮花键孔—清洗及齿坯检查—滚齿—粗插齿—精插齿—清洗及检验—齿轮齿端倒圆角—齿轮齿端倒圆角—清洗—去毛刺—冷挤齿—剃齿—胀孔—清洗及热处理前检验—热处理—滚光齿面—清除毛刺、碰痕及修拔叉槽—清洗—成品检验。

📍 本 章 小 结

本章介绍了机械加工工艺规程设计的原则、内容、步骤和要求，并且对典型零件的工艺规程设计做了分析，对掌握工艺规程设计知识、培养设计技能具有重要作用。工序安排时，应注意遵循工序集中或工序分散的原则，并且要合理地安排零件的热处理等。实际工艺规程设计时，应当结合生产实际具体问题具体分析，灵活运用有关知识开展工作，对于拟订工艺规程中所用的详细知识请参考相关的技术手册。

思考题与练习题

6.1　什么是机械加工工艺规程？工艺规程在生产中起什么作用？

6.2　简述机械加工工艺过程卡和工序卡的主要区别以及它们的应用场合。

6.3　简述机械加工工艺过程的设计原则、步骤和内容。

6.4　试分析如题 6.4 图所示的零件有哪些结构工艺性问题并提出改正意见。

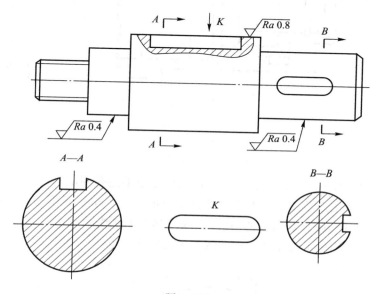

题 6.4 图

6.5　如题 6.5 图所示为车床主轴箱体的一个视图，其中 I 孔为主轴孔（重要孔，加工时希望余量均匀），应如何选择粗、精基准面？

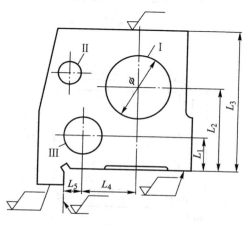

题 6.5 图

6.6　试分别选择如题 6.6 图所示各零件的粗、精基准(其中,图 a 为齿轮零件简图,毛坯为模锻件;图 b 为液压缸体零件简图,毛坯为铸件;图 c 为飞轮简图,毛坯为铸件)。

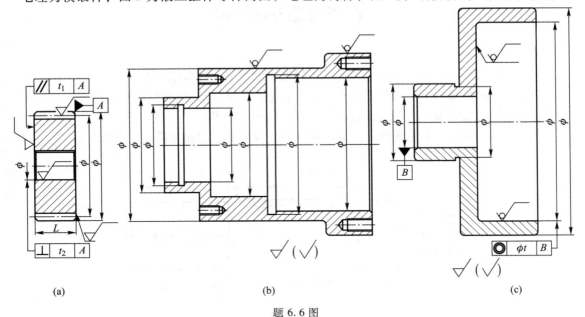

(a)　　　　　　　(b)　　　　　　　(c)

题 6.6 图

6.7　何谓加工经济精度?选择加工方法时应考虑的主要问题有哪些?

6.8　在大批量生产条件下,加工一批直径为 $\phi25_{-0.008}^{0}$ mm、长度为 58 mm 的光轴,其表面粗糙度 $Ra<0.16\ \mu m$,材料为 45 钢,试安排其加工路线。

6.9　如题 6.9 图所示为箱体零件的两种工艺安排如下:

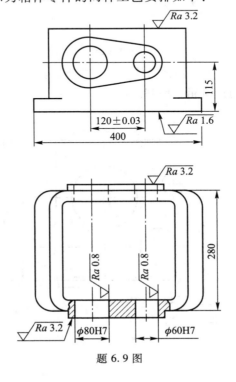

题 6.9 图

（1）在加工中心上加工：粗、精铣底面，粗、精铣顶面，粗镗、半精镗、精镗$\phi80H7$孔和$\phi60H7$孔，粗、精铣两端面。

（2）在流水线上加工：粗刨、半精刨底面，留精刨余量；粗、精铣两端面；粗镗、半精镗$\phi80H7$孔和$\phi60H7$孔，留精镗余量；粗刨、半精刨、精刨顶面；精镗$\phi80H7$孔和$\phi60H7$孔；精刨底面。

试分别分析上述两种工艺安排有无问题，若有问题需提出改进意见。

6.10　何谓毛坯余量？何谓工序余量？影响工序余量的因素有哪些？

6.11　大量生产如题6.11图所示的小轴，毛坯为热轧棒料，经过粗车、精车、淬火、粗磨、精磨后达到图样要求。现给出各工序的加工余量及工序尺寸公差，见题6.11表。毛坯的尺寸公差为±1.5 mm。试计算工序尺寸，标注工序尺寸公差，计算精磨工序的最大余量和最小余量。

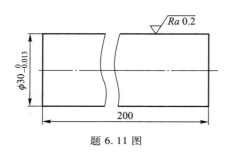

题 6.11 图

题 6.11 表　加工余量及工序尺寸公差

（单位：mm）

工序名称	加工余量	工序尺寸公差
粗车	3.00	0.210
精车	1.10	0.052
粗磨	0.40	0.033
精磨	0.10	0.013

6.12　欲在某工件上加工$\phi72.5^{+0.03}_{0}$ mm孔，其材料为45钢，加工工序：扩孔，粗镗孔，半精镗、精镗孔，精磨孔。已知各工序尺寸及公差如下：

精磨—$\phi72.5^{+0.03}_{0}$ mm；　　　　　粗镗—$\phi68^{+0.3}_{0}$ mm；

精镗—$\phi71.8^{+0.046}_{0}$ mm；　　　　　扩孔—$\phi64^{+0.46}_{0}$ mm；

半精镗—$\phi70.5^{+0.19}_{0}$ mm；　　　　模锻孔—$\phi59^{+1}_{-2}$ mm。

试计算各工序加工余量及余量公差。

6.13　在如题6.13图所示的零件中，$L_1=70^{-0.025}_{-0.050}$ mm、$L_2=60^{0}_{-0.025}$ mm、$L_3=20^{+0.15}_{0}$ mm，L_3不便直接测量，试重新给出测量尺寸，并确定该尺寸及公差标注。

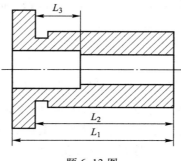

题 6.13 图

6.14   如题 6.14 图所示为某零件的一个视图，其中槽深为 $5^{+0.3}_{0}$ mm，该尺寸不便直接测量，为检验槽深是否合格，可直接测量哪些尺寸？试标出它们的尺寸及公差。

6.15   某齿轮零件的轴向设计尺寸如题 6.15 图所示，其加工路线为：车端面 1 和 4；以 1 面定位车端面 3，直接测量 4 面和 3 面间尺寸；以 4 面定位车端面 2，直接测量 1 面和 2 面间尺寸。试确定各工序尺寸及公差的标注。

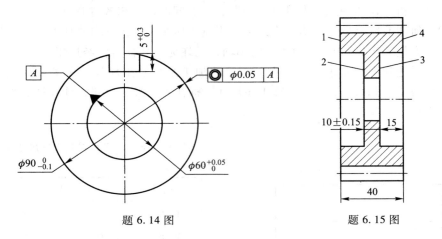

题 6.14 图   题 6.15 图

6.16   如题 6.16 图所示小轴的部分工艺过程：车外圆至 $\phi 30.5^{0}_{-0.1}$ mm；铣键槽深度为 $H^{+T_H}_{0}$；热处理；磨外圆至 $\phi 30^{+0.036}_{+0.015}$ mm，磨外圆与车外圆的同轴度公差为 $\phi 0.05$ mm。求保证键槽深度 $4^{+0.2}_{0}$ mm 的铣槽深度 $H^{+T_H}_{0}$。

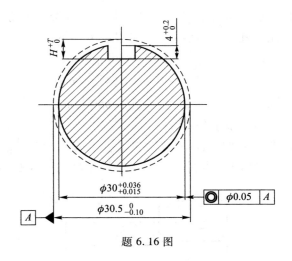

题 6.16 图

6.17   一批小轴其部分工艺过程为：车外圆至 $\phi 20.6^{0}_{-0.04}$ mm，渗碳淬火，磨外圆至 $\phi 20^{0}_{-0.02}$ mm。试计算保证渗碳层深度为 0.7~1.0 mm 的渗碳工序渗入深度 t。

6.18   题 6.18 图 a 所示为某零件轴向设计尺寸简图，其部分工序如题 6.18 图 b、c、d 所示。试校核工序图上所标注的工序尺寸及公差是否正确，如有错误，该如何改正？

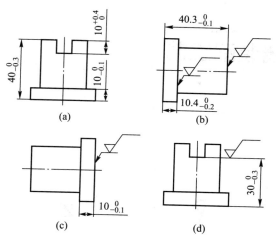

题 6.18 图

6.19　何谓劳动生产率？提高机械加工劳动生产率的工艺措施有哪些？

6.20　何谓时间定额？何谓单件时间？单件时间应如何计算？

6.21　何谓生产成本和工艺成本？两者有何区别？比较不同工艺方案的经济性时，需要考虑哪些因素？

第7章 机器装配工艺

7.1 概　　述

7.1.1 装配的概念

任何机器都是由零件、合件(或称套件)、组件、部件等组成的。根据规定的技术要求，将零件结合成合件、组件、部件，以及将零件、合件、组件和部件结合成机器的过程，称为装配。

装配也是保证产品质量的最后一个环节。若装配方法不当，即使零件的制造质量完全合格，也不一定能保证装配出合格的产品。装配还是产品生产的最终检验环节，因为通过装配可以发现设计上的错误(如不合理的结构及尺寸等)和零件制造中存在的质量问题。

由此可见，机械装配在产品制造过程中占有非常重要的地位。选择合适的装配方法、制订合理的装配工艺规程，不仅是保证产品质量的重要手段，也是提高生产率、降低制造成本的有力措施。

7.1.2 装配单元的概念

对于结构比较复杂的产品，为保证装配工作顺利地进行，通常将机器划分为若干个能进行独立装配的部分，称为装配单元。装配单元一般分为零件、合件、组件、部件和机器五个等级。

零件是组成机器的最基本单元，它是由整块金属或其他材料制成的。零件一般都预先装成合件、组件、部件后才安装到机器上，直接装入机器的零件并不太多。

合件可以是由若干零件永久性连接(如焊接、铆接等)或者是在一个基准零件上装上一个或若干个零件的组合。合件组合后，有可能还要进行加工。

组件是在一个基准件上，装上一个或若干个合件及零件组成的。如机床主轴箱中的主轴，在基准轴上装上齿轮、套、垫片、键及轴承的组合件，称为组件。为此而进行的装配工作称为组装。

合件与组件的区别是：合件在后续装配中一般不拆开，而组件在后续装配中可拆。

部件是在一个基准件上，装上若干个零件、合件、组件构成，并在机器中能完成一定的、完整的功用。为此进行的装配工作称为部装。例如车床的主轴箱装配就是部装。主轴箱箱体为部装的基准件。

总装配是指在一个基准件上，装上若干个部件、组件、合件、零件而构成机器的过程。例如，卧式车床就是以床身为基准件，装上主轴箱、进给箱、溜板箱等部件及其他组件、合件、零件所组成。

作为基准件的，通常是装配单元中体积、质量、支承面积较大的零件或低一级的装配单元，以保证装配过程中的稳定性。

7.1.3 装配精度

产品的装配精度是指装配时实际达到的精度。它直接影响着产品的工作性能和使用寿命，同时也影响着产品制造的难易程度和经济性。产品装配精度通常是根据有关国家标准的规定和用户的要求而制订的。产品的装配精度一般包括以下几项：

1）相互位置精度　相互位置精度是指产品中相关零、部件间的距离精度和相互位置精度，如机床主轴箱中轴系之间中心距尺寸精度和同轴度、平行度、垂直度等。

2）相对运动精度　相对运动精度是产品中有相对运动的零、部件之间在运动方向和相对速度上的精度。运动方向的精度常表现为部件间相对运动的平行度和垂直度。相对速度精度如传动精度。

3）相互配合精度　相互配合精度包括配合表面间的配合质量和接触质量。配合质量是指零件配合表面之间达到规定的配合间隙或过盈的程度，它影响配合的性质。接触质量是指两配合面或连接表面间达到规定的接触面积大小和接触点分布的情况，它影响接触刚度和配合性质的稳定性。

不难看出，相互位置精度是相对运动精度的基础，相互配合精度将直接影响相对位置精度和相对运动精度。

7.1.4 零件精度与装配精度的关系

机器和部件是由许多零件装配而成的。由于一般零件都有一定的加工误差，在装配时这些零件的加工误差累积就会影响装配精度。从装配工艺角度考虑，希望这种累积误差不要超过装配精度指标所规定的允许范围，从而使装配工作只是简单的连接过程。因此，一般装配精度要求高的，要求零件精度也要高。

但对于某些装配精度要求高的产品，或组成零件较多的部件，如果完全由零件的制造精度来保证装配精度，则往往对各零件的加工精度要求太高而导致加工困难，甚至无法加工。在这种情况下，通常按加工经济精度确定零件的制造精度，而在装配时，采用一定的工艺措施来保证装配精度。这样虽增加了装配的劳动量和装配成本，但从整个产品的制造成本来说，仍是经济可行的。

人们在长期的装配实践中，根据不同的机器、不同的生产类型和条件，创造了许多巧

零件精度与装配精度的关系举例

妙的装配方法。在不同的装配方法中，零件加工精度与装配精度间具有不同的相互关系。为了定量地分析这种关系，常将尺寸链的基本理论应用于装配过程中，即建立装配尺寸链，通过解算装配尺寸链，最后确定零件精度与装配精度之间的定量关系。

📍 7.2　装配尺寸链

7.2.1　装配尺寸链的基本概念

装配尺寸链的基本概念举例

装配尺寸链是由构成产品的零、部件上的各有关装配尺寸作为组成环而形成的尺寸链。装配尺寸链的封闭环是装配以后形成的，通常就是部件或产品的装配精度要求。在装配关系中，对装配精度有直接影响的零部件的尺寸和位置关系，都是装配尺寸链的组成环。如同工艺尺寸链一样，装配尺寸链的组成环也分为增环和减环。

7.2.2　装配尺寸链的查找方法

正确查明装配尺寸链的组成，并建立尺寸链是进行尺寸链计算的基础。

一、装配尺寸链的查找方法

1. 确定装配尺寸链的封闭环

确定封闭环是最关键的一步。在装配尺寸链中，封闭环只能是设计产品图上规定的装配精度或技术要求。这些要求是通过把零、部件装配后在两个几何要素之间形成的，是由零、部件上的有关尺寸和角度位置关系间接保证的。每一个装配结构关系的装配精度要求（即封闭环）的数目往往不止一个，因此应当根据具体装配精度的性质，分别确定不同位置上的封闭环。

2. 查找与封闭环尺寸相关的各组成环

所谓装配尺寸链的组成环，即在装配关系中对装配精度要求产生直接影响的那些零件上的有关尺寸和位置要求。

对于每一项装配精度要求，通过分析装配关系，都可查明相应的装配尺寸链的组成环。一般的查找方法是：取封闭环两端的任一零件为起点，沿装配精度要求的位置方向，以装配基准面为查找的线索，分别找出影响装配精度要求的相关零件（组成环），直至找到同一基准表面为止。

3. 画尺寸链图，并确定增、减环

二、查找装配尺寸链时应注意的问题

1. 装配尺寸链应进行必要的简化

装配尺寸链应进行必要的简化举例

机械产品的结构通常都比较复杂，对装配精度有影响的因素很多，在查找尺寸链时，在保证装配精度的前提下，可以不考虑那些较小的因素，使装配尺寸链适当简化。

2. 最短路线（最少环数）原则

由尺寸链理论可知，在装配精度一定时，组成环数越少，各组成环所分配到的公差值就越大，零件加工越容易、越经济。因此在查找装配尺寸链时，每个相关的零、部件只能有一个尺寸作为组成环列入装配尺寸链，即将连接两个装配基准面的位置尺寸直接标注在零件图上。这样，组成环的数目就等于有关零、部件的数目，即"一件一环"，这就是装配尺寸链的最短路线（环数最少）原则。

图 7.1 所示是一车床尾座顶尖套装配图。装配时，要求后盖 3 装入后，螺母 2 在尾座套筒内的轴向窜动不大于某一数值。如果后盖尺寸标注不同，就可建立两个不同的装配尺寸链。图 7.1c 比图 7.1b 多了一个组成环，其原因是与封闭环 A_0 直接有关的凸台高度 A_3 由尺寸 B_1 和 B_2 间接获得，即相关零件上同时出现两个相关尺寸，这是不合理的。

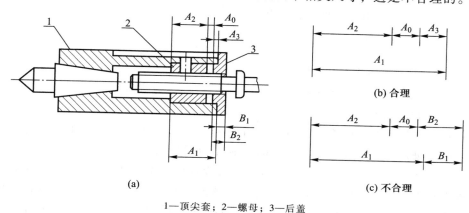

1—顶尖套；2—螺母；3—后盖

图 7.1 车床尾座顶尖套装配图

三、装配尺寸链的计算方法

装配尺寸链的计算可分为正计算和反计算。已知与装配精度有关的各零部件的公称尺寸及其偏差，求解装配精度要求的公称尺寸及其偏差的计算过程为正计算，主要用于对已设计的装配关系进行校核验算。当已知装配精度要求的公称尺寸及其偏差，求解与该项装配精度有关的各零部件公称尺寸及其偏差的计算过程称为反计算，主要用于产品的设计计算。

装配方法与装配尺寸链的解算方法密切相关。同一项装配精度采用不同装配方法时，其装配尺寸链的解算方法也不相同。装配尺寸链的计算可根据不同情况采用极值法或概率法。

📍 7.3 保证装配精度的装配方法

生产中采用的装配方法有互换法、选择法、修配法和调整法四类。

7.3.1　互换法

互换法是指零件互换后仍能达到装配精度要求的装配方法，它的实质是用控制零件的加工误差来保证产品的装配精度。根据零件的互换程度不同，互换法又可分为完全互换法和不完全互换法。

一、完全互换法

完全互换法是指产品中的所有零件只要按图样要求加工，装配时不需挑选、修配或调整，装配后即可达到规定的装配精度要求的装配方法。

采用完全互换法时，装配尺寸链采用极值法解算（与工艺尺寸链计算公式相同），即尺寸链各组成环公差之和不能大于封闭环公差。

$$T_{A_0} \geqslant \sum_{i=1}^{n-1} T_{A_i} \tag{7.1}$$

式中：T_{A_0}——封闭环公差（装配精度）；

$\qquad T_{A_i}$——第 i 个组成环公差；

$\qquad n$——尺寸链总环数。

在进行装配尺寸链反计算时，通常采用中间计算法（或称"相依尺寸公差法"）。该方法是将一些较难加工和不宜改变其公差的组成环（如标准件）的公差预先确定下来，只将极少数或一个较容易加工，或在生产上受限制较少和用通用量具容易测量的组成环定为协调环。这个环的尺寸称为"相依尺寸"，意思是该环的尺寸相依于封闭环和其他组成环的尺寸和公差值。然后用公式计算相依尺寸的公差值和极限偏差。其计算过程如下：

1. 建立装配尺寸链，确定协调环

应验算公称尺寸是否正确。不能选取标准件或公共环（是指同时为两个不同装配尺寸链的组成环）作为协调环，因为其公差值和极限偏差已是确定值。

2. 确定组成环的公差

属于同一装配尺寸链中的各组成环，其性质、公称尺寸的大小、加工难易程度等一般都不相同，因此在确定它们的公差及其分布时必须区别对待。可先将按"等公差"原则确定各组成环的平均公差值［式（6.9）］作为参考，组成环中如有属于标准件的，其公差大小和分布位置为相应标准中规定的既定值。公共环应能同时满足两个不同封闭环的要求，因此应根据对它的公差要求较为严格的那个装配尺寸链的计算来确定，而对于另一个装配尺寸链的计算而言，就成为一个既定值了。

对于一般组成环的公差大小，可按经验视各组成环尺寸大小和加工的难易程度而定。例如，尺寸相近、加工方法相同的可取其公差相等；尺寸大小相差较大，所用加工方法相当的可取其公差等级相等；加工精度不易保证的可取较大公差值等。而对于公差带的位置，一般来讲，孔、轴类尺寸的公差带位置按入体原则标注；孔距尺寸的公差带按对称形式标注。此外，应尽量使组成环尺寸的公差大小和分布位置符合极限与配合国家标准的规定，便于组织生产。将其他组成环的公差值确定下来后，利用公式求出协调环的公差值，即

$$T_{A_y} = T_{A_0} - \sum_{i=1}^{n-2} T_{A_i} \qquad (7.2)$$

式中：T_{A_y}、T_{A_0}、T_{A_i}——协调环、封闭环和除协调环以外的其余组成环的公差值。对于协调环来说，其公差值可能为非标准公差值。

3. 确定组成环的极限偏差

除协调环外的其余组成环的极限偏差，按单向入体原则标注，标准件按规定标注，然后计算协调环的极限偏差。计算公式与工艺尺寸链计算公式［式(6.13)］相同。

例 7.1　如图 7.2a 所示的齿轮装配，轴固定，而齿轮空套在轴上回转，要求保证齿轮与挡圈的轴向间隙为 $0.1 \sim 0.35$ mm，已知：$A_1 = 30$ mm、$A_2 = 5$ mm、$A_3 = 43$ mm、$A_4 = 3^{\ 0}_{-0.05}$ mm(标准件)、$A_5 = 5$ mm，现采用完全互换法装配，试确定各组成环公差值和极限偏差。

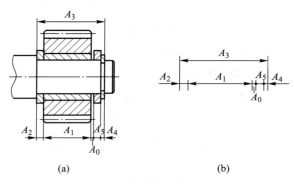

图 7.2　齿轮与轴的装配关系

解：（1）建立装配尺寸链，验算各环的公称尺寸，确定协调环

封闭环为装配精度，即齿轮与挡圈的轴向间隙：$0.1 \sim 0.35$ mm，标注为 $A_0 = 0^{+0.35}_{+0.10}$ mm。建立尺寸链图如图 7.2b 所示，其中 A_3 为增环，A_1、A_2、A_4、A_5 为减环。

根据式(6.11)，得封闭环 A_0 公称尺寸为

$$A_0 = A_3 - (A_1 + A_2 + A_4 + A_5) = [43 - (30 + 5 + 3 + 5)] \text{mm} = 0 \text{ mm}$$

因为 A_5 是一个挡圈，易于加工和测量，故选它为协调环。

（2）确定各组成环公差值和极限偏差

首先按等公差原则计算各组成环的平均公差，

$$T_{A_{av}} = \frac{T_{A_0}}{n-1} = \frac{0.25}{5} \text{mm} = 0.05 \text{ mm}$$

挡圈 A_4 为标准件，$A_4 = 3^{\ 0}_{-0.05}$ mm、$T_{A_4} = 0.05$ mm。

为经济合理，应考虑工艺等价原则，即各尺寸加工难易程度基本相同。希望其余各组成环尽量选择相同(或相近)的公差等级，但未知量比较多，需要参考标准公差数值表进行试凑。按其尺寸大小和加工难易程度试选公差为 $T_{A_1} = 0.052$ mm(IT9 级)、$T_{A_2} = 0.03$ mm(IT9 级)、$T_{A_3} = 0.1$ mm(IT10 级)。按入体原则进行标注，即 A_1、A_2 按基轴制确定极限偏差：$A_1 = 30^{\ 0}_{-0.052}$ mm，$A_2 = 5^{\ 0}_{-0.03}$ mm，A_3 按基孔制确定其极限偏差：$A_3 = 43^{+0.1}_{\ 0}$ mm。

（3）计算协调环的公差值和极限偏差

A_5 的公差值为

$$T_{A_5} = T_{A_0} - (T_{A_1} + T_{A_2} + T_{A_3} + T_{A_4}) = [0.25 - (0.052 + 0.03 + 0.1 + 0.05)]\,\text{mm} = 0.018\,\text{mm}$$

可知，T_{A_5} 是 IT8 级。T_{A_1}、T_{A_2} 为 IT9 级，T_{A_3} 为 IT10 级。

分析：A_5 是一个挡圈，易于加工和测量；A_3 尺寸相对较大，并且尺寸是越加工越大的（包容面），说明第（2）步试凑成功。

根据式（6.13），计算 A_5 的上、下极限偏差。

$$ES_{A_0} = ES_{A_3} - (EI_{A_1} + EI_{A_2} + EI_{A_4} + EI_{A_5})$$

$$+0.35 = +0.1 - (-0.052 - 0.03 - 0.05 + EI_{A5})$$

$$EI_{A_5} = -0.118\,\text{mm}$$

$$EI_{A_0} = EI_{A_3} - (ES_{A_1} + ES_{A_2} + ES_{A_4} + ES_{A_5})$$

$$+0.1 = 0 - (0 + 0 + 0 + ES_{A_5})$$

$$ES_{A_5} = -0.1\,\text{mm}$$

ES_{A_5} 也可以按公差与偏差的关系计算

$$ES_{A_5} = T_{A_5} + EI_{A_5} = [0.018 + (-0.118)]\,\text{mm} = -0.1\,\text{mm}$$

所以，协调环 A_5 尺寸为 $\qquad A_5 = 5_{-0.118}^{-0.10}\,\text{mm}$

各组成环尺寸和极限偏差为 $A_1 = 30_{-0.052}^{0}\,\text{mm}$，$A_2 = 5_{-0.03}^{0}\,\text{mm}$，$A_3 = 43_{0}^{+0.1}\,\text{mm}$，$A_4 = 3_{-0.05}^{0}\,\text{mm}$，$A_5 = 5_{-0.118}^{-0.10}\,\text{mm}$。

本例题中已知装配精度，求各组成环。未知量较多，一般需要多次试凑，结果不唯一。在第（3）步中如果协调环精度过大或过小都要返回第（2）步，重新试凑。

完全互换法装配过程简单，生产效率高；便于组织流水作业，易于实现装配机械化、自动化；利于按专业化原则组织生产；利于产品维修和配件供应。但当装配精度较高，影响装配精度的零件较多时，零件难以按经济精度加工。因此，只要能满足零件经济精度要求，无论何种生产类型都应首先考虑采用完全互换法装配。但主要用于大批量生产、装配精度要求较高而影响装配精度的零件较少或影响装配精度的零件虽较多但装配精度要求较低的情况。当装配精度要求较高，尤其是组成环数目较多时，零件难以按经济精度加工，此时可考虑采用不完全互换法。

二、不完全互换法（概率法）

大多数产品在装配时，各组成零件不需挑选、修配或调节，装配后即能达到装配精度的要求，但少数产品有可能出现废品，这种方法称为不完全互换法。其实质是将组成零件的公差值适当放大，有利于零件的经济加工。这种方法是以概率论为理论依据，故又称为概率法。不完全互换法基本上保持了完全互换法的优点，且零件所规定的公差比完全互换法所规定的公差大，利于零件按经济精度加工。

极值法是在各组成环的尺寸处于极端的情况下来确定封闭环和组成环关系的一种方法。事实上，根据概率论，每个组成环尺寸处于极端情况的机会是很少的。尤其在大批量生产中对多环尺寸链的装配，这种极端情况出现的机会小到可以忽略不计。因此在大批量生产、组成环较多、装配精度要求又较高的场合，用概率法解装配尺寸链比较合理。

由概率论可知，若将各组成环表示为随机变量，则各随机变量之和（封闭环）也是随机变量，并且，封闭环的方差（标准差的平方）等于各组成环方差之和，即

$$\sigma_0^2 = \sum_{i=1}^{n-1} \sigma_i^2 \qquad (7.3)$$

式中：σ_0——封闭环的标准差；

σ_i——第 i 个组成环的标准差。

根据各组成环尺寸的分布情况，可分为组成环正态分布和组成环偏态分布两种情况。这里只介绍组成环正态分布的情况。

当各组成环的尺寸分布均接近于正态分布时，封闭环尺寸也近似于正态分布。假设尺寸链各环尺寸的分散中心与尺寸公差带中心重合，如图 7.3 所示，则其尺寸分布的算术平均值就等于该尺寸公差带中心尺寸（即平均尺寸）；各环的尺寸公差等于各环尺寸标准差的 6 倍，即

$$T_{A_0} = 6\sigma_0, \quad T_{A_i} = 6\sigma_i$$

于是可导出概率法解尺寸链的公式：

$$A_{0M} = \sum_{u=1}^{m} A_{puM} - \sum_{v=m+1}^{n-1} A_{qvM} \qquad (7.4)$$

$$T_{A_0} = \sqrt{\sum_{i=1}^{n-1} T_{A_i}^2} \qquad (7.5)$$

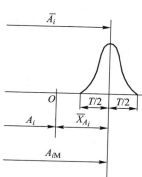

组成环偏态分布的尺寸计算

图 7.3　正态分布曲线的尺寸计算

例 7.2　如图 7.2a 所示的齿轮装配，轴固定，而齿轮空套在轴上回转，要求保证齿轮与挡圈的轴向间隙为 0.1～0.35 mm，已知：$A_1 = 30$ mm、$A_2 = 5$ mm、$A_3 = 43$ mm、$A_4 = 3_{-0.05}^{0}$ mm（标准件）、$A_5 = 5$ mm，现采用不完全互换法装配，试确定各组成环公差和极限偏差（设各组成零件加工接近正态分布）。

解：（1）建立装配尺寸链，验算各环的公称尺寸（与例 7.1 相同），确定协调环

封闭环为装配精度，即齿轮与挡圈的轴向间隙：0.1～0.35 mm，标注为 $A_0 = 0_{+0.10}^{+0.35}$ mm。

建立尺寸链图，如图 7.2b 所示，其中 A_3 为增环，A_1、A_2、A_4、A_5 为减环。

根据公式 $A_0 = \sum_{u=1}^{m} A_{pu} - \sum_{v=m+1}^{n-1} A_{qv}$，得封闭环公称尺寸为

$$A_0 = A_3 - (A_1 + A_2 + A_4 + A_5) = [43 - (30+5+3+5)] \text{ mm} = 0 \text{ mm}$$

考虑到尺寸 A_3 较难加工，选它作为协调环，最后确定其尺寸和公差大小。

（2）确定各组成环公差和极限偏差

因各组成环尺寸接近正态分布（即 $k_i = 1$），则按等公差原则分配各组成环公差：

$$T_{A_{av}} = \frac{T_{A_0}}{\sqrt{n-1}} = \frac{0.25}{\sqrt{5}} \text{ mm} \approx 0.1 \text{ mm}$$

以按等公差原则确定的公差值为基础，综合考虑各零件加工难易程度，对各组成环公差值进行合理调整。A_4 为标准件，其公差值已确定。考虑尺寸大小及加工难易程度，分配其余各组成环公差如下：$T_1 = 0.13$ mm（IT11 级），$T_2 = T_5 = 0.075$ mm（IT11 级）。然后以

入体原则进行标注，则 $A_1 = 30_{-0.13}^{0}$ mm，$A_2 = 5_{-0.075}^{0}$ mm，$A_4 = 3_{-0.05}^{0}$ mm，$A_5 = 5_{-0.075}^{0}$ mm。

（3）计算协调环的公差和极限偏差

$$T_{A_3} = \sqrt{T_{A_0}^2 - (T_{A_1}^2 + T_{A_2}^2 + T_{A_4}^2 + T_{A_5}^2)} = \sqrt{0.25^2 - (0.13^2 + 2 \times 0.075^2 + 0.05^2)} \text{ mm} \approx 0.18 \text{ mm}$$

查标准公差数值表可知，尺寸 $A_3 = 43$ mm，IT11 = 160 μm，而其他组成环都是 IT11 级，说明第（2）步试凑成功。

因为 $A_{1M} = 29.935$ mm，$A_{2M} = A_{5M} = 4.9625$ mm，$A_{4M} = 2.975$ mm，$A_{0M} = 0.225$ mm，由式（7.4）得 $A_{0M} = A_{3M} - (A_{1M} + A_{2M} + A_{4M} + A_{5M})$。

代入数据，

$$A_{3M} = [0.225 + (29.935 + 4.9625 + 2.975 + 4.9625)] \text{ mm} = 43.06 \text{ mm}$$

所以

$$A_3 = \left(43.06 \pm \frac{0.18}{2}\right) \text{ mm} = 43_{-0.03}^{+0.15} \text{ mm}。$$

各组成环尺寸和极限偏差如下：$A_1 = 30_{-0.13}^{0}$ mm，$A_2 = 5_{-0.075}^{0}$ mm，$A_3 = 43_{-0.03}^{+0.15}$ mm，$A_4 = 3_{-0.05}^{0}$ mm，$A_5 = 5_{-0.075}^{0}$ mm。

比较例 7.1 和例 7.2 的计算结果可以看出，在封闭环公差一定的情况下，用概率法可扩大零件的制造公差，从而降低零件的制造成本。

7.3.2　选配法

选配法是将组成环的公差放大到经济可行的程度，然后选择合适的零件进行装配，以保证规定的装配精度要求。选配法有三种：直接选配法、分组选配法和复合选配法。这里仅讨论分组选配法。

分组选配法是将各组成环的制造公差相对完全互换法所求数值放大几倍（一般为 3~4 倍），使其尺寸能按经济精度加工，再按实测尺寸将零件分组，并按对应组进行装配以达到装配精度的要求。由于同组内零件可以互换，故这种方法又称为分组互换法。在大批量生产中，对于组成环数少而装配精度要求高的部件，常采用这种选配法。

现以汽车发动机活塞和活塞销的组装为例，对分组互换法进行分析。

例 7.3　图 7.4 所示为活塞销与销孔的装配图。活塞销直径 d 与销孔直径 D 的公称尺寸为 $\phi 28$ mm，按装配要求，在冷态装配时应有 0.0025~0.0075 mm 的过盈量。如果活塞销和销孔的经济加工精度（活塞销用无心磨削加工，销孔采用金刚镗床加工）为 0.01 mm，拟采用分组选配法装配，试确定活塞销和销孔直径的分组数和分组尺寸。

解：封闭环为装配精度，$A_0 = 0_{-0.0075}^{-0.0025}$ mm。

封闭环的公差为　$T_{A_0} = (0.0075 - 0.0025)$ mm $= 0.005$ mm。

采用完全互换法装配，等公差原则分配公差

$$T_{A_{av}} = \frac{T_{A_0}}{2} = \frac{0.005}{2} \text{mm} = 0.0025 \text{ mm}$$

即活塞销与销孔的平均公差仅为 0.0025 mm，制造这样精度的活塞销与销孔既困难又不经济。

$$\frac{经济加工精度}{T_{A_{av}}} = \frac{0.01}{0.0025} = 4$$

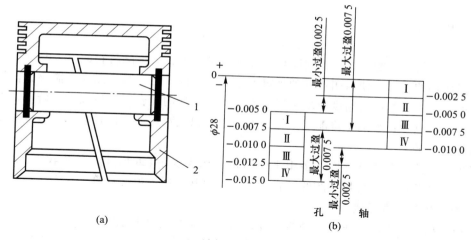

1—活塞销；2—活塞

图 7.4 活塞销与销孔的装配关系

采用分组选配法，可将活塞销与销孔的公差在相同方向上放大 4 倍，即分为 4 组。活塞销要和销孔及连杆形成不同的配合，因此应选用基轴制配合。要满足 0.002 5 ~ 0.007 5 mm 的过盈量要求，活塞销直径应为 $\phi 28_{-0.002\,5}^{0}$ mm，销孔的直径为 $\phi 28_{-0.001\,5}^{-0.005\,0}$ mm，画活塞销与销孔的公差带图（如图 7.4b 中的 I），然后保持基轴制不变，向下放大 4 倍，如图 7.4b 所示。活塞销直径定为 $\phi 28_{-0.010}^{0}$ mm，则对应销孔的直径 $\phi 28_{-0.015\,0}^{-0.005\,0}$ mm，公差为 0.01 mm，这样活塞销可用无心磨床加工，销孔用金刚镗床加工，然后用精密量具测量其尺寸，并按实测尺寸大小分成四组，涂上不同颜色加以区别，分别装入不同容器内，以便进行分组装配。具体分组情况列于表 7.1 中。

表 7.1 活塞销与活塞销孔的直径分组

组别	标志颜色	活塞销直径/mm $d = \phi 28_{-0.010}^{0}$	活塞销孔直径/mm $D = \phi 28_{-0.015}^{-0.005}$	配合情况	
				最小过盈/mm	最大过盈/mm
I	红	$\phi 28_{-0.002\,5}^{0}$	$\phi 28_{-0.007\,5}^{-0.005\,0}$	0.002 5	0.007 5
II	白	$\phi 28_{-0.005\,0}^{-0.002\,5}$	$\phi 28_{-0.010\,0}^{-0.007\,5}$		
III	黄	$\phi 28_{-0.007\,5}^{-0.005\,0}$	$\phi 28_{-0.012\,5}^{-0.010\,0}$		
IV	绿	$\phi 28_{-0.010\,0}^{-0.007\,5}$	$\phi 28_{-0.015\,0}^{-0.012\,5}$		

虽然零件的加工公差扩大了 4 倍，但只要用对应组的零件进行装配，其装配精度完全符合设计要求。

采用分组选配法装配，零件的制造精度不高，却可以获得较高的装配精度，组内零件可互换，装配效率高。但是，增加了零件测量、分组、存放和运输的工作量。分组互换法适于在大批量生产中装配那些组成环数少而装配精度又要求特别高的机器结构。

7.3.3　修配法

修配法例题

修配法是指在装配时，根据封闭环的实际测量结果，以去除材料的方式改变尺寸链中某一项组成环的尺寸，使封闭环达到规定的精度要求的方法。其优点为：能够获得很高的装配精度，而零件的制造精度要求可以适当放宽，零件的配合面经精细刮、研可以提高接触刚度。其缺点为：增加了修配工作量，不便于组织流水作业，而且装配质量依赖于装配工人的技术水平。

修配法不能实现零件互换，多用于产品结构比较复杂（或尺寸链环数较多）、产品精度要求高以及单件、小批量生产的场合。修配法通常采用极值法计算。

1. 修配环的选择原则

采用修配法装配时应正确选择修配环，选择时应遵循以下原则：

1）易于修配，便于装卸。通常选择形状比较简单，修配面小且易拆装的零件为修配件。

2）选不进行表面处理的零件。

3）不是公共环，即该零件只与一项装配精度有关，而与其他装配精度无关。

2. 修配方式

（1）单件修配法

只对某一组成零件进行修配，以满足装配精度要求。这一修配方法称为单件修配法。在图 7.5 所示的装配关系中，床身与压板之间的间隙 A_0 是靠修配压板的 C 面或 D 面改变尺寸 A_2 来保证的。A_2 为修配环，装配时需经过多次试装、测量、拆下修配 C 面或 D 面，最后保证装配间隙 A_0 要求。

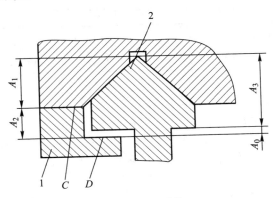

1—压板；2—床身

图 7.5　机床导轨间隙装配关系

（2）合并修配法

将两个或两个以上的零件合并在一起进行加工修配，合并加工所得的尺寸可看作一个组成环，这一修配方法称为合并修配法。

合并修配法既减小了装配时的修配刮研量，也减少了装配尺寸链的组成环数，有利于保证装配精度和提高生产率。

（3）自身加工修配法

对零部件间相互位置精度要求较高时，常采用自身加工修配法。例如，转塔车床对转塔的刀具孔进行"自镗自"，龙门刨床的"自刨自"，平面磨床的"自磨自"等，以保证装配精度。如图 7.6 所示的转塔车床，装配后利用在车床主轴上安装的镗刀作主运动，转塔作纵向进给运动，依次镗削转塔上的六个刀具安装孔。经过加工，主轴轴线与转塔各孔轴线的等高度、同轴度要求就可方便地达到。

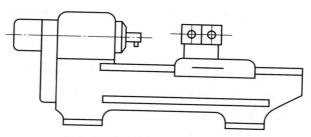

图 7.6 转塔车床自身加工修配法

3. 修配环极限尺寸的确定

为使修配环有足够而又不致于过大的修配量，就要确定修配环的极限尺寸。在修配装配过程中，修配环被修配，引起封闭环尺寸的变动分两种情况：修配环越修，封闭环越大；修配环越修，封闭环越小。明确修配环被修配后封闭环变大还是变小，是确定修配环极限尺寸的关键。因此，必须根据不同的情况分别进行分析计算。

（1）修配环越修、封闭环越大的情况

在这种情况下，为使修配时能通过修配环来满足装配精度，就必须使修配前封闭环的最大尺寸 $A'_{0\max}$ 在任何情况下都不能大于封闭环规定的最大尺寸 $A_{0\max}$，即

$$A'_{0\max} \leqslant A_{0\max} \tag{7.6}$$

为使修配的劳动量最小，应使 $A'_{0\max} = A_{0\max}$。此时，修配环无须修配，就能达到 $A_{0\max}$ 的要求，即最小修配量 $Z_{\min} = 0$。由极值法解尺寸链计算公式得

$$A'_{0\max} = \sum_{u=1}^{m} A_{pu\max} - \sum_{v=m+1}^{n-1} A_{qv\min} \tag{7.7}$$

由式（7.7）可求出修配环的一个极限尺寸。再根据修配环的经济加工精度，另一个极限尺寸也可方便地求出。

（2）修配环越修、封闭环越小的情况

在这种情况下，为保证装配要求，必须使装配后封闭环的实际尺寸 $A'_{0\min}$ 在任何情况下都不小于封闭环规定的最小尺寸 $A_{0\min}$，即

$$A'_{0\min} \geqslant A_{0\min} \tag{7.8}$$

显然，当 $A'_{0\min} = A_{0\min}$ 时，修配量最小，即 $Z_{\min} = 0$，于是有

$$A'_{0\min} = \sum_{u=1}^{m} A_{pu\min} - \sum_{v=m+1}^{n-1} A_{qv\max} \tag{7.9}$$

同理，利用式（7.9）可求出修配环的一个极限尺寸，再根据给定的经济加工精度确定修配环的另一极限尺寸。

7.3.4   调整法

调整法与修配法相似，组成环也按经济加工精度加工，但所引起的封闭环累积误差的扩大，不是装配时通过对修配环的补充加工来实现补偿，而是采用调整的方法，改变可调整件在产品结构中的相对位置或选用合适的调整件以达到装配精度的方法。调整件起到补偿装配累积误差的作用，故称为补偿件。常见的调整方法有固定调整法、可动调整法、误差抵消法三种。

1. 固定调整法

在装配尺寸链中，选择某一零件为调整件，该零件是按一定尺寸间隔分级制造的一套专用件(如轴套、垫片、垫圈等)。根据各组成环形成的累积误差的大小来更换不同尺寸的调整件，以达到装配精度要求的方法称为固定调整法。

⊙··········
固定调整
法例题

2. 可动调整法

通过改变调整件在产品结构中的相对位置，即移动、旋转或移动旋转同时进行，以保证装配精度的方法称为可动调整法。调整过程中不需拆卸零件，较为方便。图 7.7a 是主轴箱用螺钉来调整端盖的轴向位置，最后达到调整轴承间隙的目的；图 7.7b 中是通过调整螺钉 1 使斜楔块上下移动来保证螺母与丝杠螺纹副之间的合理间隙。

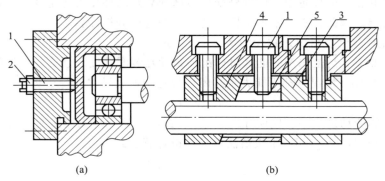

(a)   (b)

1—螺钉；2、3、4—螺母；5—楔块

图 7.7   可动调整应用

可动调整法能获得比较理想的装配精度。不但用于装配中，而且当产品在使用过程中，由于某些零件的磨损、受力和受热变形等使装配精度下降时，可以及时进行调整以保持或恢复所要求的精度，所以在实际生产中应用较广。

3. 误差抵消法

在产品装配时，通过调整有关零件的相互位置，使其加工误差相互抵消一部分，以提高装配的精度，这种方法称为误差抵消法。这种方法在机床装配中应用较多。如在车床主轴装配中，通过调整前、后轴承的径向跳动方向来控制主轴的径向跳动；在滚齿机中工作台分度蜗轮装置装配中，采用调整蜗轮和轴承的偏心方向的方法来抵消误差，以提高分度蜗轮的工作精度。

误差抵消法常用于机床制造，且封闭环要求较高的多环装配尺寸链中。但由于误差抵消法需要事先测出补偿环的误差方向和大小，装配时需要技术等级高的工人，因而多用于中、小批量生产和单件生产。

调整装配法的优点在于不仅零件能按经济精度加工，而且装配方便，可以获得比较高的装配精度。缺点是另外增加一套调整装置并要求较高的调整技术。但由于调整法优点突出，因而使用较为广泛。

上述各种装配方法各有其特点。一种产品究竟采用何种装配方法来保证装配精度，通常在产品设计阶段就应确定下来。只有这样，才能通过尺寸链计算合理确定各个零部件在加工和装配中的技术要求。但是，同一产品往往会在不同的生产类型和生产条件下生产，因而就可能采用不同的装配方法。选择装配方法的一般原则是：优先选择完全互换法；在生产批量较大，组成环数又较多时，应考虑采用不完全互换法；大批量生产中，在封闭环精度较高、组成环数较少时可考虑采用分组互换法，环数较多时采用调整法；在装配精度要求很高，又不宜选择其他方法，或在单件、小批量生产中，可采用修配法。

7.4 装配工艺规程设计

装配工艺规程是指导装配生产的主要技术文件，制订装配工艺规程是生产技术准备工作的一项重要工作。装配工艺规程对保证装配质量、提高装配生产效率、缩短装配周期、减轻工人劳动强度、缩小装配占地面积、降低生产成本等都有重要影响。

7.4.1 制订装配工艺规程的基本原则

1）保证产品装配质量，力求提高质量，以延长产品的使用寿命。

2）合理安排装配顺序和工序，尽量减少钳工手工劳动量，缩短装配周期，提高装配效率。

3）尽量减小装配占地面积，提高单位面积的生产率。

4）尽量减少装配工作所占用的成本。

7.4.2 制订装配工艺规程的步骤

1. 研究产品图样及验收技术条件

制订装配工艺规程时，要通过对产品的总装配图、部件装配图、零件图及技术要求的研究，深入了解产品及各部件的具体结构、产品及各部件的装配技术要求；设计人员所确定的保证产品装配精度的方法，以及产品的试验内容、方法等，从而对制订装配工艺规程有关的一些原则性问题做出决定，如采取何种装配组织形式、装配方法及检验和试验方法等。此外，还要对图样的完整性、装配技术要求及装配结构工艺性等方面进行审查，如发现问题及时提出，由设计人员研究后予以修改。

产品结构的装配工艺性是评价产品设计的指标之一，它直接影响着装配周期的长短、耗费劳动量的多少、成本的高低以及产品使用质量的优劣等。对产品结构的装配工艺性的基本要求主要有以下几方面：

1）产品结构应能分成独立的装配单元。这将有利于组织平行的装配作业，缩短装配周期；各部件可预先调整、试车，有利于保证产品质量；有利于按专业化原则组织生产；有利于产品结构的改进；有利于产品的维修。

2）减少装配时的维修和机械加工。为此，要尽量减少不必要的配合面；产品设计上尽可能用调整装配法代替修配装配法；改善连接方式。如将图 7.8a 的销连接改为图 7.8b 的螺纹连接便可避免装配时的钻孔工作。

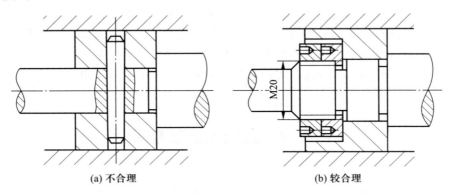

(a) 不合理   (b) 较合理

图 7.8   连接方式的改善

3）产品结构应便于装配和拆卸。

如图 7.9 所示，将一个已装有两个单列深沟球轴承的轴装入箱体内。图 7.9a 为两轴承同时进入箱体孔，这样在装配时不宜对准。若将左、右两轴承之间的距离在原有基础上增大 3~5 mm（图 7.9b），则在装配时右轴承将先进入箱体孔中，然后再对准左轴承就会方便很多。为使整个轴组件能从箱体左端装入，设计时还应使右轴承外径及齿轮外径均小于左箱体孔径。

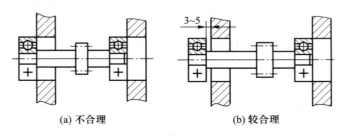

(a) 不合理   (b) 较合理

图 7.9   轴件的装配

图 7.10a 和图 7.11a 的结构就不如图 7.10b 和图 7.11b 的结构易于拆卸。类似上述实例，在生产中经常可见，看起来很简单，但若不注意就会为产品的装配工作造成困难。因此，在产品设计中必须予以足够重视。

2. 确定装配方法与组织形式

装配的方法和组织形式主要取决于产品的结构特点和生产纲领，并考虑现有的生产技术条件和设备。选择合理的装配方法是保证装配精度的关键。应结合具体的生产条件，从机械加工和装配的角度出发应用尺寸链理论，确定装配方法。装配的组织形式主要分为固定式和移动式两种。

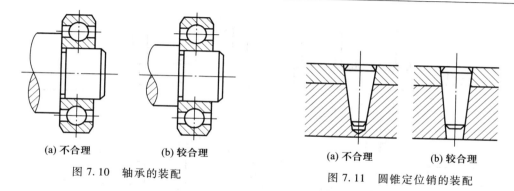

| (a) 不合理 | (b) 较合理 | | (a) 不合理 | (b) 较合理 |

图 7.10　轴承的装配　　　　　图 7.11　圆锥定位销的装配

1）固定式装配　全部装配工作在一个固定的地点完成。多用于单件、小批量生产，或质量大、体积大的批量生产中，如飞机、重型机床、大型发电机设备等。

2）移动式装配　装配过程在装配对象的连续或间歇的移动中完成。当生产批量很大时采用流动式装配更经济。此时，装配对象有节奏地从一个工作地点运送到另一个工作地点。移动式装配的方式常用于产品的大批量生产中，以组成流水作业线和自动作业线。汽车、拖拉机等一般均采用移动式装配。

3. 划分装配单元，确定装配顺序

划分装配单元是制订装配工艺规程中最重要的一个步骤。这对大批量生产结构复杂的产品尤为重要。在确定装配顺序时，首先选择装配的基准件。装配基准件通常应是产品的基体或主干零、部件。基准件应有较大的体积和质量，有足够的支承面，以满足陆续装入零、部件时的作业需求。例如，床身零件是床身组件的装配基准零件，床身组件是床身部件的装配基准组件，床身部件是机床产品的装配基准部件。

确定装配顺序的一般原则是先难后易、先内后外、先下后上、先重大后轻小、先精密后一般。为了清晰地表示装配顺序，常用装配工艺系统图来表示。它是表示产品零、部件间相互装配关系及装配流程的示意图，其画法是：先画一条横线，横线左端的长方格是基准件，横线右端的长方格是装配单元；再按装配的先后顺序从左向右依次将装入基准件的零件、合件、组件和部件引入，表示零件的长方格画在横线的上方，表示合件、组件和部件的长方格画在横线的下方。每一个装配单元（零件、合件、组件、部件）可用一个长方格来表示，在表格上方标明装配单元的名称，左下方是装配单元的编号，右下方添入装配单元的数量。有时在图上还要加注一些工艺说明，如焊接、配钻、冷压和检验等内容。装配工艺系统图的基本形式如图 7.12 所示。图 7.13 就是某车床床身部件的装配工艺系统图。它清楚而全面地反映了装配单元的划分、装配顺序和装配方法，也是划分装配工序的依据。它是所制订的装配工艺规程的主要文件。

4. 划分装配工序

1）确定工序集中与分散的程度。

2）划分装配工序，确定工序内容。

3）确定各工序所需的设备和工具。

4）制订各工序装配操作规范。

5）制订各工序装配质量要求与检测方法。

6）确定工序时间定额，平衡各工序节拍。

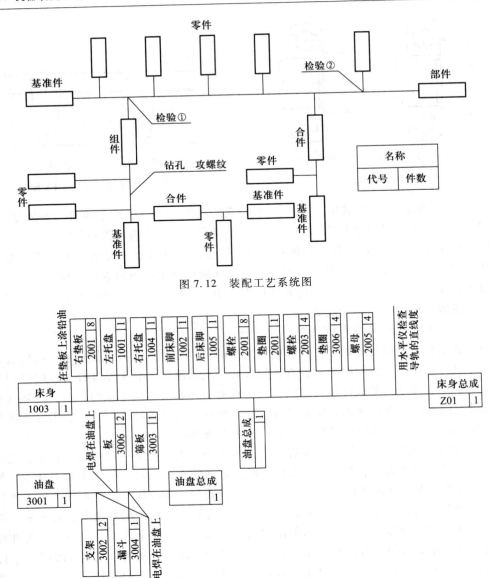

图 7.12   装配工艺系统图

图 7.13   车床床身部件的装配工艺系统图

5. 编制装配工艺文件

其编写方法与机械加工工艺文件基本相同。对单件、小批量生产一般只编制装配工艺过程卡；对成批生产，通常还要编制部装和总装工艺卡，并表明各工序工作内容、设备名称、时间定额等；对大批量生产，不仅要编制装配工艺卡，还要编制装配工序卡。

本 章 小 结

本章介绍了装配的基本理论、装配尺寸链、保证装配精度的装配方法和装配工艺规程设计。重点是保证装配精度的装配方法。学生要学会针对不同的应用场合选择合适的装配方法以满足装配精度要求，学会用概率法求解尺寸链。

📍 思考题与练习题

7.1　装配精度一般包括哪些内容？

7.2　保证装配精度的装配方法有哪些？各有何优、缺点及分别应用于何场合？

7.3　试说明建立装配尺寸链的方法、步骤和原则。

7.4　制订装配工艺规程大致有哪几个步骤？

7.5　如何评价产品结构的装配工艺性？试对题7.5图中所示结构的装配工艺性不合理之处予以改进并说明理由。

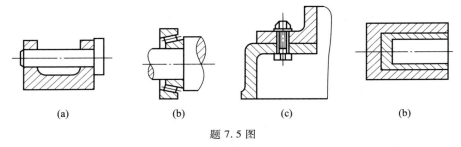

(a)　　　　　(b)　　　　　(c)　　　　　(b)

题 7.5 图

7.6　为什么要划分装配单元？如何绘制装配工艺系统图？

7.7　如题7.7图为双联转子泵结构简图，要求冷态下的装配间隙 $A_0 = 0.05 \sim 0.15$ mm。各组成环的公称尺寸为 $A_1 = 41$ mm，$A_2 = A_4 = 17$ mm，$A_3 = 7$ mm。

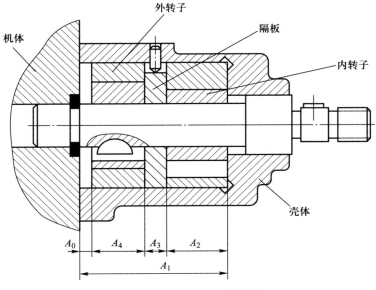

题 7.7 图　双联转子泵结构简图

（1）试用完全互换法求各组成环尺寸及其偏差（选 A_1 为相依尺寸）。

（2）试用概率法求各组成环尺寸及其偏差（选 A_1 为相依尺寸）。

（3）采用修配法装配时，A_2、A_4 按 IT9 公差制造，A_1 按 IT10 公差制造，选 A_3 为修配环，试确定修配环的尺寸及其偏差，并计算可能出现的最大修配量。

（4）采用固定调整法装配时，A_1、A_2、A_4 仍按上述精度制造，选 A_3 为调整环，并取 $T_{A_3}=0.02$ mm，试计算垫片组数及尺寸系列。

7.8　某轴与孔的尺寸和公差配合为 $\phi30H5/h5$ mm。为降低加工成本，现将两零件按 IT9 级公差制造，试用分组选配法计算分组数和每一组的尺寸及其偏差。

第8章 先进制造技术

8.1 概　述

先进制造技术（advanced manufacturing technology，AMT）是传统的制造技术、信息技术、计算机技术、自动化技术与管理科学等多学科先进技术综合，并应用于制造工程之中所形成的一个学科体系。它的发展趋势是向精密化、柔性化、网络化、虚拟化、智能化、清洁化、集成化、全球化的方向发展。

现代制造业是我国经济结构调整过程中提出的新的产业概念，就是用现代科学技术武装起来的制造业，是现代科学技术与制造业相结合的产物。现代制造业的实质是制造业结构的升级优化，是指采用高新技术和先进实用技术对原材料进行加工和再加工的工业企业的总称。

先进制造业的发展趋势可以分成三类：一是产品的发展趋势，二是制造过程的发展趋势，三是制造方法的发展趋势。这个发展趋势又可以用 12 个字概括之，即产品要"精""极""文"；过程要"绿""快""省""效"；方法要"数""自""集""网""智"。这些方面彼此渗透、相互支持，形成整体并且扎根在"机械"与"制造"的基础上，服务于制造业的发展。

1. 产品的制造要实现"精""极""文"3 个字

1)"精"是"精密化"，是指加工精度。精密化加工技术包括精密加工、细微加工、纳米加工等。精密化是产品制造的关键核心。

2)"极"，极端化是发展的焦点。就是指在极端条件下工作的或者有极端要求的产品，从而使这类产品的制造技术有"极"的要求。

3)"文"，人文文化是发展的新意。产品不仅是一个工业产品，还应该是一个艺术产品，文化含量高，特别是人文文化含量高，真正解决"物美"问题，满足精神层面上的需要，工业设计等学科由此而生。

2. 工业制造过程要实现"绿""快""省""效"4 个字

1)"绿"就是绿色。人类社会的发展必将走向人类社会与自然界的和谐。科学的发展观就是要可持续发展，可持续的首要条件就是要整个生产过程不能伤害自然。

制造业的产品从构思开始，到设计阶段、制造阶段、销售阶段、使用与维修阶段，直到回收阶段、再制造各阶段，都必须充分考虑环境保护。

2）"快"，快速化是发展的动力。快速化是指对市场的快速响应，对生产的快速重组，这两个快速必然要求生产模式有高度柔性与高度敏捷性。这一点是市场经济走向"买方市场""多变市场""顾客是上帝"的"客户化"的必然结果。

3）"省"，节省是发展的原则。节省是指制造过程必须节省、节约、节俭，这是市场经济必然的要求。任何一个经济行为，都不同程度地讲节省、讲成本。制造过程就更是不能不讲节省，不能不讲成本，不能不讲资源的优化配置，不能不讲制造过程各有关环节的优化配置。

4）"效"，高效率，即高生产率，是指单位时间内生产的产品数量多。高效、低耗、无污染应是生产过程所追求的目标。"效"可以看作是先进制造技术发展的追求。

3. 制造方法方面要实现"数""自""集""网""智"5 个字

1）"数"就是"数字化"。数字化的趋势锐不可当。数字化绝对是制造的核心，起着决定性的作用。数字化推进了人类社会的深刻变革。

2）"自"，自动化是发展的条件。自动化是减轻人的劳动，强化、延伸、取代人的有关劳动的技术或手段。确切地说，机械是一切技术的载体，也是自动化技术的载体。

3）"集"，集成化是发展的方法。它包括以下几个方面：① 技术的集成；② 管理的集成；③ 技术与管理的集成。其本质是知识的集成。如前所述，先进制造技术就是制造技术、信息技术、管理科学与有关科学技术的集成。

4）"网"，网络化是发展的道路。制造技术的网络化是先进制造技术发展的必由之路。制造业走向整体化、有序化，这同人类社会发展是同步的。制造技术的网络化是由以下两个因素决定的：一是生产组织变革的需要；二是生产技术发展的可能。

制造技术的网络化不可阻挡，它的发展会导致一种新的制造模式即虚拟制造的产生。

5）"智"，智能化是发展的前景。制造系统正在由原先的能量驱动型转变为信息驱动型。这就要求制造系统不但要具备柔性，而且还要表现出某种智能，以便应对大量复杂信息的处理、瞬息万变的市场需求和激烈竞争的复杂环境。因此，智能制造越来越受到高度的重视。

精、极、文、快、绿、省、效、数、自、集、网、智这 12 个方面，彼此渗透，相互依赖，相互促进，形成一个整体，而且它们是服务于制造技术的。

8.2　先进制造工艺技术

先进制造工艺技术是先进制造技术的核心和基础，是使机械工艺不断变化和发展后形成的制造工艺方法，包括常规的工艺和经过优化后的工艺，以及不断出现和发展的新型加工方法。

8.2.1　高速切削技术

一、高速切削的概念

切削加工目前仍是主要的机械加工方法，在机械制造业中占有重要地位。高速切削加工是近年来迅速崛起的一项实用先进制造技术，是利用超硬材料的刀具和磨具，利用能可靠地实现高速运动的高精度、高自动化和高柔性的制造设备，以提高切削速度来达到提高材料切除率、加工精度和表面加工质量的先进制造技术。

高速切削在加工质量和加工效率两个方面实现了统一，其最突出的优点是生产效率和加工精度高，表面质量好，生产成本低。高速切削的核心是速度与质量，由于刀具材料、工件材料和加工工艺的多样性，因此对高速切削不可能用一确定的速度指标来定义。根据目前的生产和技术水平，对于铣刀等回转刀具，通常以刀具或主轴的转速作为衡量标准，根据不同的刀具直径，现阶段一般把机床主轴转速 10 000 r/min 以上的视为高速切削。

二、高速切削技术的特点

高速切削加工和常规切削加工相比，具有如下主要特点：

1）能获得很高的加工效率。随着切削速度提高，进给速度也提高，单位时间内材料切除率增加，可达常规切削的 3~6 倍，甚至更高。切削加工时间减少，使加工效率提高。

2）能获得较高的加工精度。在高速切削过程中，随着切削速度的提高，切削力降低。在加工过程中，切削力的降低对减小振动和偏差非常重要，这使工件在切削过程中的受力变形显著减小，有利于提高加工精度。高速切削加工的表面质量可达到磨削的水平，大大降低工件表面粗糙度值，工件表面的残余应力也很小，能够加工出比较精密的零件。

3）加工过程热变形小。高速切削时工件的温度上升不会超过 3 ℃，90% 以上切削热来不及传给工件就被高速流出的切屑带走。特别适合于加工细长工件、易热变形的工件和薄壁工件。

4）加工能耗低，节省制造资源。

5）减少后续加工工序。许多零件在常规加工时需要分粗加工、半精加工、精加工工序，而使用高速切削加工获得的工件表面质量可以与磨削相媲美，采用高速切削可以使工件加工工序集中在一道工序中完成。

三、高速切削技术的应用

目前主要应用于以下几个方面：

1）有色金属，如铝、铝合金，特别是铝的薄壁加工。目前已经可以切出厚度为 0.1 mm、高为几十毫米的成形曲面。

2）石墨加工。在模具型腔的制造中，由于采用电火花腐蚀加工，石墨电极被广泛使用。但石墨很脆，所以采用高速切削才能较好地进行成形加工。

3）模具，特别是淬硬模具的加工。当采用高转速、大进给、低背吃刀量的加工方法时，对淬硬模具型腔加工可获得较佳的表面质量，可省去后续的电加工和手工研磨等工序。

4）硬的、难切削的材料，如耐热不锈钢等。

8.2.2　特种加工技术

传统切削加工技术的本质和特点：一是靠刀具材料比工件更硬来实现切削；二是靠机械能把工件上多余的材料切除。一般情况下，这是行之有效的方法。但是，当工件材料越来越硬，加工表面越来越复杂的情况下，原来行之有效的方法就转化为限制生产率和影响加工质量的不利因素。于是人们开始探索用其他工具加工硬的材料，除了用机械能，还可以采用电、化学、光、声等能量进行加工。到目前为止，已经找到了多种这一类的加工方法，为区别于传统的金属切削加工，统称为特种加工。

特种加工是用非常规的加工手段，利用物理的（电、声、光、力、热、磁）或化学的方法，对具有特殊要求（如高精度）或特殊加工对象（如难加工材料、形状复杂或尺寸微小的材料、刚度极低的材料）进行加工的手段。

它与传统切削加工主要的不同特点如下：

1）不是主要依靠机械能，而是用其他的能量（如电能、热能、光能、声能以及化学能等）去除工件材料；

2）工具的硬度可以低于被加工工件材料的硬度，有些情况下，例如在激光加工、电子束加工、离子束加工等加工过程中，根本不需要使用任何工具；

3）在加工过程中，工具和工件之间不存在显著的机械切削力作用，工件不承受机械力，特别适合于精密加工低刚度的零件。

一、电火花加工

电火花加工原理

电火花加工

电火花加工是利用工具电极和工件电极间瞬时火花放电所产生的高温熔蚀工件表面材料来实现加工的。它是在专用的电火花加工机床上进行的。电火花加工机床一般由脉冲电源、自动进给机构、机床本体及工作液循环过滤系统等部分组成。

电火花加工机床已有系列产品。根据加工方式可将其分成两种类型：一种是用特殊形状的电极工具加工相应工件的电火花成形加工机床；另一种是用线（一般为钼丝、钨丝或铜丝）电极加工二维轮廓形状工件的电火花线切割机床。

与电火花成形加工相比，电火花线切割不需专门的工具电极，并且作为工具电极的金属丝在加工中不断移动，基本上无损耗；加工同样的零件，电火花线切割的总蚀除量比普通电火花成形加工的总蚀除量要小得多，因此生产效率要高得多，而机床的功率却可以小得多。

电火花线切割原理

电火花线切割

电火花加工的应用范围如下：

1）加工硬、脆、韧、软和高熔点的导电材料；

2）加工半导体材料及非导电材料；

3）加工各种型孔、曲线孔和微小孔；

4）加工各种立体曲面型腔，如锻模、压铸模、塑料模的模腔；

5）用来进行切断、切割以及进行表面强化、刻写、打印铭牌和标记等。

二、电解加工

电解加工是利用金属在电解液中产生的电化学阳极溶解，将工件加工成形。加工时，工件接直流电源（10～20 V）的正极，工具接电源负极。工具向工件缓慢进给，使两极之间保持较小间隙（0.1～1 mm），具有一定压力（0.5～2 MPa）的电解液从两极间的间隙中高速

(5~60 m/s)流过。当工具阴极向工件不断进给时，在面对阴极的工件表面上，金属材料按阴极型面的形状不断溶解，电解产物被高速电解液带走，于是工具型面的形状就相应地"复印"在工件上。

电解加工

与其他加工方法比较，电解加工具有下述特点：

1）工作电压小，工作电流大；

2）可以简单地直线进给运动，一次加工出复杂形状的型腔或型面；

3）加工范围广，不受金属材料本身力学性能的限制，可以加工硬质合金、淬火钢、不锈钢、耐热合金等高硬度、高强度及韧性金属材料；

4）生产率较高，为电火花加工的5~10倍；

5）加工中无机械切削力或切削热，适于易变形或薄壁零件的加工；

6）可以达到较小的表面粗糙度值（Ra1.25~0.2 μm）和±0.1 mm左右的平均加工精度；

7）附属设备多，占地面积大，造价高；

8）电解液既腐蚀机床，又容易污染环境。

电解加工主要用于加工型孔、型腔、复杂型面、小直径深孔、膛线以及进行去毛刺、刻印等。

三、激光加工

激光是一种强度高、方向性好、单色性好的相干光。利用激光的极高能量密度产生的上万度高温聚焦到工件表面上，工件被照射的局部在瞬间急剧的熔化和蒸发，并产生强烈的冲击波，使熔化物质爆炸式地喷射出来以改变工件形状的加工方法。

激光加工
原理

激光加工具有如下特点：

1）不需要加工工具；

2）激光束的功率密度很高（10^8~10^{10} W/cm^2），几乎对任何难加工的金属和非金属材料都可以加工；

激光加工

3）激光加工是非接触加工，工件无受力变形；

4）激光打孔、切割的速度很高，加工部位周围的材料几乎不受切削热的影响，工件热变形很小。

5）激光切割的切缝窄，切割边缘质量好。

目前激光加工已广泛用于金刚石拉丝模、钟表宝石轴承、发散式气冷冲片的多孔蒙皮、发动机喷油嘴、航空发动机叶片等的小孔加工（小孔直径可以小到 ϕ0.01 mm以下，深径比可达50:1）以及多种金属材料和非金属材料的切割加工。

四、超声波加工

超声波加工是利用超声频（16~25 kHz）振动的工具端面冲击工作液中的悬浮磨粒，由磨粒对工件表面撞击抛磨来实现对工件加工的一种方法，即利用超声波的机械冲击和空化作用去除工件上多余材料的方法。

超声波加
工原理

在加工难切削材料时，常将超声振动与其他加工方法配合进行复合加工，如超声车削、超声磨削、超声电解加工、超声线切割等。这些复合加工方法把两种甚至多种加工方法结合在一起，能起到取长补短的作用，使加工效率、加工精度及工件的表面质量显著提高。超声波加工的表面粗糙度可达 Ra1~0.1 μm，加工精度可达0.01~0.02 mm，而且可

超声波加
工

以加工薄壁、窄缝、低刚度零件。

超声波加工主要应用于硬脆材料的孔加工、套料、切割、雕刻、研磨和超声电加工等复合加工。

8.2.3 快速原型技术

快速原型技术(rapid prototyping,简称 RP 技术,也称快速成形技术)1988 年诞生于美国,迅速扩展到欧洲和日本,20 世纪 90 年代初引进我国。快速原型技术是当前先进产品开发与快速工具制造技术,其核心是基于数字化的新型成形技术。它突破了传统的加工模式,不需机械加工设备即可快速地制造形状极为复杂的工件。作为与科学计算可视化和虚拟现实相匹配的新兴技术,快速原型技术提供了一种可测量、可触摸的手段,是设计者、制造者与用户之间的新媒介。快速原型技术综合机械、电子、光学、材料等学科,可以自动、直接、快速、精确地将设计思想转化为具有一定功能的原型或直接制造零件、模具,有效地缩短了产品的研究开发周期。

一、快速原型技术的工作原理

如图 8.1 所示,RP 各种技术的工作原理基本相同:在计算机控制下按加工零件各分层截面的形状对成形材料有选择的扫描,从而形成一个层片。当一层扫描完成后,再进行第二层扫描。新成形的一层牢固地粘在前一层上,如此重复直到整个零件制造完毕。

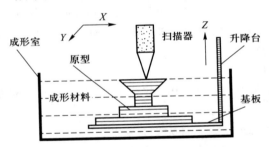

图 8.1 快速原型技术的工作原理

快速原型各成形工艺都是基于离散-叠加原理而实现快速加工原型或零件,首先建立三维 CAD 模型,然后对其切片分层(一般为 Z 向),得到离散的许多平面,把这些平面的数据信息传给形成系统的工作部件,控制成形材料有规律地、精确地、迅速地层层堆积起来而形成三维的原型,经后处理便成零件。从成形的角度,零件可视为一个空间实体,它是点、线、面的集合。快速成形的成形过程即是体→面→线的离散与点→面的叠加的过程,即三维 CAD 模型→二维平面(实体)→三维原型的过程。

二、快速原型技术的特点

RP 技术较之传统的诸多加工方法有以下的优越性:

1) 可以制成几何形状任意复杂的零件,而不受传统机械加工方法中刀具无法达到某些型面的限制。

2) 大幅度缩短新产品的开发成本和周期。一般地,采用 RP 技术可减少产品开发成本30%~70%,减少开发时间 50%,甚至更少。

3) 曲面制造过程中,CAD 数据的转化(分层)可百分之百地全自动完成,而不像在切削加工中需要高级工程人员数天复杂的人工辅助劳动才能转化为完全的工艺数控代码。

4）不需要传统的刀具或工装等生产准备工作。任意复杂零件的加工只需在一台设备上完成，其加工效率亦远胜于数控加工。

5）属非接触式加工，没有刀具、夹具的磨损和切削力所产生的影响。

6）加工过程中无振动、噪声和切削废料。

7）设备购置投资低于数控机床。

三、快速原型技术应用

快速原型技术已经广泛应用于家电、汽车、航空航天、船舶、工业设计、医疗等领域，艺术、建筑等领域的工作者也已开始使用 RP 设备。

1）设计模型的制造　这是 RP 技术应用最广的领域。工程技术人员未采用 RP 技术时，在产品开发过程中，需要做多个产品模型作为测试之用，如造型设计评估、功能测试、组装测试及安全测试等，而采用 RP 技术后，设计工程师只需在三维 CAD 图上做出修改，便能及时制造出样品，并对其性能做进一步测试，迅速修改设计中的不足，从而加快产品开发速度，减少不必要的损失。

2）快速模具制造（rapid tooling，简称 RT）　这是快速原型技术应用的又一个重要方面，无须任何专用工装和夹具，直接根据原型而将复杂的工具和型腔制造出来是 RT 的最大优势。一般来说，采用 RT 制造模具的时间和成本约为传统技术的 1/3。

3）医疗卫生领域　RP 技术也常用于外科技术。病人在接受手术前需进行 CT 扫描或 MRI 等检查。以往医生们都是观看平面的扫描结果来计划手术，判断难免有误差。有了 RP 的帮助，医生可观看病人的立体模型来决定如何进行手术，甚至用 RP 进行模拟手术，增加手术的可靠性。

4）建筑模型　在建筑设计上，实体模型是非常重要的。实体模型除了可令客户更了解建筑物的具体设计外，还可以作各方面的测试，如光线测试、可承受风力测试等。以往建筑工程师在设计完成后，便要考虑如何把设计实体化。但有了 RP 技术后，不论他们的设计有多复杂，也可很快被制造出来。

5）艺术创作　随着计算机技术的发展，新一代的艺术家及设计师，不一定整天埋头于工作间，亲手造出艺术作品来。他们现在可以安坐家中，用 CAD 软件创造出来心目中的艺术品，然后再以 RP 技术把艺术品一次性制作出来。

四、快速原型技术的典型方法

快速原型技术已发展了许多成熟的加工工艺及成形系统。RP 系统可分为两大类：基于激光或其他光源的成形技术，如光固化（stereo lithography，SL）法、叠层制造（laminated object manufacturing，LOM）法、选择性激光绕结（selected laser sintering，SLS）法、形状沉积制造（shape deposition manufacturing，SDM）法等；基于喷射的成形技术，如熔融沉积造型（fused deposition modeling，FDM）法、三维打印制造（three dimensional printing，3DP）法等。

SL法原理图

1. 光固化（SL）法

该技术以光敏树脂为原料，将计算机控制下的光束以预定零件分层界面的轮廓为轨迹对液态树脂逐点扫描，使被扫描区的树脂薄层产生光聚合反应，从而形成零件的一个薄层截面。当一层固化完毕后，托盘下降，在原先固化好的树脂表面再覆上一层新的液态树脂

SL法

以便进行下一层扫描固化。新固化的一层牢固地黏合在前一层上，如此重复直到整个零件原型制造完毕。

有人称之为激光立体造型、激光立体光刻、光造型等。因为目前 SL 中的光源不再是单一的激光器，还有其他新的光源，如紫外灯等。但是各种 SL 法使用的成形材料均是对某特种光束敏感的树脂，采用 SL 法进行的成形被称为光固化成形。光固化成形加工方式有自由液面式和约束液面式。

这种方法的特点是精度高、表面质量好、原材料利用率将近 100%，适合制造壳体类零件及形状复杂、特别精细(如首饰、工艺品等)的零件。

2. 叠层制造(LOM)法

LOM 工艺成形原理

叠层制造法的成形过程是：根据 CAD 模型各层切片的平面几何信息驱动激光头，对涂覆有热敏胶的纤维纸(厚度为 0.1 mm 或 0.2 mm)进行分层实体切割。随后工作台下降一层高度，送进机构又将新的一层材料铺上，并用热压辊辊压使其紧紧粘在已经成形的基体上，激光头再次进行切割运动，切出第二层平面轮廓，如此重复直至整个三维零件制作完成。其原型件的强度相当于优良木材的强度。

3. 选择性激光烧结(SLS)法

选择性激光烧结法的成形过程是：由 CAD 模型各层切片的平面几何信息生成 X-Y 激光扫描器在每层粉末上的数控运动指令，铺粉器将粉末一层一层地撒在工作台上，再用滚筒将粉末滚平、压实，每层粉末的厚度均对应于 CAD 模型的切片厚度。各层铺粉被二氧化碳激光器选择性烧结到基体上，而未被激光扫描、烧结的粉末仍留在原处起支撑作用，直至烧结出整个零件。

4. 熔融沉积制造(FDM)法

熔融沉积制造法的成形过程是：直接由计算机控制的喷头挤出热塑材料沉积成原型的每一薄层。整个模型从基座开始，由下而上逐层生成。

FDM 工艺的关键是保持半流动成形材料刚好在凝固温度点上，通常控制在比凝固温度高 1 ℃ 左右。半流动融丝材料从 FDM 喷嘴中挤压出来，很快凝固，形成精确的薄层。每层厚度一般为 0.25~0.75 mm，层层叠加，最后形成原型。

FDM 工艺不用激光，因此使用、维护简单，成本较低。用蜡成形的零件原型，可以直接用于石蜡铸造；用 ABS 塑料制造的原型有较高的强度而在产品设计、测试预评估等方面得到广泛应用。

5. 三维打印制造(3DP)法

3DP 工艺成形原理

三维打印制造法是麻省理工学院(MIT)Emanual Sachs 等人研制的，后被美国的 Soligen 公司以 DSPC(direct shell production casting，直接壳铸型)名义商品化，用以制造铸造用的陶瓷壳体和芯子。3DP 工艺与 SLS 工艺类似，采用粉末材料成形，如陶瓷粉末、金属粉末。所不同的是材料粉末不是通过烧结连接起来的，而是通过喷头用黏结剂(如硅胶)将零件的截面"印刷"在材料粉末上面。

3DP 法

8.2.4　超精密加工技术

20 世纪 60 年代为了适应核能、大规模集成电路、激光和航天等尖端技术对加工精度的需求，超精密加工技术随之产生。作为装备制造业中的关键技术，超精密加工技术长期以来一直是世界各国进行先进制造技术研发和应用的重点，目前其应用范围日趋广泛，在高技术领域和军用工业以及民用工业中都有广泛应用，尤其是电气自动化领域，如超大规模集成电路、高密度磁盘、精密雷达、导弹火控系统、精密机床、精密仪器、录像机磁头、复印机磁鼓、煤气灶转阀等都要采用超精密加工技术。超精密加工技术综合应用了机械技术发展的新成果以及现代电子、传感技术、光学和计算机等高新技术，是高科技领域中的基础技术。

现代机械制造业之所以要致力于提高加工精度，其主要的原因在于：可提高产品的性能和质量，提高其稳定性和可靠性；促进产品的小型化；增强零件的互换性，提高装配的生产率。

一、概念

按加工精度和加工表面质量的不同，可以把机械加工分为一般加工(粗加工、半精加工和精加工)、精密加工(如光整加工)和超精密加工。所谓超精密加工技术，并不是指某一特定的加工方法，也不是指比某一特定的加工精度高一个数量级的加工技术，而是指在一定的发展时期，加工精度和加工表面质量达到最高水平的各种加工方法的总称。

超精密加工的概念是相对的。由于科学技术的不断发展，昨天的精密加工对今天来说已是一般加工，今天的超精密加工则可能是明天的精密加工。目前超精密加工技术是指加工的尺寸、形状精度达到亚微米级，加工表面粗糙度 Ra 达到纳米级的加工技术的总称。目前，超精密加工技术在某些应用领域已经延伸到纳米尺度范围，其加工精度已经接近纳米级，表面粗糙度 Ra 已经达到 10^{-1} nm 级。并且正向其终极目标——原子级加工精度(超精密加工的极限精度)逼近。目前的超精密加工，以不改变工件材料物理特性为前提，以获得极限的形状精度、尺寸精度、表面粗糙度、表面完整性(无或极少的表面损伤，包括微裂纹缺陷、残余应力、组织变化等)为目标。

超精密加工技术又可分微细加工、超微细加工、光整加工、精整加工等加工技术。

微细加工技术是指制造微小尺寸零件的加工技术；超微细加工技术是指制造超微小尺寸零件的加工技术，它们是针对集成电路的制造要求而提出的，由于尺寸微小，其精度是用切除尺寸的绝对值来表示，而不是用所加工尺寸与尺寸误差的比值来表示。光整加工一般是指降低表面粗糙度值和提高表面层力学性能的加工方法，而不重于提高加工精度，其典型加工方法有珩磨、研磨、超精加工及无屑加工等。实际上，这些加工方法不仅能提高表面质量，而且可以提高加工精度。精整加工是近年来提出的一个新的名词术语，它与光整加工是对应的，是指既要降低表面粗糙度值和提高表面层力学性能，又要提高加工精度(包括尺寸、形状、位置精度)的加工方法。

二、超精密加工技术的发展

美国是开展超精密加工技术研究最早的国家，也是迄今处于世界领先地位的国家。早在 20 世纪 50 年代末，由于航天等尖端技术发展的需要，美国首先发展了金刚石刀具的超精密切削技术，称为 SPDT 技术(single point diamond turning)或微英寸技术(1 微英寸 = 0.025 μm)，并发展了相应的空气轴承主轴的超精密机床。用于加工激光核聚变反射镜、战术导弹及载人飞船用球面、非球面大型零件等的加工。

在超精密加工技术领域，英国克兰菲尔德技术学院所属的克兰菲尔德精密工程研究所(简称 CUPE)享有较高声誉，它是当今世界上精密工程的研究中心之一，是英国超精密加工技术水平的独特代表。如 CUPE 生产的 Nanocentre(纳米加工中心)既可进行超精密车削，又带有磨头，也可进行超精密磨削，加工工件的形状精度可达 0.1 μm，表面粗糙度 $Ra<10$ nm。

日本对超精密加工技术的研究相对于美、英来说起步较晚，但是当今世界上超精密加工技术发展最快的国家。20 世纪 80 年代末，日本研制出了超精密数控范成法研磨机，使用该研磨机加工出的光学零件，其形面精度达到了 0.8 μm，表面粗糙度值的均方根值为 0.5 nm。近年，日本超精密加工机床的加工精度已达亚微米级 0.1 μm 以下，表面粗糙度 Ra 达 0.01 μm，最高水平的机床已用于制造超大规模集成电路，刻线宽度可达 0.3 μm。

我国的超精密加工技术在 20 世纪 70 年代末期开始有了长足进步，80 年代中期出现了具有世界水平的超精密机床和部件。目前已经成功研制出回转精度达 0.025 μm 的超精密轴系，并已装备到超精密车床和超精密铣床，解决了长期以来由于国外技术封锁给超精密机床的研制带来的巨大阻力。目前超精密轴系已基本形成系列化，并已达到实用化和商品化程度。但我国在超精密加工的效率、精度、可靠性，特别是大尺寸的规格和技术配套性方面，与国外还有相当大的差距。

未来超精密加工技术发展趋势是向更高精度、更高效率方向发展，向大型化、微型化方向发展，向加工检测一体化方向发展，机床向多功能模块化方向发展，不断探讨适合于超精密加工的新原理、新方法、新材料。

8.2.5　纳米加工技术

一、概念

纳米加工技术(nanotechnology)是加工精度达到纳米级的生产技术。固体物质原子间的距离约为 0.3 nm，纳米级精度已接近加工精度的极限。单独应用现有的生产技术达不到这种极限，必须研究开发超精密加工方法、超精密测量、超精密定位和控制技术，并将其综合才能达到上述目标。因此说，纳米加工技术是以加工精度极限为目标的综合生产技术，它不仅是尖端科技发展必不可少的基础技术，它本身的发展对尖端科技又起促进作用，所以发展纳米加工技术具有全局性和战略性的重大意义。

纳米加工技术是一门新兴的综合性加工技术。它集成了现代机械学、光学、电子、计算机、测量及材料等先进技术成就，使得加工的精度从 20 世纪 60 年代初的微米级提高到目前的 10 nm 级，在短短几十年内使产品的加工精度提高了 1~2 个数量级，极大地改善了产品的性能和可靠性。

目前，纳米加工技术已成为国家科学技术发展水平的重要标志。随着各种新型功能陶瓷材料的不断研制成功，以及用这些材料作为关键元件的各类装置的高性能化，要求功能陶瓷元件的加工精度达到纳米级甚至更高，这些都有力地促进了纳米加工技术的进步。近年来，纳米技术的出现促使纳米加工向其极限加工精度——原子级加工进行挑战。

二、纳米加工技术的特点

欲得到 1 nm 的加工精度，加工的最小单位必然在亚微米级。纳米级加工是将试件表面的一个个原子或分子作为直接的加工对象，所以纳米级加工的物理实质就是要切断原子间的结合，实现原子或分子的去除。而各种物质是以共价键、金属键、离子键或分子结构的形式结合而组成，要切断原子间的结合需要很大的能量密度。

在机械加工中，工具材料的原子间结合能必须大于被加工材料的原子间结合能。而传统的切削、磨削加工消耗的能量较小，实际上是利用原子、分子或晶体间连接处的缺陷而进行加工的，但是，要切断原子间的结合就相当困难。因此，纳米加工的物理实质与传统的切削、磨削加工有很大区别。直接利用光子、电子、离子等基本能子的加工是纳米级加工的主要方向和主要方法。

三、机械制造中的纳米加工技术

微型机械，从广义上是指集微型机构、微型传感器、微型执行机构、信号处理和控制电路，以及接口、通信和电源等于一体的，且几何尺寸不超过 1 cm³ 的微型机电一体化产品。微型机械的加工关键技术之一是光刻电铸技术和扫描隧道显微加工技术。

1. 光刻电铸技术

光刻电铸(lithographic galvanofornung abformung，LIGA)法是 20 世纪 80 年代中期德国 W Ehrfeld 教授等人发明的，即从半导体光刻工艺中派生出来的一种加工技术。其机理是有深度同步辐射 X 射线光刻、电铸成形、塑铸成形等技术组合而成的复合微细加工新技术，主要工艺过程由 X 光刻掩膜板的制作、X 光深光刻、光刻胶显影、电铸成模、光刻胶剥离、塑模制作及塑模脱模成形组成，适合用多种金属、非金属材料制造微型机械构件。

采用光刻电铸技术已研制成功或正在研制的产品有微传感器、微电机、微执行器、微机械零件等。

2. 扫描隧道显微加工技术

扫描隧道显微加工技术亦称为原子级加工技术，原理是通过扫描隧道显微镜的探针来操纵试件表面的单个原子，实现单个原子的和分子的搬迁、去除、增添和原子排列重组，实现极限的精加工。近年来，扫描隧道显微加工技术获得了迅速的发展，并取得了多项重要成果。例如，1990 年，美国圣荷塞 IBM 阿尔马登研究所 D. M. Eigler 等人在 4 K 和超真空环境中，用 35 个 Xe 原子排成 IBM 三个字母，每个字母高 5 nm，Xe 原子间的最短距离为 1 nm。而日本科学家则实现了将硅原子堆成一个"金字塔"，首先实现了三维空间的立体搬迁。

目前，原子级加工技术正在研究对大分子中的原子搬迁、增加原子、去除原子和原子排列的重组。

📍 8.3 机械制造自动化技术

8.3.1 概述

一、机械制造自动化的概念

"自动化"就是减轻人的劳动，强化、延伸、取代人的有关劳动的技术或手段。自动化总是伴随有关机械或工具来实现的。"自动化"从自动控制、自动调节、自动补偿、自动辨识等发展到自学习、自组织、自维护、自修复等更高的自动化水平。而且，今天自动控制的内涵与水平已远非昔比，在控制理论、控制技术、控制系统、控制元件等方面都有着极大的发展。

制造自动化是一个动态发展的概念。过去，人们对自动化的理解或者说自动化的功能目标是以机械的动作代替人力操作，自动地完成特定的作业。后来随着电子和信息技术的发展，特别是随着计算机的出现和广泛应用，自动化的概念已扩展为用机器（包括计算机）不仅代替人的体力劳动而且还代替或辅助脑力劳动，以自动地完成特定的作业。

二、机械制造自动化技术的主要形式

机械制造自动化技术自 20 世纪 20 年代出现以来，经历了三个阶段，即刚性自动化、柔性自动化和综合自动化。

刚性自动化在大批量生产的条件下降低单件工时十分有效，是目前在大批量生产中仍被广泛采用的原因。柔性自动化不仅能降低单件工时，也能部分降低每批产品所需的生产准备时间（其中，可以大大地减少工艺装备的准备和调整时间），因而是单件、小批量生产自动化的一种主要形式。综合自动化则可以同时降低单件工时和每批产品所需的生产准备时间，而且可以降低每种产品所需的设计及生产准备时间，适合于各种生产类型，特别是对于多品种、中、小批量生产而言，综合自动化是提高生产率最有效的方式。综合自动化是自动化技术发展的最高级形式，也是自动化技术发展的方向。

三、机械制造自动化技术的发展趋势

目前，制造自动化技术的发展趋势是制造集成化、制造智能化、制造敏捷化、制造虚拟化和制造清洁化。

1. 集成化

计算机集成制造（CIMS）被认为是 21 世纪制造企业的主要生产方式。CIMS 作为一个由若干个相互联系的部分（分系统）组成，通常可划分为 5 部分。

1）工程技术信息分系统　包括计算机辅助设计（CAD）、计算机辅助工程分析（CAE）、计算机辅助工艺过程设计（CAPP）、计算机辅助工装设计（CATD）、数控程序编制（NCP、PLC）等。

2）管理信息分系统（MIS）　包括经营管理（BM）、生产管理（PM）、物料管理（MM）、人事管理（LM）、财务管理（FM）等。

3）制造自动化分系统（MAS）　包括各种自动化设备和系统，如计算机数控（CNC）、加工中心（MC）、柔性制造单元（FMS）、工业机器人（robot）、自动装配（AA）等。

4）质量信息分系统　包括计算机辅助检测（CAI）、计算机辅助测试（CAT）、计算机辅助质量控制（CAQC）、三坐标测量机（CMM）等。

5）计算机网络和数据库分系统（network & DB）　它是一个支持系统，用于将上述几个分系统联系起来，以实现各分系统的集成。

6）可编程控制（PLC）　可编程控制器（programmable logic controller，PLC）具有通用性强、使用方便、适应面广、可靠性高、抗干扰能力强、编程简单等特点。PLC 在工业自动化控制特别是顺序控制中的地位，在可预见的将来是无法取代的。

2. 智能化

智能制造系统可被理解为由智能机械和人类专家共同组成的人机一体化智能系统，该系统在制造过程中能进行智能活动，如分析、推理、判断、构思、决策等。

在智能系统中，"智能"主要体现在系统具有极好的"软"特性（适应性和友好性）。在设计和制造过程中，采用模块化方法，使之具有较大的柔性；对于人，智能制造强调安全性和友好性；对于环境，要求做到无污染、省能源和资源充分回收；对于社会，提倡合理协作与竞争。

3. 敏捷化

敏捷制造是以竞争力和信誉度为基础，选择合作者组成虚拟公司，分工合作，为同一目标共同努力来增强整体竞争能力，对用户需求做出快速反应，以满足用户的需要。为了达到快速应变能力，虚拟企业的建立是关键技术，其核心是虚拟制造技术，即敏捷制造是以虚拟制造技术为基础的。敏捷制造是现代集成制造系统从信息集成发展到企业集成的必由之路，它的发展水平代表了现代集成制造系统的发展水平，是现代集成制造系统的发展方向。

4. 虚拟化

"虚拟制造"的概念于 20 世纪 90 年代初期提出。虚拟制造以系统建模和计算机仿真技术为基础，集现代制造工艺、计算机图形学、信息技术、并行工程、人工智能、多媒体技术等高新技术为一体，是一项由多学科知识形成的综合系统技术。虚拟制造利用信息技术、仿真计算机技术对现实制造活动中的人、物、信息及制造过程进行全面的仿真，以发现制造中可能出现的问题，在产品实际生产前就采取预防的措施，从而达到产品一次性制造成功，来达到降低成本、缩短产品开发周期、增强产品竞争力的目的。

5. 清洁化

清洁生产是指将综合预防的环境战略持续应用于生产过程和产品中，以便减少对人类和环境的风险。清洁生产的两个基本目标是资源的综合利用和环境保护。

8.3.2　工业机器人

工业机器人可以理解为：是一种模拟人手臂、手腕和手功能的机电一体化装置，它可把任一物体或工具按空间位姿的时变要求进行移动，从而完成某一工业生产的作业要求。

一、工业机器人的组成

现代工业机器人一般由机械系统、控制系统、驱动系统、智能系统四大部分组成，如图 8.2 所示。

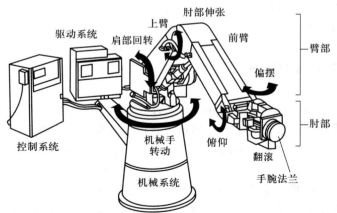

图 8.2　工业机器人的组成

机械系统是工业机器人的执行机构(即操作机),一般由手部、腕部、臂部、腰部和基座组成。手部又称为末端执行器,是工业机器人对目标进行操作的部分,如各种夹持器,有人也把焊接机器人的焊枪和喷漆机器人的油漆喷头等划归机器人的手部;腕部是臂部和手部的连接部分,主要功能是改变手的姿态;臂部用以连接腰部和腕部;腰部是连接臂部和基座的部件,通常可以回转。臂部和腰部的共同作用使得机器人的腕部可以作空间运动。基座是整个机器人的支撑部分,有固定式和移动式两种。

控制系统实现对操作机的控制,一般由控制计算机和伺服控制器组成。前者发出指令协调各关节驱动器之间的运动,后者控制各关节驱动器,使各个杆件按一定的速度、加速度和位置要求进行运动。

驱动系统是工业机器人的动力源,包括驱动器和传动机构,常和执行机构连成一体,驱动臂杆完成指定的运动。常用的驱动器有电动机、液压和气动装置等,目前使用最多的是交流伺服电机。传动机构常用的有谐波减速器、RV减速器、丝杠、链、带以及其他各种齿轮轮系。

智能系统是机器人的感受系统,由感知和决策两部分组成。前者主要靠硬件(如各类传感器)实现,后者则主要靠软件(如专家系统)实现。

二、工业机器人的分类

1) 按结构形式分类　可分为直角坐标型、圆柱坐标型、球坐标型、关节型机器人。

2) 按驱动方式分类　可分为电力驱动、液压驱动、气压驱动以及复合式驱动机器人。电力驱动是目前工业机器人中应用最为广泛的一种驱动方式。

3) 按控制类型分类　可分为伺服控制、非伺服控制机器人。其中,伺服控制机器人又可分为点位伺服控制和连续轨迹伺服控制两种。

4) 按自由度数目分类　可分为无冗余度机器人和冗余度机器人。无冗余度机器人是指包括具有两个、三个或多个(4~6)自由度的机器人。冗余度机器人是指含有自由度数(主动关节数)多于完成某一作业任务所需最少自由度数的一类机器人。冗余度机器人以其本身几何结构所具有的高度灵活性得到了广泛研究和迅速发展,已成为机器人技术的一个重要发展方向。

此外,还可按基座形式分为固定式和移动式机器人,按操作机运动链形式分为开链式、闭链式和局部闭链式机器人,按应用机能分为顺序型、示教再现型、数值控制型、智能型机器人,按用途分为焊接机器人、搬运机器人、喷涂机器人、装配机器人、检测机器人以及其他用途的机器人等。

8.3.3　柔性制造系统(FMS)

柔性制造系统(flexible manufacturing system,FMS)是指以数控机床、加工中心及辅助设备为基础,用柔性的自动化运输、存储系统有机地结合起来,由计算机对系统的软、硬件资源实施集中管理和控制而形成的一个物料流和信息流密切结合、没有固定的加工顺序和工作节拍,主要适用于多品种,中、小批量生产的高效自动化制造系统。

由于柔性制造系统是从系统的整体角度出发,将系统中的物料流和信息流有机地结合起来,同时均衡系统的自动化程度和柔性,这就要求FMS应具备自动加工功能、自动搬运和输料功能、自动监控和诊断功能及信息处理功能。

　　为实现 FMS 的四大功能，一般 FMS 可由以下四个具体功能系统组成，即自动加工系统、自动物流系统、自动监控系统和综合软件系统。

　　自动加工系统一般由能与 FMS 系统兼容并可集成的加工中心和数控机床、检验设备及清洗设备等组成，是完成零件加工的硬件系统。这些设备在工件、刀具和控制三方面都具有可与系统相连接的标准接口。

　　自动物流系统由存储、搬运等子系统组成，包括运送工件、刀具、切屑及冷却液等加工过程中所需的"物料"的搬运装置、装卸工作站及自动化仓库等。

　　自动监控系统是为了能对 FMS 的生产过程实施实时控制。系统在机床设备和搬运装置上（或单独配置）安装了大量的传感器，利用信息网络监控刀具状态，计算和监控刀具寿命，监控工件的实际加工尺寸以及对自动物料系统进行监控等。

　　FMS 是一个物料流和信息流紧密结合的、复杂的自动化系统。综合软件系统是用以对 FMS 中复杂的信息流进行合理处理，对物料流进行有效控制，从而使系统达到高度柔性和自动化。综合软件系统包括生产控制软件、管理信息处理软件和技术信息处理软件。

某一 FMS 的结构框图

8.3.4　计算机辅助工程设计技术

一、概述

　　准确地说，计算机辅助工程（computer aided engineering，CAE）是指工程分析中的计算与仿真，具体包括工程数值计算，结构与过程有限元分析，结构与过程优化设计，强度与寿命评估，运动、动力学仿真。工程数值计算用来确定分析产品的性能；结构与过程优化设计用来在保证产品功能、工艺过程的基础上，使产品、工艺过程的性能最优；结构强度与寿命评估用来评估产品的强度设计是否可行、可靠性如何以及使用寿命为多少；运动、动力学仿真用来对样机进行运动学、动力学仿真。

　　运用有限元等技术分析计算产品结构的应力、变形等物理场量，给出整个物理场量在空间与时间上的分布，实现结构从线性、静力的计算、分析到非线性、动力的计算、分析。

　　运用工程优化设计的方法在满足各种工艺、设计约束的条件下，对产品的结构、工艺参数、形状进行优化设计，使产品的结构性能、工艺过程达到最优。运用结构强度与寿命评估的理论、方法、规范，对产品结构的安全性、可靠性以及使用寿命做出评价与估计。运用运动学、动力学的理论、方法，对所设计的机构、样机进行运动学/动力学仿真，给出机构、样机的运动轨迹、速度、加速度，以及动反力的大小等。

二、CAE 的关键技术

1. 计算机图形技术

　　CAE 系统中表达信息的主要形式是图形，如三维造型图、网格图与各类结果显示图。在 CAE 运行的过程中，用户与计算机之间的信息交流是非常重要的。交流的主要手段之一也是计算机图形技术。所以，计算机图形技术是 CAE 系统的基础和主要组成部分。

2. 三维实体造型技术

　　工程设计项目和机械产品都是三维空间的形体。在设计过程中，设计人员构思的形成也是三维形体。CAE 技术中的三维实体造型就是用计算机建立三维形体的几何模型，记录下该形体的点、棱边、面的几何形状及尺寸，以及各点、边、面间的连接关系。

3. 数据交换技术

CAE 系统中的各子系统、各功能模块都是系统有机的组成部分，它们有不同的数据表示格式，在不同的子系统间、不同模块间要进行数据交换，就需采用数据交换技术，以充分发挥应用软件的功能，同时应具有较强的系统可扩展性和软件的可重用性，以提高 CAE 系统的编程效率。另一方面，各种不同的 CAE 系统之间为了信息交换及资源共享的目的，建立 CAE 系统软件应遵守的数据交换规范。目前，国际上通用的接口标准有 GKS、IGES、STEP 等，除了通用接口外，还有专用接口。

4. 工程数据管理技术

CAE 系统中生成的几何与拓扑数据，工程机械，工具的性能、数量、状态，原材料的性能、数量、存放地点和价格数据，工艺数据和施工规范等数据必须通过计算机存储、读取、处理和传送。这些数据的有效组织和管理是建造 CAE 集成系统的核心技术。采用数据库管理系统（DBMS）对所产生的数据进行管理是最好的技术手段。

5. 数值计算技术

1）有限元计算：如高度非线性有限元方程组的解法；

2）优化计算：如多目标优化模型的全局解法；

3）动力学仿真计算：如多柔体系统的动力学仿真算法；

4）疲劳寿命评估：如多轴疲劳的寿命评估算法。

三、CAE 的现状

近年来，我国的 CAE 技术研究开发和推广应用在许多行业和领域中已取得了一定的成绩。但从总体来看，研究和应用的水平还不能说很高，某些方面与发达国家相比仍存在不小的差距。

目前，ABAQUS、ANSYS、MARC、NASTRAN 等大型通用有限元分析软件已经在汽车、航空、机械、材料等许多行业得到了应用，而且在某些领域的应用水平并不低。不少大型工程项目也采用了这类软件进行分析。我国已经拥有一批科技人员在从事 CAE 技术的研究和应用。但是，现在还主要局限于少数具有较强经济实力的大型企业、部分大学和研究机构。

 8.4　先进制造生产模式

8.4.1　成组技术

成组技术（group technology，GT）自从 20 世纪 60 年代初引入我国后，经历了成组加工、成组工艺、成组技术、成组工程和大成组工程的阶段，在理论上有基础，在实践上也有一定的经验。成组技术与计算机技术及当代其他先进制造技术相结合，可以开发研究和创立具有现代意义的成组技术，其功能将超越其他先进制造技术和模式，这是我国成为制造强国所需要的。

一、成组技术的概念

成组技术在过去仅指成组加工、成组工艺。在传统的生产模式中，成组技术被作为主要技术。如柴油机制造企业，通常将成组技术应用于产品结构的标准化、变形零件（飞轮壳、飞轮及中小零件）生产线的设计中。

二、成组技术的管理概念

成组技术若只是作为一个具体的技术，其作用随着生产系统复杂程度的提高将显得越来越微小。在现代制造业生产结构重组的过程中，成组技术已作为一种先进的制造模式在应用。成组技术实施更是一种先进的制造哲理，对制造业的各方面工作都有着重要的指导意义，是企业生产结构设计、企业布局设计、车间机群设计、产品设计、物流设计、生产管理等各项工作的思想指南。据有关资料介绍：通过成组技术的运用，新设计的零件数减少52%，图样总数减少10%，新绘制的工作图减少30%，生产准备时间减少69%，在制品库存减少62%，生产周期缩短70%，企业管理时间节省60%，生产面积减少20%，固定资产减少40%，零件加工成本降低43%。因此，成组技术既是一种制造技术，更是一种先进的制造模式。

三、成组技术的优势

成组技术在产品设计和制造中所表现出来的价值、成组技术和当代各种先进制造模式之间的比较，都说明成组技术的优势。

敏捷制造（AM）和成组技术优势互补。敏捷制造对市场需求的快速响应，是通过虚拟制造和企业动态联盟实现的，它的思想基础是分工合作。可是，虚拟制造并没有提出在设计和加工过程中按成组技术来实现。它的联盟企业虽然对某一产品来说实行的是专业分工，但这些企业并不一定在机械工业生产结构中属于专业化分工的企业。因此，敏捷制造并不能避免重复设计，尤其是不同企业生产同一产品时更有可能存在重复设计，不能实现技术资源共享。由于企业并不一定是专业化生产厂家，那么由这种状况造成的重复投资、管理复杂、专业化水平低、生产成本高、质量难以成熟等弊病，也就可能不同程度地存在。所以，如果单纯用敏捷制造，虽然能在一定程度上提高生产率，但它不能从根本上改变机械工业现行生产结构，不能消除"大而全"和"小而全"。按成组技术原则重组生产结构和实现专业化分工后，再引进敏捷制造模式，则可创造中国自己的敏捷制造，其强大的优越性是不言而喻的。零部件专业化分工生产能实现标准化、系列化、最佳化和模块化，更能实现"敏捷"。

四、成组技术是并行工程的基础

并行工程是把产品开发由"串行"变成"并行"，大大缩短了开发时间。可是并行工程并没有说明产品开发是在一个"大而全"或"小而全"的企业内部并行，还是在已经实现专业化生产的企业联盟中并行。在不同状况下实行的并行工程，实际效益显然是大不相同的。目前，并行工程是在计算机集成制造系统（CIMS）中贯彻，实际只是在一个制造系统中实现，其潜能的发挥是有限的。当零部件生产实现专业化分工后，产品开发就可以在由各相关专业生产企业组成的联合体中并行地进行，发挥各自优势，形成集体优势。对各个企业而言，并行工程在自己的 CIMS 中实现，从而总体上实现并行工程在多个制造系统中

"并行"贯彻，以便获取更大的效益。对我国而言，由于技术相对落后、设备陈旧、劳动者总体科技素质不高以及资金短缺，不可能要求企业普遍建立 CIMS。若并行工程只能依靠 CIMS 来实现，对我国显然就不太合适。然而，当将这种"并行"的思想用来实现了专业化分工生产的企业联盟时，并行工程才能在真正意义上得以实现，并发挥最大的模式优势。实际上，并行工程的基础就是要将整体设计和制造分解成若干个个体的设计和制造，各个体和各方面的工作同时并行地进行。如果没有化整为零的工作，并行工程就没有基础，也就无从贯彻并行的思想。这也是目前世界上生产经营研究的前沿课题。成组技术是实现零部件的并行设计、并行制造的先进技术，是并行工程最基本的技术基础。

五、CIMS 离不开成组技术

CIMS 是各自动化孤岛的集成。各自动化孤岛实际就是不同功能的"专业化"分工，CIMS 中的 FMS、CAD、CAPP、CAM 和 MIS 等都要以成组技术的相似性原理为基础。到目前为止，无论世界上多么先进的集成制造系统，其所能加工的对象仍然是以相似性原理划分的零件组为基础。否则，该系统必然会失去其经济技术的优势，甚至导致失败。就我国国情而言，CIMS 尚不能全面建立。而成组技术所主张的专业化分工、按相似性原理（形状相似、功能相似、工艺相似）组织实施设计制造，对我国来说还是很容易做到的。因为现有制度决定了国有企业为我国经济主体，国家有权对国有资产做合理布局。其次，在设计和制造中实施相似工程，不需要更多的技术、资金、设备和人员的投入，相反却大大减少人员的投入，提高生产率和经济效益。何况实现了成组技术后，在国家经济实力、技术基础和人员的科技素质发展到一定阶段时，就可推广 CIMS，因此那时已有了较为成熟的基础。这也是我国先提出信息化带动工业化，后提出工业化促进信息化的缘故。

总之，成组技术相对当代其他的先进制造技术和模式有无可非议的优越性。它可以独自表现出先进性，而其他先进制造模式则必须以它为技术基础。离开它，先进性就会大为逊色，甚至导致失败。即使像日本的精益生产，也以成组技术为其三大支撑技术之一。而若是以成组技术为主要技术，辅之以 AM、CIMS 等其他先进制造技术的道路就不仅有了坚实的技术基础，而且是强强结合，如虎添翼。

8.4.2　并行工程

一、并行工程的内涵及特性

传统产品开发的组织形式是一种线性阶段模式，产品开发过程是顺序过程：概念设计→详细设计→过程设计→加工制造→试验验证→设计修改→工艺设计→……→正式投产→营销。这种方法在设计的早期不能全面地考虑其下游的可制造性、可装配性和质量可靠性等多种因素，致使制造出来的产品质量不能达到最优，造成产品开发周期长，成本高，难以满足激烈的市场竞争的需要。

20 世纪 80 年代末期，在一些发达国家出现了一种并行的工作方式，以缩短从产品的概念设计到正式投产的生产准备时间，将其称为并行工程（concurrent engineering，CE）。并行工程是利用计算机仿真技术，采用上、下游共同决策方式，在计算机上进行产品整个生命周期各个阶段的设计，使生产制造等后期产生的问题能在设计早期发现，及时处理。并行工程中信息传递是双向及时而不滞后的、争取产品在过程中的各项设计能一次成功。

在产品设计阶段就集中相关环节的有关技术人员，对产品的性能和各项设计做出评估，及时改进设计，得到优化的结果，由此也可以基本上避免串行工程方式中不断反复的情况，这样就可以显著缩短研制周期，确保产品按时供应市场。产品并行生产模式如图 8.3 所示。并行工程是项目设计功能的并行开发，它要求在并行工程工作小组成员之间进行开放的和交互式的通信联系，以缩短从概念设计到正式投产的生产准备时间。并行工程强调在集成环境下的并行工作，它是 CIMS 的进一步发展方向。

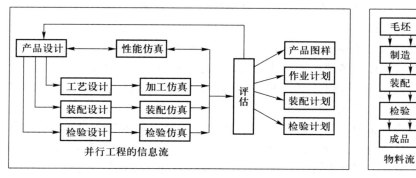

图 8.3　产品并行生产模式

由图 8.3 可知，并行工程是一种系统的集成方法，它的特性有并行特性、整体特性、协同特性和约束特性。

二、并行工程的关键技术

并行工程的关键技术包括四个方面：① 产品开发的过程建模、分析与集成技术；② 多功能集成产品开发团队；③ 协同工作环境；④ 数字化产品建模。

并行工程中的产品开发工作是由多学科小组协同完成的。因此，需要一个专门的协调系统来解决各类设计人员的修改、冲突、信息传递和群体决策等问题。

8.4.3　虚拟制造

一、虚拟制造的定义

虚拟制造（virtual manufacturing，VM）就是利用仿真与虚拟现实技术，在高性能计算机及高速网络的支持下，采用群组协同工作，通过模型来模拟和预测产品功能、性能及可加工性等各方面可能存在的问题，实现产品制造的本质过程，包括产品的设计、工艺规划、加工制造、性能分析、质量检测等，并进行过程管理和控制。

这种制造技术虽然不是真实的，但是本质上的，即虚拟制造是产品实际制造过程在计算机上的模拟实现，它通过计算机来实现制造的本质内容。实际上，虚拟制造最终提供的是一个强有力的建模与仿真环境，使得产品规划、设计、制造、装配等均可在计算机上实现，且对涉及生产过程的各个方面（从车间加工到企业经营）提供支持。

二、虚拟制造的分类

虚拟制造要求对整个制造过程进行统一建模，广义的制造过程不仅包括设计和制造，还包含对企业生产活动的组织与控制。按照与生产各个阶段的关系把虚拟制造划分为三类，即以设计为中心的虚拟制造、以生产为中心的虚拟制造和以控制为中心的虚拟制造。

三种虚拟制造的侧重点各有不同，分别着眼于产品全生命周期中的不同方面，但它们都以计算机仿真技术为一个重要的实现手段，通过仿真支持设计过程，模拟制造过程，进行成本估算和计划调度。

三、虚拟制造技术在制造业中的应用

虚拟制造技术在工业发达国家开展得较早，并首先在飞机、汽车、军事等领域获得了成功的应用。

波音公司在研制波音 777 客机时，全面实现了虚拟制造技术。它采用 CATIA 软件进行产品的数字化建模，并利用 CAE 软件对飞机的零部件进行结构性能分析，其产品设计制造工程师在虚拟现实环境中操纵模拟样机，检验产品的各项性能指标。其整机设计、部件测试、整机装配以及各种环境下的试飞均是在计算机上完成的，其整机实现 100% 数字化设计，成为世界上首架以三维无纸化方式设计出来的一次研制试飞成功的飞机，而且其开发周期也从过去的 8 年缩短到了 5 年，成本降低了 25%。

我国成都飞机工业公司研制的"超七"飞机，全面采用数字化设计，建立了全机结构数字化样机，并实现了并行设计制造和研制流程的数字化管理。利用 CATIA、UG 等软件对"超七"230 余项零部件进行结构设计、工艺模型设计、数控程序设计、虚拟加工仿真和数控加工。"超七"飞机从开始设计状态进入详细设计，一直到部件开铆总共约 1 年时间，这一阶段的研制周期比我国以往研制周期缩短了 1/3~1/2。

目前，虚拟制造技术应用效果比较明显的领域有产品外形设计、产品布局设计、产品运动学和动力学仿真、热加工工艺模拟、加工过程仿真、产品装配仿真、虚拟样机与产品工作性能评测、产品广告与漫游、企业生产过程仿真与优化、虚拟企业的可合作性仿真与优化等。

8.4.4   敏捷制造

一、敏捷制造的内涵

敏捷制造是在不可预测的持续变化的竞争环境中取得繁荣成长，并具有能对客户需求的产品和服务驱动市场做出迅速响应的生产模式。1991 年，美国里海大学（Lehigh University）牵头发表的《21 世纪制造企业发展战略》报告中首次提出了敏捷制造（agile manufacturing，AM）的思想。AM 的基本思想是通过把动态灵活的虚拟组织机构、先进的柔性生产技术和高素质的人员进行全方位的集成，从而使企业能够从容应付快速变化和不可预测的市场需求。它是一种提高企业竞争能力的全新制造组织模式。

敏捷制造
企业结构

敏捷制造的企业，其敏捷能力应当反映在以下六个方面：

1）对市场的快速反应能力   判断和预见市场变化并对其快速做出反应的能力。

2）竞争力   企业获得一定生产力、效率和有效参与竞争所需的技能。

3）柔性   以同样的设备与人员生产不同产品或实现不同目标的能力。

4）快速   以最短的时间执行任务（如产品开发、制造、供货等）的能力。

5）企业策略上的敏捷性   企业针对竞争规则及手段的变化、新的竞争对手的出现、国家政策法规的变化、社会形态的变化等快速反应的能力。

6）企业日常运行的敏捷性   企业对影响其日常运行的各种变化，如用户对产品规格、配置及售后服务要求的变化，用户定货量和供货时间的变化，原料供货出现问题及设备出现故障等做出快速反应的能力。

二、敏捷制造的基本特点

1. 敏捷制造系统是自主制造系统

敏捷制造系统具有自主性，每个工件和加工过程、设备的利用以及人员的投入都由本单元自己掌握和决定，这种系统简单、易行、有效。再者，以产品为对象的敏捷制造系统，每个系统只负责一个或若干个同类产品的生产，易于组织小批量或者单件生产，不同产品的生产可以重叠进行。如果项目组的产品较复杂，则可以将之分成若干单元，使每一单元对相对独立的分产品的生产负有责任，分单元之间分工明确，协调完成一个项目组的产品。

2. 敏捷制造系统是虚拟制造系统

敏捷制造系统是一种以适应不同产品为目标而构成的虚拟制造系统，其特色在于能够随环境的变化迅速地动态重构，对市场的变化做出快速反应，实现生产的柔性自动化。实现该目标的主要途径是组建虚拟企业。

3. 敏捷制造系统是可重构的制造系统

敏捷制造系统设计是使制造系统从组织上具有可重构性、可重用性和可扩充性三方面的能力。

8.4.5　精益生产

精益生产是在准时制生产方式(just in time，JIT)、成组技术(group technology，GT)以及全面质量管理(total quality management，TQM)的基础上逐步完善的，构成了一个以 LP 为屋顶，以 JIT、GT、TQM 为支柱，以并行工程(CE)和小组化工作方式为基础的模式，如图 8.4 所示。

精益生产的核心内容是准时制生产方式，该种方式通过看板管理，成功地制止了过量生产，从而彻底消除产品制造过程中的浪费，实现生产过程的合理性、高效性和灵活性。

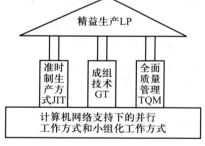

图 8.4　精益生产的体系构成

精益生产强调以社会需求为驱动，以人为中心，以简化为手段，以技术为支撑，以"尽善尽美"为目标。主张消除一切不产生附加价值的活动和资源，从系统观点出发将企业中所有的功能合理地加以组合，以利用最少的资源、最低的成本向顾客提供高质量的产品服务，使企业获得最大利润和最佳应变能力。

其特征可归纳为六方面：以用户为"上帝"、以人为中心、以"精简"为手段、项目组和并行设计、准时供货方式和"零缺陷"的工作目标。

8.4.6　智能制造

智能制造包括智能制造技术(intelligent manufacturing technology，IMT)和智能制造系

统（intelligent manufacturing system，IMS）。智能制造系统是一种由智能机器和人类专家共同组成的人机一体化智能系统，它在制造过程中能以一种高度柔性与集成的方式，借助计算机模拟人类专家的智能活动进行分析、推理、判断、构思和决策等，从而取代或延伸制造环境中人的部分脑力劳动。同时，收集、存储、完善、共享、继承和发展人类专家的智能。

与传统的制造系统相比智能制造系统具有自组织能力、自律能力、自学习和自维护能力以及整个制造环境的智能集成四种特征。

智能制造系统的研究是从人工智能在制造中的应用开始的，但又不同于人工智能在制造中的应用。人工智能在制造领域中的应用，是面向制造过程中特定对象的，研究的结果导致了"自动化孤岛"的出现，人工智能在其中是起辅助和支持的作用。而智能制造系统是以部分取代制造中人的脑力劳动为研究目标的，并且要求系统能在一定范围内独立地适应周围环境，开展工作。

智能制造系统也不同于计算机集成制造系统，计算机集成制造系统强调的是企业内部物料流的集成和信息流的集成，而智能制造系统强调的则是最大范围的整个制造过程的自组织能力，智能制造系统难度更大。但两者又是密切相关的，计算机集成制造系统中的众多研究内容是智能制造系统发展的基础，而智能制造系统又将对计算机集成制造系统提出更高的要求。集成是智能的基础，而智能又推动集成达到更高水平，即智能集成。因此，有人预言，下一世纪的制造工业将以双 I（intelligent 和 integration）为标志。

智能制造系统的支撑技术包括人工智能技术、并行工程、虚拟制造技术、信息网络技术、自律能力构筑、人机一体化和自组织与超柔性等技术。

习近平总书记指示，要以智能制造为主攻方向，推动产业技术变革和优化升级，推动制造业产业模式和企业形态根本性转变，以鼎新带动革故，以增量带动存量，促进我国产业迈向全球价值链中高端。

新一轮科技革命和产业变革与我国加快转变经济发展方式形成了历史性交汇，智能制造是主要的交汇点，新一代人工智能技术与先进制造技术深度融合所形成的新一代智能制造技术成为了新一轮工业革命的核心技术，也成为了第四次工业革命的核心驱动力。

8.4.7　绿色制造

一、绿色制造的定义及内涵

1. 绿色制造的定义

绿色制造（green manufacturing，GM）是综合考虑环境影响和资源利用效率的现代制造模式，其目标是使产品从设计、制造、包装、运输、使用到报废处理的整个生命周期中，废弃资源和有害排放物最少，即对环境的负面影响最小，对健康无害，资源利用效率最高。

2. 绿色制造的内涵及体系结构

绿色制造的内涵包括绿色资源、绿色生产过程和绿色产品三项主要内容和两个层次的全过程控制。绿色制造包括产品的制造过程和产品的生命周期过程两个过程。也就是说，在从产品的规划、设计、生产、销售、使用到报废的回收利用、处理处置的整个生命周期，产品的生产均要做到节能降耗、无或少环境污染。

绿色制造内容为用绿色材料、绿色能源，经过绿色的生产过程（绿色设计、绿色工艺技术、绿色生产设备、绿色包装、绿色管理等）生产出绿色产品。

绿色制造追求两个目标：通过资源综合利用、短缺资源的代用、可再生资源的利用、二次能源的利用及节能降耗措施延缓资源能源的枯竭，实现持续利用；减少废料和污染物的生成和排放，提高工业产品在生产过程和消费过程中与环境的相容程度，降低整个生产活动给人类和环境带来的风险，最终实现经济效益和环境效益的最优化。

实现绿色制造的途径有三条：一是改变观念，树立良好的环境保护意识，并体现在具体行动上，可通过加强立法、宣传教育来实现；二是针对具体产品的环境问题，采取技术措施，即采用绿色设计和绿色制造工艺，建立产品绿色程度的评价机制等，解决所出现的问题；三是加强管理，利用市场机制和法律手段，促进绿色技术、绿色产品的发展和延伸。

绿色制造的发展趋势为全球化、社会化、集成化、并行化、智能化和产业化。

二、推行绿色制造的意义

"绿水青山就是金山银山"是习近平生态文明思想的科学理念，是我国生态文明建设必须坚持的基本原则。这一重要理念日益深入人心，已经成为全党全社会的共识和行动，成为新发展理念的重要组成部分。"中国制造2025"明确提出，国家将积极构建绿色制造体系。绿色发展是大势所趋、潮流所向。全面推行绿色制造是建设生态文明的必由之路，是建设制造强国的内在要求。

📍 本 章 小 结

本章首先介绍了现代制造技术的发展方向和先进制造技术的发展趋势，然后从先进制造工艺技术、机械制造自动化技术和先进制造生产模式三个方面介绍了先进制造技术。

📍 思考题与练习题

8.1 试论述先进制造技术的发展趋势。

8.2 先进制造技术由哪些核心技术组成？

8.3 什么是柔性制造系统？

8.4 什么是快速原型技术？简述其工作原理和应用场合。

8.5 分析超精密加工与纳米级加工的基本原理、工艺特征及其应用范围。

8.6 并行工程为什么能够加速产品的开发？

8.7 虚拟制造有哪些特点？简述虚拟制造或虚拟企业的实质与内涵。

8.8 敏捷制造的基本原理是什么？

8.9 精益生产的基本概念是什么？精益生产的目标是什么？

8.10 什么是绿色制造？说明实现绿色制造的重要性及所包含的主要内容。

参考文献

[1] 国家自然科学基金委员会工程与材料科学部机械工程科学技术前沿编委会. 机械工程科学技术前沿[M]. 北京：机械工业出版社，1996.

[2] 国家自然科学基金委员会. 先进制造技术基础[M]. 北京：高等教育出版社，1998.

[3] 李凯岭. 机械制造技术基础[M]. 北京：国防工业出版社，2005.

[4] 宋绪丁. 机械制造技术基础[M]. 3版. 西安：西北工业大学出版社，2011.

[5] 李旦，韩荣第，巩亚东，等. 机械制造技术基础[M]. 哈尔滨：哈尔滨工业大学出版社，2009.

[6] 李伟，谭豫之. 机械制造工程学[M]. 北京：机械工业出版社，2009.

[7] 赵雪松，赵晓芬. 机械制造技术基础[M]. 2版. 武汉：华中科技大学出版社，2010.

[8] 杜密科，郝用兴. 机械制造技术基础[M]. 成都：四川大学出版社，2000.

[9] 卢秉恒. 机械制造技术基础[M]. 3版. 北京：机械工业出版社，2008.

[10] 侯书林，朱海. 机械制造基础：下册[M]. 北京：北京大学出版社，2006.

[11] 冯宪章. 先进制造技术基础[M]. 北京：北京大学出版社，2009.

[12] 张福润，徐鸿本，刘延林. 机械制造技术基础[M]. 武汉：华中科技大学出版社，2000.

[13] 袁国定，朱洪海. 机械制造技术基础[M]. 南京：东南大学出版社，2000.

[14] 吕明. 机械制造技术基础[M]. 2版. 武汉：武汉理工大学出版社，2010.

[15] 华楚生. 机械制造技术基础[M]. 2版. 重庆：重庆大学出版社，2003.

[16] 李菊丽，何绍华. 机械制造技术基础[M]. 北京：北京大学出版社，2013.

[17] 于骏一，邹青. 机械制造技术基础[M]. 2版. 北京：机械工业出版社，2009.

[18] 张鹏，孙有亮. 机械制造技术基础[M]. 北京：北京大学出版社，2009.

[19] 任家隆，李菊丽，张冰蔚. 机械制造基础[M]. 2版. 北京：高等教育出版社，2009.

[20] 周宏甫. 机械制造基础[M]. 2版. 北京：高等教育出版社，2010.

[21] 袁根福，祝锡晶. 精密与特种加工技术[M]. 北京：北京大学出版社，2007.

[22] 张世昌. 机械制造技术基础[M]. 3版. 北京：高等教育出版社，2006.

[23] 周骥平，林岗. 机械制造自动化技术[M]. 2版. 北京：机械工业出版社，2007.

[24] 袁巨龙，张飞虎，戴一帆，等. 超精密加工领域科学技术发展研究[J]. 机械工

程学报，2010，46（15）：161-177.

[25] 蔡安江，葛云. 机械制造技术基础[M]. 武汉：华中科技大学出版社，2014.

[26] 王先逵. 机械制造工艺学[M]. 3 版. 北京：清华大学出版社，2011.

[27] 蔡安江，张丽，王红岩. 机械工程生产实习[M]. 北京：机械工业出版社，2005.

[28] 张爱梅，巩琦，等. AutoCAD 2015 计算机绘图实用教程[M]. 北京：高等教育出版社，2016.

[29] 崔长华，左会峰，崔雷. 机械加工工艺规程设计[M]. 北京：机械工业出版社，2009.

[30] 韩广利，曹文杰. 机械加工工艺基础[M]. 天津：天津大学出版社，2005.

[31] 王先逵. 机械加工工艺手册：第三卷[M]. 北京：机械工业出版社，2007.

[32] 陈宏钧. 机械加工工艺设计员手册[M]. 北京：机械工业出版社，2009.

[33] 武友德，苏珉. 机械加工工艺[M]. 北京：北京理工大学出版社，2011.

[34] 赵如福. 金属机械加工工艺设计手册[M]. 上海：上海科学技术出版社，2009.

[35] 刘英，袁绩乾. 机械制造技术基础[M]. 北京：机械工业出版社，2008.

[36] 孔晓玲. 几何量精度设计与测量技术[M]. 北京：电子工业出版社，2013.

[37] 张茂. 机械制造技术基础[M]. 北京：机械工业出版社，2008.

[38] 陈春. 机械制造技术基础[M]. 成都：西南交通大学出版社，2008.

[39] 林若森，贾文. 机械制造技术基础[M]. 北京：电子工业出版社，2006.

[40] 于涛，杨俊茹. 机械制造技术基础[M]. 北京：清华大学出版社，2011.

[41] 吉卫喜. 机械制造技术基础[M]. 北京：高等教育出版社，2008.

[42] 王永亮. 机械加工表面质量的影响因素分析及其控制措施[J]. 机电信息，2013（15）：120-121.

[43] 陈锡渠，彭晓南. 金属切削原理与刀具[M]. 北京：北京大学出版社，2006.

[44] 侯书林，张建国. 机械制造技术基础[M]. 北京：北京大学出版社，2011.

[45] 陆剑中，孙家宁. 金属切削原理与刀具[M]. 北京：机械工业出版社，2011.

[46] 国务院. 国务院关于印发《中国制造 2025》的通知[EB/OL]. 2015-05-08.

[47] 中国工程院发布《2020 中国制造强国发展指数报告》[J]. 网信军民融合，2021（1）：55.

[48] 朱仁盛，董宏伟. 机械制造技术基础[M]. 北京：北京理工大学出版社，2019.

[49] 周济. 智能制造是第四次工业革命的核心技术[J]. 智能制造，2021（3）：25-26.

[50] 单忠德. 先进制造与智能制造助力高质量发展[J]. 网信军民融合，2020（4）：14-17.

[51] 李金华. 中国先进制造业的发展现实与未来路径思考[J]. 人文杂志，2020（1）：22-32.

[52] 牢固树立绿水青山就是金山银山的理念[N]. 人民日报，2020-05-14（1）.

[53] 宾鸿赞. 先进制造技术[M]. 武汉：华中科技大学出版社，2019.

[54] 陈中中，王一工. 先进制造技术[M]. 北京：化学工业出版社，2021.

［55］ 王隆太. 先进制造技术［M］. 3 版. 北京：机械工业出版社，2020.

［56］ 石文天，刘玉德. 先进制造技术［M］. 北京：机械工业出版社，2018.

［57］ 熊良山. 机械制造技术基础［M］. 4 版. 武汉：华中科技大学出版社，2020.

郑重声明

高等教育出版社依法对本书享有专有出版权。任何未经许可的复制、销售行为均违反《中华人民共和国著作权法》，其行为人将承担相应的民事责任和行政责任；构成犯罪的，将被依法追究刑事责任。为了维护市场秩序，保护读者的合法权益，避免读者误用盗版书造成不良后果，我社将配合行政执法部门和司法机关对违法犯罪的单位和个人进行严厉打击。社会各界人士如发现上述侵权行为，希望及时举报，本社将奖励举报有功人员。

反盗版举报电话 　(010)58581999　58582371　58582488

反盗版举报传真 　(010)82086060

反盗版举报邮箱 　dd@ hep.com.cn

通信地址 　北京市西城区德外大街 4 号
　　　　　高等教育出版社法律事务与版权管理部

邮政编码 　100120

防伪查询说明

用户购书后刮开封底防伪涂层，利用手机微信等软件扫描二维码，会跳转至防伪查询网页，获得所购图书详细信息。也可将防伪二维码下的 20 位密码按从左到右、从上到下的顺序发送短信至 106695881280，免费查询所购图书真伪。

反盗版短信举报

编辑短信"JB，图书名称，出版社，购买地点"发送至 10669588128

防伪客服电话

(010)58582300

网络增值服务使用说明

一、注册/登录

访问 http://abook.hep.com.cn/，点击"注册"，在注册页面输入用户名、密码及常用的邮箱进行注册。已注册的用户直接输入用户名和密码登录即可进入"我的课程"页面。

二、课程绑定

点击"我的课程"页面右上方"绑定课程"，正确输入教材封底防伪标签上的 20 位密码，点击"确定"完成课程绑定。

三、访问课程

在"正在学习"列表中选择已绑定的课程，点击"进入课程"即可浏览或下载与本书配套的课程资源。刚绑定的课程请在"申请学习"列表中选择相应课程并点击"进入课程"。

如有账号问题，请发邮件至：abook@ hep.com.cn。